全国中等职业技术学校电子类专业教材

电子产品装配与调试

人力资源社会保障部教材办公室组织编写

中国劳动社会保障出版社

简介

本书主要内容包括电子产品的工作环境和可靠性要求，电子产品的防护，电子产品元器件的布局与装配，印制电路板的设计、制作与检测，电子产品的技术文件，电子产品整机的装配与调试，电子产品的质量管理与检验。

本书由刘进峰任主编，董必谨任副主编，李建军、王纪伟、王燕、袁成群、孙彩兰参加编写；李长军主审。

图书在版编目(CIP)数据

电子产品装配与调试 / 人力资源社会保障部教材办公室组织编写. -- 北京：中国劳动社会保障出版社，2020

全国中等职业技术学校电子类专业教材

ISBN 978-7-5167-4156-6

Ⅰ.①电… Ⅱ.①人… Ⅲ.①电子产品-装配（机械）-中等专业学校-教学参考资料②电子产品-调试-中等专业学校-教学参考资料 Ⅳ.①TN

中国版本图书馆CIP数据核字(2019)第294940号

中国劳动社会保障出版社出版发行

（北京市惠新东街1号 邮政编码：100029）

*

北京玥实印刷有限公司印刷装订 新华书店经销

787毫米×1092毫米 16开本 11.25印张 267千字

2020年1月第1版 2021年12月第3次印刷

定价：22.00元

读者服务部电话：（010）64929211/84209101/64921644

营销中心电话：（010）64962347

出版社网址：http://www.class.com.cn

http://jg.class.com.cn

前　言

为了更好地适应全国中等职业技术学校电子类专业的教学要求，全面提升教学质量，人力资源社会保障部教材办公室组织有关学校的骨干教师和行业、企业专家，对全国中等职业技术学校电子类专业教材进行了修订和补充开发。此项工作以人力资源社会保障部颁布的《技工院校电子类通用专业课教学大纲（2016）》《技工院校电子技术应用专业教学计划和教学大纲（2016）》《技工院校音像电子设备应用与维修专业教学计划和教学大纲（2016）》《技工院校通信终端设备制造与维修专业教学计划和教学大纲（2016）》为依据，充分调研了企业生产和学校教学情况，广泛听取了教师对现行教材使用情况的反馈意见，吸收和借鉴了各地职业技术院校教学改革的成功经验。

教材体系

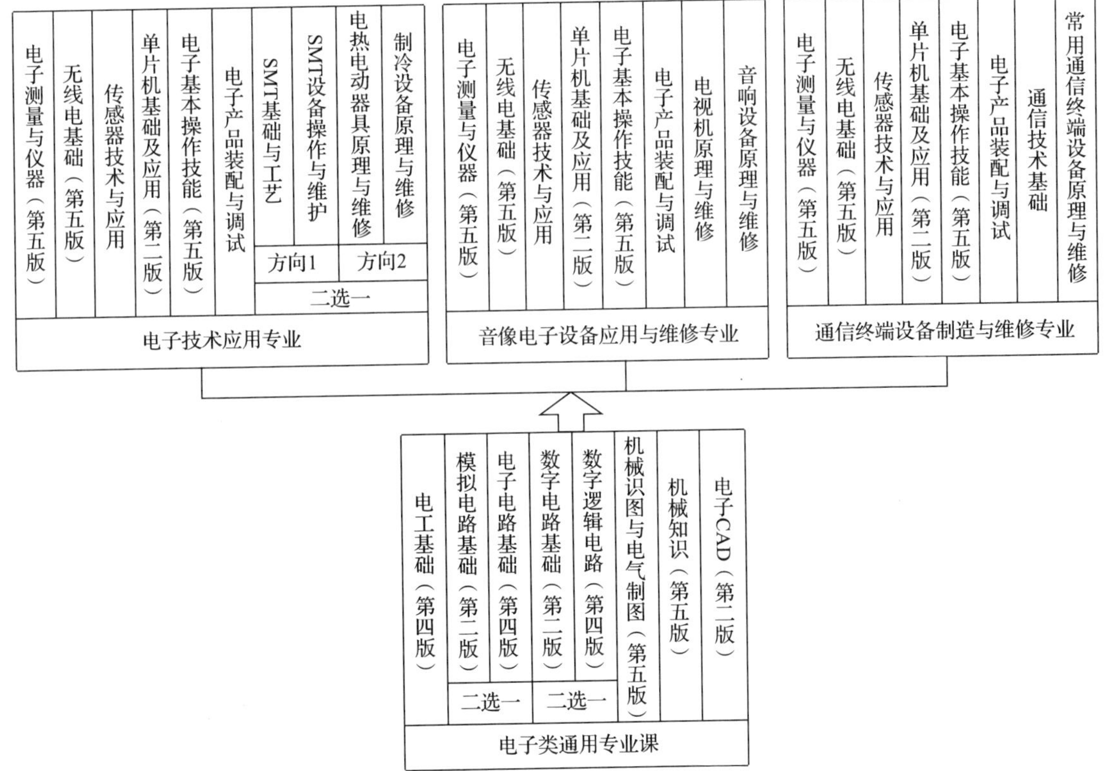

使用对象

电子技术应用专业、音像电子设备应用与维修专业、通信终端设备制造与维修专业中级、高级两个层次和以下 3 种学制：

- 初中毕业生 3 年学制培养中级工
- 高中毕业生 3 年学制培养高级工（中级阶段）
- 初中毕业生 5 年学制培养高级工（中级阶段）

编写特色

◆ **紧贴国家职业标准** 紧密贴合《中华人民共和国职业分类大典（2015 年版）》中对广电和通信设备电子装接工、广电和通信设备调试工、家用电器产品维修工、家用电子产品维修工等职业的职业能力要求，同时参照相关国家职业标准。

◆ **体现行业技术发展** 根据电子行业的最新发展，在教材中充实了电子产品表面贴装、数字电视维修、智能手机维修等方面的新技术，体现教材的先进性。

◆ **注重职业能力培养** 根据就业岗位对技能型人才所需能力的要求，进一步加强实践性教学内容。同时，在教材中突出对学生获取信息、与人交流、分析解决问题以及自学等职业能力的培养。

◆ **符合学生阅读习惯** 在教材内容的呈现形式上，尽可能使用图片、实物照片和表格等形式将知识点生动地展示出来，力求让学生更直观地理解和掌握所学内容。

教学服务

本套教材配有方便教师上课使用的电子课件，部分教材还配有习题册，电子课件等教学资源可通过技工教育网（http://jg.class.com.cn）下载。此外，针对教材中的重点、难点还制作了动画、视频等多媒体素材，使用移动终端扫描书中相应位置处的二维码即可在线观看。

致谢

本次教材的修订工作得到了江苏、山东、河南、湖北、广东、广西、四川等省（自治区）人力资源社会保障厅及有关学校的大力支持，在此我们表示诚挚的谢意。

人力资源社会保障部教材办公室

2017 年 6 月

目　录

第一章　电子产品的工作环境和可靠性要求…… 1
§1—1　电子产品的结构工艺…… 1
§1—2　电子产品的基本要求…… 3
§1—3　电子产品的可靠性要求…… 7
实训 1　数字式万用表的结构剖析…… 12
第二章　电子产品的防护…… 14
§2—1　电子产品的防潮、防腐和防老化…… 14
实训 2　剖析常见电子产品的防护措施…… 20
§2—2　电子产品的散热…… 20
实训 3　剖析功放电路的散热措施…… 27
§2—3　电子产品的防振与缓冲…… 28
实训 4　剖析家用电器的防振和缓冲措施…… 35
§2—4　电子产品的电磁兼容与防护…… 36
实训 5　分析电视机的电磁屏蔽结构及措施…… 49
第三章　电子产品元器件的布局与装配…… 51
§3—1　电子产品元器件的布局…… 51
§3—2　布线和扎线工艺…… 56
§3—3　电子产品组装结构工艺…… 60
§3—4　电子产品连接方法及工艺…… 64
实训 6　焊接彩色电视机…… 78
第四章　印制电路板的设计、制作与检测…… 80
§4—1　印制电路板的结构设计…… 80
§4—2　印制电路板的制作与检测…… 90
实训 7　手工制作印制电路板…… 100
第五章　电子产品的技术文件…… 102
§5—1　电子产品的设计文件…… 102
§5—2　电子产品的生产工艺文件…… 114
实训 8　编制彩色电视机的工艺文件…… 125

第六章　电子产品整机的装配与调试 …… 127
§6—1　电子产品的整机结构 …… 127
实训 9　拆装计算机主机 …… 137
§6—2　简单电子产品的装配与调试 …… 137
§6—3　较复杂电子产品的装配与调试 …… 142
实训 10　组装多用充电器 …… 154
实训 11　组装电调谐微型 FM 收音机 …… 157
实训 12　调试超外差调幅收音机 …… 159
第七章　电子产品的质量管理与检验 …… 162
§7—1　电子产品的质量管理与认证 …… 162
实训 13　识读质量管理标准 …… 167
§7—2　电子产品的检验与包装 …… 168
实训 14　修复电子产品塑料外壳的刮伤 …… 173

第一章　电子产品的工作环境和可靠性要求

§1—1　电子产品的结构工艺

1. 了解电子产品结构工艺的发展。
2. 熟悉现代化电子产品的特点。

随着微电子技术的发展，电子产品的性能越来越好、体积越来越小、功能越来越强，并向着微型化、智能化方向发展。本节主要介绍电子产品结构工艺的发展，以及现代化电子产品的特点。

一、电子产品结构工艺的发展

电子产品的性能是随着电子技术的发展而发展的，电子产品的结构也随之发生了变化。早期的电子产品采用木箱结构，电气元件均固定在一块绝缘板上，并水平放置在一个木箱上，主要电气元件都位于绝缘板的外围，箱内主要用裸导线连接，安装方式为螺钉连接。

20 世纪 20 年代，电子管的出现大大推动了电子技术的发展，以电子管为中心的电子技术得到广泛应用，这时的电子产品结构为一块水平底板放置在箱中，箱前安装一块装有调节旋钮的胶木板。

20 世纪 30 年代，电子产品的外壳开始采用金属材料，产品结构的布局由一个水平放置的金属底板和一个垂直放置的面板构成，各元器件通过绝缘座或绝缘支撑布置在金属底板的上面，阻容元件及其连线被布置在底板下面，面板上放置控制器、显示器及输入和输出的接线端子，外面配上机箱。

到 20 世纪 50 年代，由于晶体管的出现及应用，使电子技术发生了一场革命，推动了单、双面印制电路板的大量使用以及同轴电缆和微带传输线的应用。

进入 20 世纪 80 年代，随着大规模集成电路及超大规模集成电路的出现，电子产品为了提高可靠性、降低能耗和成本，大量采用了集成电路及高密度印制电路板，这就是微型电子产品。电子产品开始向固体化、小型化、高可靠性和多功能等方向发展，产品结构也随之向更高层次过渡。

也就是说，自 20 世纪初至今，电子技术经历了电子管时代、晶体管时代、集成电路时代、中大规模集成电路时代和超大规模集成电路时代。每一次新材料的使用、新元件的出现及新工艺手段的采用，都使电子产品在电路和结构上产生了巨大的飞跃，也使其各方面的性能和使用价值得到了提高。此外，数字电子技术、卫星技术、光纤与激光技术、信息处理技术等也很快应用到电子工业生产中，使新一代的电子产品面貌为之一新。以生活中常见的电子产品为例，智能手机、超薄型笔记本电脑、高清数字电视以及互联网产品等高新技术成果的不断推出，都充分说明了电子技术的高速发展有效地促进了电子产品的高速发展。当电子产品本身及其使用的部件是高指标、新技术、新器件、多功能、小型化、低成本和低消耗时，就可以称为现代化电子产品。正因为现代化电子产品具有这些特点，使其在各领域获得了广泛的应用，成为现代信息社会的重要标志，而且在不久的将来，会有更多越来越智能化的电子产品涌现出来。

二、电子产品的特点

由于各领域对电子产品要求的多样化，使得电子产品的功能呈现出多样化的特点。现代化电子产品的特点可以归纳为以下几个方面。

（1）设备组成复杂、元器件密度增大。随着电子产品功能的不断提升和产品向小型化方向发展，大规模集成电路、贴片元件、多层印制电路板的广泛使用，产品的结构越来越复杂，电路元器件的安装密度也越来越大，例如，图 1—1—1 所示的某显示器主板。

（2）设备使用范围广、工作环境复杂。随着电子产品的使用领域和应用范围的扩大，对电子产品的工作环境要求越来越苛刻，电子产品在设计、生产和运输中必须充分考虑环境温度、湿度、电磁场等工作环境对产品使用的影响。图 1—1—2 所示为手持式手机信号屏蔽器，该屏蔽器采用手持式结构，使用方便、灵活。其工作环境条件为：工作温度 -10 ~ 45 ℃，存储温度 -40 ~ 55 ℃，相对湿度 ≤ 90%（RH），大气压力 86 ~ 106 kPa。

图 1—1—1　某显示器主板

图 1—1—2　手持式手机信号屏蔽器

（3）设备可靠性要求高、使用寿命长。常用电器的使用寿命见表 1—1—1。

表 1—1—1　　常用电器的使用寿命　　年

电器名称	低限	高限	平均	电器名称	低限	高限	平均
彩色电视机	10	12	11	微波炉	7	14	11
电冰箱	10	20	15	收音机	3	10	7
录像机	10	12	11	洗碗机	7	14	11
洗衣机	11	14	13	电话机	5	10	8
收录机	3	10	7	电吹风	1	5	3
空调	6	14	10	剃须刀	3	7	5

（4）设备要求高精度、多功能和自动化。随着新型电子元器件的出现，电子产品的技术指标不断提高，并向多功能、自动化和智能化方向发展。例如，图 1—1—3 所示的无线数码智能防范报警系统具有高精度和自动报警功能。

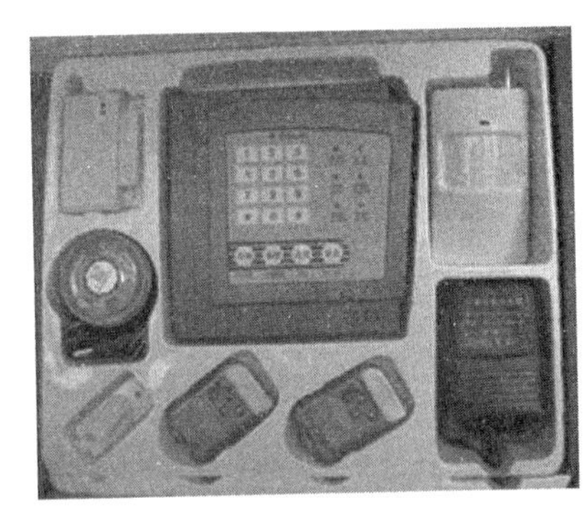

图 1—1—3　无线数码智能防范报警系统

想一想

收集一些关于常用电子产品结构、类型的材料，总结现代化电子产品的特点。

思考与练习

1. 举例说明电子产品结构工艺的发展主要经历了哪几个阶段。
2. 现代化电子产品主要有哪些特点？

§1—2　电子产品的基本要求

学习目标

1. 了解工作环境对电子产品的要求。
2. 掌握电子产品的使用与生产要求。

设计与制造电子产品时，应充分考虑电子产品的电气性能、使用环境以及生产、运输、维修等方面的要求。本节主要介绍工作环境、使用方面与生产方面对电子产品的具体要求。

一、工作环境对电子产品的要求

工作环境对电子产品来说是一个无法回避的问题，必须加以考虑。工作环境从各方面影响着电子产品的性能，其破坏作用常会降低电子产品的使用寿命，有些电子产品甚至在投入使用前的运输和存储过程中就已经损坏。工作环境的这种破坏作用迫使人们在进行产品设计时必须考虑其影响，并根据特定的应用环境对设备提出特殊的设计、制造和使用要求。需要指出，很多电子产品故障是由气候条件、机械振动及电磁干扰等工作环境引起的，因此，应重点研究这些环境对设备的影响，采取相应的技术措施，尽可能降低它们对电子产品的不利影响，确保电子产品运行的稳定性。

1. 气候条件对电子产品的不利影响及防护

气候条件对电子产品安全性能产生影响的因素主要包括高温、低温、湿度、太阳辐射、雨雪、盐雾等。高温易导致电路发生温漂，增大电路发热量，使设备局部温度过高，加速元器件氧化，造成绝缘材料、防护层的老化，使设备的电气性能降低，结构损坏。低温则会使相对湿度增大，产生凝露现象，使设备的绝缘性能降低。湿度大，易在电子产品内部及工作表面产生凝露，影响产品内部元器件的性能及工作稳定性，甚至引起泄漏、断路等问题；湿度小，则容易产生静电，导致电子元器件击穿。太阳辐射的危害主要是引起户外产品温度的升高，从而造成电子产品损坏或加速老化；雨雪、盐雾可加速设备的腐蚀，使设备的绝缘性能降低、可靠性下降。为了减少和防止温升的影响，电子产品应采取相应的散热措施，并要求设备能够承受高低温循环时的冷热冲击。例如，图 1—2—1 所示的 GeForce 9800GT 被动散热式显卡就采取了相应的散热措施。防止潮湿、盐雾的措施很多，最有效、使用最多的是密闭，密闭就是将元件、部件或一些复杂装置甚至整机安装在不透气的封闭盒内，使其与外界隔离。

图 1—2—1　GeForce 9800GT 被动散热式显卡

2. 机械环境对电子产品的不利影响及防护

在电子产品的整个使用寿命周期内，要经历各种机械环境，其对电子产品的影响是比较严重的。机械环境主要是指电子产品出厂后在运输、搬运和使用过程中所承受的机械振动、冲击等机械作用，机械作用会使电子产品的紧固件松脱、机械部件或元器件损坏。经验证明，在各种机械环境中，主要威胁来自振动应力。设备中由于振动而造成的损坏大大超过了冲击引起的损坏，而振动、冲击有时会造成应力突变，损坏设备结构。

为了减少这种机械环境的影响，可以对电子产品采取有效的防振动与防冲击措施，保证电子产品的可靠运行。其基本方法有两种，一种是采取隔离措施，利用减振装置把设备保护起来或把振动源隔离开；另一种是选用合适的材料和合理的安装技术，使设备正常工作时足以耐受冲击或振动，如在较重或易振动的元器件下加装弹簧垫圈或橡胶垫缓冲等。

3. 电磁环境对电子产品的不利影响及防护

在电子产品工作的空间中存在着各种因素产生的电磁信号，这些信号绝大多数都是电子产品的干扰信号，其使设备工作的稳定性大为降低，甚至不能工作。造成电磁干扰的因素很多，如周围空间的电磁场、电磁波、电气噪声干扰以及内部相互干扰等。图 1—2—2 所示是现代家庭内部的电磁环境，各种平台产生的电磁波互相干扰，造成设备工作不稳定。

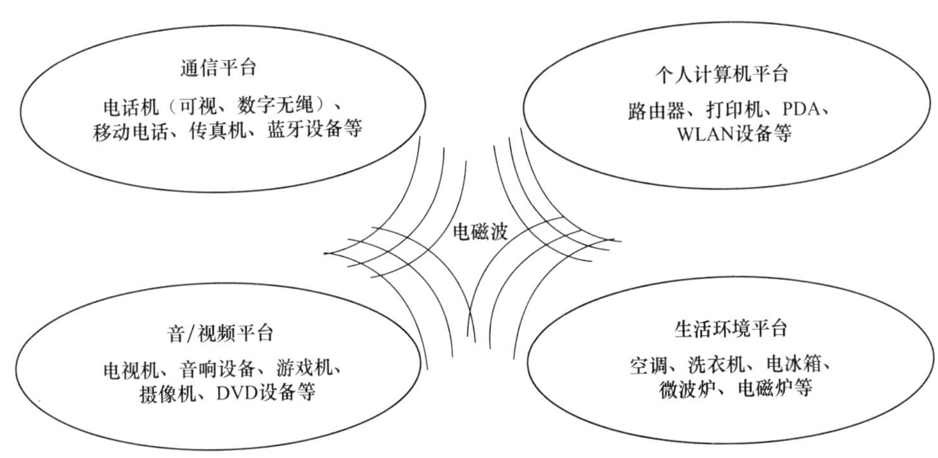

图 1—2—2 现代家庭内部的电磁环境

为了保证电子产品能够在电磁干扰的环境中正常工作，必须提高电子产品的电磁兼容能力，常采取的有效措施为接地、屏蔽和滤波。

二、电子产品的使用要求

电子产品的生产设计是基于使用的，因此，应充分考虑使用方面对设备的要求，主要应考虑体积、质量及操作与维修方面的要求。

1. 体积与质量要求

电子产品能得以广泛使用的主要原因是它的体积与质量日益减小，这具有非常重要的经济意义。在军用电子产品中，减小其体积和质量直接影响着部队的战斗力和装备使用的灵活性。例如，野战部队背负式通信机，其宽度不应超过人的双肩宽度（平均为 400 mm），高度在背负时不能碰到臀部（平均为 500 mm），质量不超过 18 kg。图 1—2—3 所示是背负式 HF-90E 通信机，其质量为 6 kg，适合军队、警察等在野外执行任务时徒步使用。

图 1—2—3 背负式 HF-90E 通信机

想一想

电子产品在使用方面除了体积与质量要求外，在结构设计方面还应该考虑哪些因素？

2. 操作与维修要求

对电子产品的操作与维修要求，应根据电子产品的发展和使用场所的变化来制订，通常包括以下几个方面。

（1）操作简单，能很快进入工作状态，并为操作者提供良好的工作条件。

（2）设备运行安全、可靠，有良好的保护功能，能防止误操作所引起的设备损坏及人身伤害。

（3）便于维修（在设备发生故障时，便于打开或快速更换零部件）。例如，采用插入式或折叠式结构、快速装拆结构、可调元件以及将测试点布置在同一面等。

（4）元器件的组装密度不宜过大，设备的体积填充系数（电子元器件总体积与设备型腔容积之比）应尽可能低一些（最好不超过 0.3），以保证元器件有足够的空间，便于拆装与维修。

（5）设备应有过载保护，危险处应有明显的警示标志，以确保操作与维修人员的安全。

（6）设备最好具备检测装置和故障预报装置，能使操作与维修人员尽早发现故障或预测失效元件，及时维修，缩短维修时间并防止扩大故障。

三、电子产品的生产要求

1. 电子产品对生产条件的要求

电子产品在研制完成之后就要投入生产，生产厂商的设备情况、技术水平、工艺水平、生产能力、管理水平等因素都属于生产条件。要确保电子产品能顺利投产，并生产出优质产品，生产条件必须满足以下要求。

（1）产品中的零部件、元器件的品种和规格尽可能少，并采用专业厂商生产的零部件，其技术参数、形状、尺寸应规格化、标准化，这样不仅可以提高产品的质量，而且便于管理，并能降低成本，保持产品的继承性。

（2）产品中的机械零部件必须有较好的结构工艺，采用先进的工艺方法和流程，尽可能降低原材料的消耗，缩短工时。例如，零件的结构、尺寸和形状的合理设计有利于实现工序的自动化。

（3）产品加工精度的要求与技术条件要求相适应，不允许无根据地追求高精度。在满足产品性能指标的前提下，其精度等级应尽可能低一些，尽量不进行选配和修配，以便于自动流水生产。

（4）设备中使用的原材料，其品种和规格越少越好，立足于使用国产材料和来源多、价格低的材料。

2. 电子产品对经济性的要求

电子产品的经济性应从使用经济性、生产经济性两个方面来考虑，主要应考虑以下几个方面的内容。

（1）研究和分析产品的技术条件、设计参数、性能和使用条件，制订正确的设计方案和确定产品的复杂程度，这是产品经济性的首要条件。

（2）由产量确定产品的结构形式和生产类型。产量的大小决定着生产批量的规模，进而影响生产方式的类型。

（3）在保证产品性能的条件下，按经济优先的生产方式设计和选择零部件；在满足产品技术要求的条件下，选用最经济、合理的原材料和元器件，以降低产品的成本。

（4）周密设计产品的结构，使产品具有较好的操作、维修性能和使用性能，降低设备的维修和使用费用。

表 1—2—1 所列是汽车电子锁和机械锁的功能对比，通过对比可以了解电子锁相对于机械锁的优点，从而进一步了解电子产品的经济性与实用性。

表 1—2—1 汽车电子锁和机械锁的功能对比

对比项目	电子锁	机械锁
防伪性	全球唯一的射频识别ID，多重数据加密控制，科技含量高，不易伪造	技术含量低，易伪造
可靠性	电子锁与机械锁双重锁定，监管力度加强，金属制作，强度高	只有机械锁定，易非法开启而不可知
举证性	独立实时时钟，准确记录可疑案件报警状态、报警种类及报警时间等，方便举证工作	无法举证
实时报警	可与车载GPS设备联动报警，实现实时报警，迅速定位作案地点和作案时间，方便稽查	无法实时报警
通关效率	自行上锁，卡扣自动实施解封通关，节省通关时间，提高通关效率	需人工实施解封、核对锁号，耗费人力、物力
管理力度	可与卡扣控制和联网系统联合使用，大大提高了管理力度；双重锁定、实时报警等方面都大大加强了管理力度	比较弱
信息携带	可存储和携带相关信息，如报警信息等	没有存储功能
经济性	可充电和反复使用，降低了成本	一次性使用，费用高

思考与练习

1. 举例说明气候条件对电子产品有何影响。
2. 机械条件包含哪些因素？它对电子产品有何影响？
3. 如何提高电子产品的电磁兼容能力？
4. 简述电子产品的使用要求。
5. 简述电子产品的生产要求。

§1—3 电子产品的可靠性要求

学习目标

1. 了解可靠性的概念和主要指标。
2. 掌握电子产品可靠性的设计原则以及提高电子产品可靠性的途径。

不论是机械、电子产品，还是机电一体化产品，都需要有一定的可靠性，可靠性是反映产品质量好坏的综合性指标。了解、掌握和使用可靠性技术，不仅与设计、研制和生产有密切的关系，而且对产品使用、保管与维修也同样重要。可靠性的主要指标有可靠度、故障率、失效率、平均使用寿命及平均维修时间。提高可靠性的途径可以从产品设计、制造及使用方面考虑。本节主要介绍可靠性的概念和主要指标、电子产品可靠性的设计原则及提高其可靠性的途径。

一、可靠性概述

可靠性是指产品在规定的条件下和规定的时间内完成规定功能的能力。可靠性的概念包含以下三层含义。

首先，产品的可靠性是以“规定的条件”为前提的。所谓“规定的条件”是指在规定的时间内产品使用时的应对条件。规定的条件不同，产品的可靠性就不同。例如，一般半导体器件使用时的输出功率越小，其可靠性越高。

其次，产品的可靠性与“规定的时间”密切相关。一般来说，产品经过一段老化时间后，有一个较长时间的稳定使用期，之后，随着时间的推移，其稳定性逐渐下降，可靠性降低，时间越长，可靠性越低。

最后，产品的可靠性是用完成“规定的功能”来衡量的。产品只有完成规定的全部功能，才被认为是可靠的。

电子产品功能的发挥，在很大程度上取决于电子产品可靠性的高低。衡量可靠性的指标很多，电子产品可靠性的主要指标见表 1—3—1。

表 1—3—1　　电子产品可靠性的主要指标

项目 指标	符号	定义	表达式
可靠度	R_t	可靠度是指产品在规定的条件下、规定的时间内完成规定功能的概率	$R_t=\frac{N-n}{N}\times 100\%$ N——试验样品数 n——规定时间内的故障数
故障率	F_t	故障率是指产品在规定的条件下、规定的时间内失去规定功能的概率	$F_t=\frac{n}{N}\times 100\%$ $F_t+R_t=1$ N——试验样品数 n——规定时间内的故障数
失效率	λ_t	失效率是指产品在规定的使用条件下使用到时刻t后，产品失效的概率	$\lambda_t=\frac{n(t+\Delta t)-n(t)}{[N-n(t)]\Delta t}$ N——试验样品数 n（t）——到时刻t的失效数 $n(t+\Delta t)$——t时刻后，在Δt时间间隔内的失效数
平均使用寿命	t	平均使用寿命是指产品无故障工作的平均时间	$t=\frac{\sum_{i=1}^{N} t_i}{N}$ t_i——第i个试验产品失效前的工作时间 N——试验样品数

续表

项目 指标	符号	定义	表达式
平均维修时间	$MTTR$	平均维修时间是指产品从发现故障到恢复规定功能所需的时间	$MTTR=\frac{T_R}{n}=\frac{\sum_{i=1}^{n}T_{Ri}}{n}$ n——故障次数 T_R——修复时间总和

二、电子产品可靠性的设计原则

1. 简化设计方案

在满足产品性能的前提下，要尽量简化设计方案，减少所用元器件的数量，选用可靠性高的元器件，这是提高电子产品可靠性的重要环节。在设计阶段，一定要按可靠性要求进行设计，具体做到以下几点。

（1）产品结构和电路应尽量简单。

（2）尽量选用成熟结构和典型电路。

（3）结构要简单化、积木化、插件化。

（4）尽量采用数字电路。

（5）尽量采用集成电路。

（6）逻辑电路要进行简化设计。

2. 注意可靠性与经济性的关系

提高产品的可靠性，会使生产和研发费用增加，即生产成本增加，但产品的售后维修费用将随产品可靠性的提高而降低，因此，总费用不一定增加。若降低产品的可靠性，虽然研发和生产费用下降了，但其使用和维修费用将上升，总费用仍有可能增加。因此，在进行可靠性设计时，合理地确定可靠性指标，以总费用最低为设计原则，具体做到以下几点。

（1）对性能指标、可靠性指标要综合考虑，避免盲目追求高性能、高指标。

（2）应尽量采用传统工艺和习惯的操作方法。

3. 元器件的可靠性与产品的可靠性

（1）元器件的可靠性。组成产品的元器件的可靠性是影响产品可靠性的直接因素，元器件可靠性的高低直接决定产品可靠性的优劣。元器件的可靠性通常用失效率来表示。实践证明，普通元器件和半导体元器件的失效规律有相同的地方，同时也有不同之处。了解元器件的失效规律，对于正确选用元器件、提高电子产品的可靠性是非常有益的。

1）元器件的失效规律。普通电子元器件的失效规律曲线如图 1—3—1 所示，通常称为船形曲线或浴盆曲线。它分为三

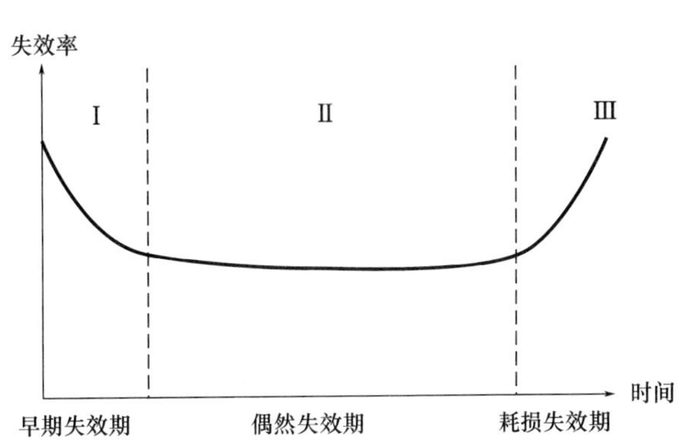

图 1—3—1　普通电子元器件的失效规律曲线

个阶段：早期失效期、偶然失效期和耗损失效期，失效期的定义、特点及使用要求见表1—3—2。

表1—3—2　　普通电子元器件失效期的定义、特点及使用要求

阶段	早期失效期	偶然失效期	耗损失效期
定义	由于设计、制造上的缺陷而发生的失效称为早期失效，对应的失效期为早期失效期	对早期失效经过修正设计、工艺改进、老化元器件以及整机试验后，产品进入稳定的偶然失效期，也称为随机失效期	经过偶然失效期后，产品由于元器件耗损、整机老化以及维护保养不当等原因进入耗损失效期
特点	起始失效率高，随元器件工作时间的增加，失效率迅速降低	失效率很稳定，而且较低，是一个常数，不随时间的变化而变化	失效率迅速上升，产品报废
使用要求	通过对原材料和生产工艺加强检验、质量控制和对元器件进行老化筛选，可以大大降低早期失效率	电子产品的所有元器件和组件都应工作在这一时期，这一时期的时长即为元器件的使用寿命	电子产品的所有元器件都不应该工作在这一时期，否则会带来很多隐患

半导体元器件与普通电子元器件失效规律的比较见表1—3—3。

表1—3—3　　半导体元器件与普通电子元器件失效规律的比较

名称＼阶段	早期失效期	偶然失效期	耗损失效期
普通电子元器件	有（二者相同）	有（失效率为一常数）	有
半导体元器件	有（二者相同）	有（失效率近似为一常数）	没有

2）使用条件与元器件可靠性的关系。使用条件包括工作环境条件和负荷条件。元器件所处的工作环境越恶劣、负荷越大，其可靠性越低、失效率越高。同一元器件在不同的工作环境和负荷下工作，它的可靠性会有很大的区别。

（2）产品的可靠性。元器件是组成产品的最小单元，元器件的可靠性直接影响产品的可靠性。可以根据元器件的可靠性求得产品的可靠性，同样也可以根据产品的可靠性分配各元器件的可靠性。一个复杂的产品可以由多个子系统或部件组成，这个系统的结构可以采用串联形式，也可以采用冗余形式。而对于产品可靠性的提高，要着重提高基础件（或子系统）的可靠性。

4. 可靠性与可维修性

考虑电子产品可靠性设计的同时，还应考虑可维修性。所谓可维修性，是指产品零部件、元器件经维修使之可靠而采取的措施。可维修性是可靠性的重要因素之一，可靠性要求在电子产品的使用中出现失效的可能性最小，提高结构的可靠性，能减少维修的次数和工作量。所以可靠性是可维修性的基础，提高可靠性，有助于改善可维修性。在可靠性设计中，要与可维修性有机地结合起来。如在设计时，加入报警、自动关机、自动保护等安全装置，这些装置是技术措施的一部分，属于可维修性的内容。

5. 加工工艺的可靠性

加工工艺必须保证元器件在加工过程中不受到热力、机械和电气的损伤，并严格按照工艺文件的要求进行加工。应当把可靠性设计与加工的可靠性密切配合起来，以保证产品的质量。

6. 新技术的合理使用

使用新技术以提高电子产品的可靠性。

（1）应不断采用新的可靠性设计技术。

（2）若采用新电路，应注意标准化。

（3）采用新技术时要充分注意继承性。

三、提高电子产品可靠性的途径

电子产品是由电子元器件、部件、组件按照一定的工艺要求组装起来的。电子产品可靠性的基础是电子元器件的可靠性，电子产品的硬件故障大多数以元器件的损坏或发生故障的方式表现出来。下面主要介绍提高电子产品可靠性的几个途径。

1. 合理选用与使用元器件

电子产品可靠性的高低与组成产品的电子元器件的合理选用与使用有很大关系。电子产品在生产过程中要正确地选用元器件，所用元器件必须经过严格检查和老化筛选，以排除早期失效的元器件，然后将合格、可靠的元器件按工艺要求进行装配。

（1）选用元器件应遵循的原则

1）综合考虑电气性能指标和使用条件，使用条件不得超出元器件的技术参数范围和环境条件，并留有余量。

2）在满足产品功能的前提下，尽可能地压缩元器件的品种和数量，提高复用率。

3）组成电子产品的所有元器件在组装之前都要按不同的要求进行可靠性筛选。

4）对于同类元器件，应择优选用，并注意积累元器件在使用中的性能与可靠性方面的资料，作为以后选用的重要依据。

对电子元器件进行合理的筛选，就是要从一批元器件中选出可靠性较高的元器件，淘汰有潜在缺陷而可能导致早期失效的元器件，这对提高电子产品的可靠性有重要意义。但实际上很难做到这一点，这不仅有技术上的难度，还有经济上的合理性问题。因此，要用最经济、有效的方法达到规定的可靠性。

（2）电子元器件的合理使用

电子元器件的工作条件对其使用寿命和失效率影响很大，减轻负荷可以有效提高可靠性。降额使用是提高电子产品可靠性的最有效措施之一。所谓降额使用，就是使元器件在低于其额定值的条件下工作，即元器件的额定参数高于实际应用参数。

2. 合理设计电子产品

产品设计的目标应是最大限度地满足用户的要求，即以最低的购置费用、在尽可能长的时间内得到可靠的使用效果。设计、制造电子产品的原则是提高其技术指标和经济指标，因此，先进的技术指标和良好的可靠性、工艺性、使用性是达标的基本保证。

3. 提高电子产品工作和使用的可靠性

（1）进行环境影响因素试验

1）定性试验。将产品置于人工模拟的环境中，按照技术指标的要求，考核产品抵抗每一种环境影响因素的能力。例如，耐温、耐湿、耐压的稳定性，不渗水性以及耐振动、冲击、加速度等各种稳定性试验。

2）综合性试验。考察产品在综合因素的作用下所能达到的性能指标。这种试验比较接近于实际使用情况，所以在环境试验中占有重要地位。

（2）设计故障指示和排除装置。

（3）加强对环境防护措施的研究，提高结构设计水平。例如，采用有效的散热装置，以控制元器件的温升；消除机械因素对电子产品造成的危害；加强防腐、防霉、防潮的研究等。

（4）合理采用冗余系统（备份系统）。备份越多，系统的可靠性越高，但设备费用会成倍增加，所以冗余系统只在极端重要的场合（如导弹发射与制导卫星系统等）或元器件可靠性满足不了系统要求时才采用。

（5）合理存储与保管。

（6）正确使用。在使用之前认真阅读使用说明书，严格遵守操作规程。

（7）定期检查与维修。

想一想

结合自己的生活实践，比较生活中同类型电子产品的可靠性有何不同。

思考与练习

1. 举例说明什么是电子产品的可靠性及衡量可靠性的指标有哪些。
2. 如何合理选择电子元器件，以提高电子产品的可靠性?
3. 简述电子产品可靠性的设计原则及提高电子产品可靠性的途径。

实训1　数字式万用表的结构剖析

一、实训目的

1. 进一步掌握现代化电子产品的结构和特点。
2. 进一步了解电子产品的使用要求。

二、实训所需器材

各种型号的数字式万用表若干。

三、实训内容

1. 以小组为单位，剖析数字式万用表的结构。

数字式万用表是由一个3½位数字式电压表和电流、电压、电阻等电参数的测量电路组成的。数字式万用表的外形结构如图1—3—2所示，主要包括LCD显示窗、电源开关、数据保持开关、转换开关、输入插孔等。

2. 查阅相关资料，结合实际使用经验总结数字式万用表的使用要求。

3. 上网收集关于各种型号数字式万用表的相关材料，分析、对比各种型号数字式万用表的结构。

4. 组长总结，并进行汇报。

5. 撰写实训报告。

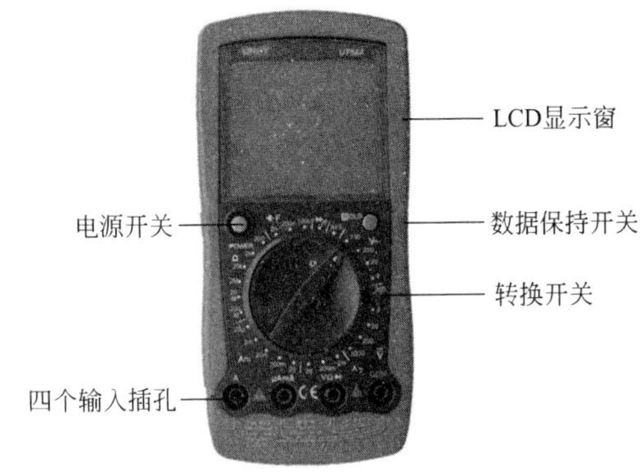

图 1—3—2 数字式万用表的外形结构

注意事项

1. 每位同学必须独立完成资料收集工作。
2. 讨论完成后，每位同学都应进行实训收获总结。

第二章　电子产品的防护

§2—1　电子产品的防潮、防腐和防老化

学习目标

1. 了解潮湿、盐雾、霉菌及金属腐蚀对电子产品的危害。
2. 掌握对潮湿、盐雾、霉菌及金属腐蚀的防护措施。
3. 了解有机材料的老化现象及防老化措施。

电子产品在一定的环境中存储、运输和使用，必然会遇到不同的气候环境。环境中的各种因素会使电子产品受潮和腐蚀，加速电子产品的损坏，所以在设计、组装和使用时要充分考虑这些环境因素，采取有效的防护措施，减少或消除不利因素，提高设备的稳定性和可靠性。本节主要介绍潮湿、盐雾、霉菌及金属腐蚀等对电子产品的危害及防护措施，以及有机材料的老化现象及防老化措施。

电子产品的使用范围非常广泛，其工作环境和条件也极为复杂，它要受到各种环境因素的影响，包括温度、湿度、气压、盐雾、风沙、太阳辐射等。其中，湿度是所有因素中影响最大的一个因素，特别是当湿度和温度结合在一起时，往往会产生更大的破坏作用。潮湿的环境会促使霉菌快速繁殖，也会助长盐雾的腐蚀作用，所以对环境要素的防护也主要是防潮湿、防盐雾和防霉菌，俗称“三防”。

一、潮湿的防护

1. 潮湿的危害性

潮湿对电子产品的破坏作用主要体现在以下几个方面。

（1）引起金属腐蚀及加快腐蚀速度。

（2）使非金属材料性能变坏、失效。一些吸湿较多的材料，吸湿后会发生溶胀、变形、强度降低，甚至产生机械性破坏。此外，水分附着在材料表面或渗入内部，使材料表面的电导率减小，造成短路、漏电和击穿，使介质损耗增大。潮湿也可使油漆涂覆层起泡、脱落，从而失去其保护作用。

（3）水是一种极性介质，能够改变电气元件的参数。例如，水附着在电阻上，会形成一条漏电通路，相当于在电阻上并联一可变电阻。

（4）在一定的温度条件下，潮湿有利于霉菌的生长和繁殖，使非金属材料腐烂。

（5）当温度升高或空气中含有杂质（如灰尘、电解质等）时，潮湿的影响和危害将

加剧。

2. 潮湿的防护措施

潮湿的防护措施有很多，常用的有以下几种。

（1）合理选用材料。在满足结构强度、性能要求和经济性的条件下，应采用耐腐蚀、耐湿、化学性稳定的材料来制造元器件和零部件。这是从根本上提升电子产品内部元器件、零部件防潮湿性能的方法。

（2）憎水处理。亲水物质的吸湿性和透湿性大，可以通过憎水处理改变其亲水性。用硅有机化合物蒸气处理亲水物质，可以提高憎水能力。方法是把硅有机化合物放入容器中，用加热器加热到 50 ~ 70 ℃让其挥发，使被处理的元器件在蒸气中吸收有机硅分子，然后在 180 ~ 200 ℃的温度下烘烤，使有机硅分子渗入元件所有的细孔和缝隙，与水化合后，在元件表面形成憎水性的聚硅烷膜，或者使某些物质发生化学变化而使材料变成憎水性。

（3）浸渍。浸渍是将被处理的元件或材料浸入不吸湿的绝缘漆中，经过一段时间使绝缘漆进入元器件和零部件的毛细孔、缝隙以及结构的空隙中，从而提升元器件和零部件的防潮湿性能。经浸渍处理后的元器件和零部件除了具有良好的防潮湿性能外，还能提高纤维绝缘材料的抗电强度和热稳定性，提高元器件的机械强度，改善传热性能。浸渍剂通常应具有良好的渗透能力、化学中性、较强的表面硬化能力、良好的附着能力、优良的导热性能和耐热、耐冷性等。常用的浸渍剂有酚醛绝缘漆、三聚氰胺醇酸绝缘漆、有机硅聚酯浸渍漆、环氧树脂无溶剂绝缘烘漆等。

（4）灌封。灌封是用热熔状态的树脂、橡胶等将电气元件浇注封闭，形成一个与外界完全隔绝的独立整体。常用的灌封材料有环氧树脂、石蜡、沥青、油、不饱和聚酯树脂、硅橡胶等。线圈（如中周、微调电感、滤波器、疏密线圈等）常用聚乙烯醇缩丁醛胶来灌封或灌注，起到防潮湿和固定作用。

对于灌封材料的要求主要是应具有优良的黏附力、很小的透湿性、较高的软化点以及优良的往物体缝隙渗透的能力。

（5）密封。密封是防潮湿的最有效方法。密封就是将零件、元件、部件或一些复杂的装置甚至整机安装在不透气的密封盒中，这种方法属于机械防潮。密封不仅可以防潮湿，而且可以防水、防低气压、防盐雾、防霉菌、防灰尘。

作为防潮湿的辅助手段，有时可以对某些产品用定期通电加热的方法来驱除潮气。例如，家用电器不能长期闲置不用，否则会由于潮湿产生电路短路、金属腐蚀等损害，应定期通电驱潮。也可以用吸潮剂吸掉潮气，常用硅胶作为吸潮剂，它具有很大的吸水性，在货物包装中常用廉价的生石灰作为吸潮剂。

3. 各种防潮措施的适用范围

憎水处理只能作为辅助性的防潮手段，它多用来作为其他防潮处理后的辅助处理，以进一步加强其防潮性能。

浸渍主要用于绕线产品，如变压器绕组、电感线圈等。

灌封多适用于小型的单元、部件及元器件，如小型变压器、密封插头、固体电路、微膜组件及集成电路等。

密封主要用于恶劣的气候条件，如水下、高空用的无线电设备和野外用携带式无线电设备等。

二、盐雾和霉菌的防护

1. 盐雾的防护

（1）盐雾的形成。盐雾是一种含有盐分的雾状气体，主要发生在海上和沿海地区离海岸线较近的大气中。在陆地上也可以因盐碱被风吹刮起或盐水蒸发而引起。

（2）盐雾的危害。盐雾的危害主要是对金属及各种金属镀层的强烈腐蚀。如钢铁制品在盐雾作用下容易生锈，其使用寿命要比无盐雾作用时短得多。在普通条件下，防护性能最好的铬镀层，在有盐雾的大气条件下，也会导致基底金属锈蚀。所以沿海地区暴露在大气中的电线电缆，以及其他各种金属结构和设备，如果不加防护，在短时间内便会遭受盐雾的严重腐蚀。此外，设备内的零部件、元器件表面由于水分蒸发，析出固体结晶盐粒，也会引起绝缘强度下降，造成短路、漏电，同时很细的结晶盐粒若侵入机构的运动部分，会加速运动部件的磨损，使设备的可靠性下降。

（3）盐雾的防护措施

1）进行电镀加工时，应严格执行电镀工艺，保证镀层厚度，并选择适当的镀层种类。

2）采用密封机壳或机罩，使设备与盐雾环境隔开。

3）对关键元器件进行灌封或增加其他密封措施。

2. 霉菌的防护

（1）霉菌的形成。霉菌是指生长在营养基质上而形成绒毛状、蜘蛛网状或絮状菌丝体的真菌。霉菌在适宜的温度（20 ~ 30 ℃）、湿度、pH 值、营养成分和空气条件下能进行繁殖和生长。元器件上的灰尘、人手留下的汗迹、油脂等都为它提供了繁殖和生长的条件。

（2）霉菌的危害。霉菌对电子产品的危害主要表现在以下几个方面。

1）由于霉菌在生长和繁殖过程中从有机物材料中摄取营养成分，从而使材料结构发生破坏、强度降低及物理性能变坏。同时，霉菌本身作为导体，可以造成短路和漏电，给电子产品带来更严重的后果。

2）霉菌在新陈代谢过程中分泌出二氧化碳及其他酸性物质，引起金属腐蚀和绝缘材料的性能恶化。同时，霉菌还会破坏元器件和设备的外观。

因此，在潮湿环境下工作的电子产品，为了减少霉菌的破坏作用，应采取适当的防霉措施。

（3）霉菌的防护措施

1）控制环境条件，抑制霉菌的生长。霉菌的生长和繁殖需要适当的环境，如果保持设备内部干燥、清洁，或使设备处于 6 ℃以下、通风良好的干燥环境中，就能使霉菌失去生长和繁殖的条件。

2）密封防霉。将设备严格密封，并加入干燥剂，使其内部空气干燥、清洁，这是防止霉菌生长最有效的方法。

3）采用防霉剂。在必须使用不耐霉或耐霉性差的材料时，应先使用防霉剂进行防霉处理。

4）使用防霉材料。由于防霉剂有毒性，并易于挥发，只能在短期内有防霉效果，所以在解决湿热地区产品长期防霉问题时，关键还在于选择具有防霉性能的材料或适当改变现有材料的成分，使其抗霉性能增强，这是防霉的根本途径。

三、金属腐蚀的防护

1. 金属腐蚀对电子产品的危害

金属腐蚀是指金属或合金与周围接触到的介质（气体或液体）进行化学反应而遭到破坏的过程。若某些金属件或结构长期暴露在大气中，受水蒸气的影响，就会在金属表面形成氧化物和盐类，这就是腐蚀。腐蚀从金属表面开始，逐步深入到内部，影响金属零部件和元器件的电气性能、力学性能和防护性能，造成各种开关及接触件的接触不良、机械传动系统的精度降低、固定件的强度减弱、电磁元器件的参数改变等不良后果。同时，腐蚀产物还有可能造成电气短路，使绝缘材料漏电而降低介质的电气性能等，严重影响电子产品的性能参数，使其使用寿命缩短，甚至使设备损坏。此外，金属腐蚀还使得设备维修、零部件更换的次数增加，造成为采取防腐蚀措施而增加生产工序等的间接损失。因此，做好金属的防腐蚀工作是保证电子产品具有较高可靠性的重要手段。

2. 金属的防腐蚀措施

（1）改变金属的内部组织结构。例如，把铬、镍等元素加入普通钢中制成不锈钢，就可大大增强钢铁对各种侵蚀的抵抗能力。

（2）选择耐蚀材料。从防蚀角度出发，一方面希望选择耐蚀性优良的结构材料，另一方面又必须满足设备性能或零部件功能所要求的物理、机械、电气等方面的材料特性，以及加工性能和经济性等。但是，两者往往互相矛盾，所以必须综合考虑后加以确定。在某些场合可以考虑用非金属材料代替金属材料，如塑料、橡胶、陶瓷、玻璃等都可以作为电子产品的防蚀材料。目前，在电子产品中广泛利用工程塑料制造机箱、面板、旋钮、支架、手柄等一般构件和齿轮、链轮、蜗轮、蜗杆等耐磨传动件。

（3）采用表面涂覆方法。表面涂覆是最常用的金属防护方法，即在零部件的表面涂覆致密的金属或非金属覆盖层。表面涂覆既可以起到保护金属不受腐蚀的作用，又可以对零部件的表面进行装饰，还能满足零部件的一些特殊要求，如有些表面覆盖层可以提高元器件及设备的电气性能。表面覆盖层按其性质可以分为以下三类：金属覆盖层、化学覆盖层、涂料覆盖层。

1）金属覆盖层是用电镀或化学涂覆的方法在金属表面覆盖一层金属。为了达到保护基体的目的，金属覆盖层应满足的要求是：覆盖层金属在环境介质中的耐蚀性良好，与基体金属结合牢固，有良好的机械、物理特性，镀层完整、空隙小，有一定厚度和均匀性。常用作覆盖层的金属有锌、镉、铜、铬、镍、锡、铅、铝、银、金、铂、钯及其合金等。

2）化学覆盖层是用化学或电化学的方法在金属表面形成一层致密而稳定的金属化合物（多是金属的氧化物、磷酸盐类），以达到防腐蚀的目的。常用的方法有磷化、发蓝、钝化、氧化等。

3）涂料覆盖层是将有机物涂于零部件表面，其能自行起物理和化学变化，并干结成一层坚韧的薄层，使被涂表面与大气隔绝，从而起到保护和装饰的作用。它是对金属和非金属制品进行防腐蚀和装饰的最简单的方法。常用的涂料有油漆和塑料等。油漆涂覆主要用于机械作用不大、没有摩擦、公差要求不高、不焊接的表面。由于塑料涂覆时常需要经过干燥、塑化等高温工艺，因此，塑料涂覆的零部件应能承受高温，否则就应选用其他涂覆方法。

（4）合理设计金属件的结构。金属件的结构设计和选材一样重要，因为大多数的腐蚀问题都能通过适当的设计来避免。

1）腐蚀余量设计。腐蚀是一种侵蚀性作用，受腐蚀部位的金属量会逐渐减少，且壁厚变薄。因此，在设计管、容器和其他部件时，在满足力学和其他性能方面要求的前提下，应对壁厚变薄留出余量。一般，壁厚常取预期使用寿命所需量的两倍。

2）避免接触腐蚀。两种金属活泼性不同的金属相互接触，在盐雾等电解质环境中可构成原电池（活泼性高的金属为阴极，活泼性低的金属为阳极），构成原电池后会加速金属的腐蚀。避免接触腐蚀的方法是尽可能采用同种金属，当必须使用不同的金属材料时，应选活泼性相近的金属。当必须把不允许接触的金属材料装配在一起时，应采取以下措施。

① 在其中一种金属上镀上允许与第二种金属相接触的金属镀层，或者在两种金属上均镀上同一种金属镀层。

② 在两种金属之间涂覆绝缘保护层或加放绝缘衬垫。

③ 尽可能扩大阳极性金属的表面积，缩小阴极性金属的表面积。

3）金属件结构的合理设计

① 不合理的结构形式常引起机械应力、热应力等各种应力，使水和水汽停留或积存在其上，造成局部金属的腐蚀，所以在设计时应避免。

② 在易发生腐蚀和最大腐蚀的部位加厚构件尺寸。

③ 对易腐蚀损坏而必须经常维修、更换的零部件，结构上应保证其易于修理。

④ 降低金属件的表面粗糙度值，也可以提高它的抗腐蚀能力。

四、有机材料的老化现象及防老化

1. 有机材料的老化现象

（1）热老化。就实际情况而言，环境温度的升高将直接导致有机高分子材料中的分子链运动加剧。而当分子动能大于化学键的离解能时，则将导致分子链出现热降解。此外，随着温度的逐渐升高，材料在到达与材料力学性能相关的某一临界温度时就会出现结构上的变化，继而使自身的物理性能也随之改变。而这一现象，则被称为材料的热老化现象。

（2）湿老化。湿度之所以能够引起有机高分子材料的老化，主要是因为水分子对材料的作用。在材料被水分子包围的情况下，材料分子之间的作用力会因溶胀和溶解而改变，而这将直接导致材料的聚集状态遭到破坏，继而使材料的性能受到影响。在实际生活中，非交联的非晶聚合物就将明显受到环境湿度的影响，在材料被水分子包围的情况下，该种材料甚至会出现解体，继而出现严重的湿老化现象。

（3）氧老化。作为引起有机高分子材料老化的重要因素，氧气对材料的老化行为有重要影响。在空气中，具有一定渗透性的氧分子将对材料分子主链进行攻击，而在这种情况下，材料内部将形成过氧化物或自由基，继而导致分子主链断裂。此外，在自由基中存在金属元素时，材料的氧化反应将更加强烈。而一些材料的分子量明显降低，将导致材料的快速老化。

（4）光老化。一般来讲，一些有机高分子材料能够吸收光能，在光的照射下，由于材料吸收的光能高于分子链的离解能，继而导致分子链断裂。

材料化学结构的改变将直接导致材料性能的劣化。此外，紫外线的能量较强，所以有机高分子材料常会受到紫外线的伤害。

（5）生物老化。在加工有机高分子材料的过程中，需要使用大量的添加剂，继而给微生物的生长提供了良好的环境。而微生物具有较强的变异性，可以分解出高聚物的催化酶。因此，微生物将以材料为食物，即通过吸收材料内部营养而导致材料的迅速降解，继而造成材料的老化。而微生物在生长过程中产生的一系列代谢物，将导致材料的表面质量变差，继而影响材料的使用。

2. 预防措施

（1）热老化的预防。为了预防材料的热老化，首先要合理控制材料的加工温度。而过低的温度也会导致材料性能发生变化，所以也要增强材料的抗寒性。具体来讲，就是在材料生产过程中，添加一定的增塑剂，从而使材料的加工温度得到降低。就目前来看，增塑剂主要有分子增塑和结构增塑两种。其中，分子增塑可以增加分子链的柔顺性，而结构增塑则能起到润滑作用。

（2）湿老化的预防。在预防材料的湿老化时，主要需要防止材料在酸碱催化作用下接触水分子。某些有机高分子材料在酸碱催化作用下水解，将对空气造成一定的污染，甚至引发酸雨，所以需要尽量避免在酸碱环境下使用该类材料。此外，为了防止材料与水分子的接触，也可以在材料表面覆盖防水薄膜，从而防止材料因水解而老化。

（3）氧老化的预防。在现实生活中，材料不得不接触大量的氧分子，所以在材料加工的过程中，可以添加一定的抗氧化物，这些抗氧化物将与材料产生的过氧自由基发生反应，继而彻底终止材料的氧老化反应。现阶段的抗氧剂主要有两种，即自由基受体型和自由基分解型。其中，自由基受体型抗氧剂能够降低过氧自由基的活性，而自由基分解型抗氧剂则能够使过氧自由基转变成稳定的化合物，继而使材料的老化速度得以降低。

（4）光老化的预防。在材料加工的过程中，加入适量的光稳定剂可以预防材料的光老化。目前常用的光稳定剂有光屏蔽剂和紫外吸收剂两种。其中，光屏蔽剂可以进行紫外光的反射，继而防止光能进入材料内部。而紫外吸收剂则可以主动吸收紫外线的能量，继而通过释放荧光而将光能从材料内部排出。此外，也可以在材料的表面涂抹一定的丙烯酸涂料，该涂料可以进行紫外线的预防，并增加材料的光稳定性。

（5）生物老化的预防。能够导致有机高分子材料出现生物老化的微生物主要为霉菌。因此，想要预防材料的生物老化，就需要做好霉菌的预防。

防止材料霉菌老化的方法主要是在材料中加入防霉剂，以防止霉菌的滋生。此外，也可以在材料表面涂抹反微生物因子，以预防材料出现生物老化现象。

思考与练习

1. 结合实际说明潮湿对电子产品有哪些影响，应采取哪些措施进行防护。
2. 结合实际说明盐雾、霉菌对电子产品有哪些影响，应采取哪些措施进行防护。
3. 结合实际说明金属腐蚀对电子产品有哪些影响，应采取哪些措施进行防护。
4. 结合实际说明有机材料老化对电子产品有哪些影响，应采取哪些措施进行防护。

实训 2　剖析常见电子产品的防护措施

一、实训目的

1. 了解常见电子产品的使用环境要求。
2. 了解常见电子产品的防护措施。

二、实训所需器材

一字和十字旋具各 1 把，精密旋具 1 套，收纳盒 1 个，对讲机 1 部，手机 1 部。

三、实训内容

1. 查阅相关资料，分析总结对讲机、手机的使用环境要求。
2. 拆卸对讲机、手机，观察其内部结构，分析其防护措施。
3. 分组讨论、总结，得出结论。

根据要求完成表 2—1—1 的填写。

表 2—1—1　　对讲机、手机的使用环境要求及防护措施

对讲机	使用环境要求	
	机壳的防水措施	
	扬声器的防水措施	
	送话器孔的防水措施	
手机	使用环境要求	
	防水措施	
	防尘措施	

4. 撰写实训报告。

注意事项

1. 拆卸时要轻拿轻放，拆卸下来的组件、零部件要放在收纳盒中，防止丢失。
2. 拆卸过程中要注意对设备的维护，防止零部件的损坏。
3. 实训完成后，要将对讲机、手机结构恢复原样。

§2—2　电子产品的散热

学习目标

1. 了解热传导、热对流、热辐射的概念及相应的增强散热的措施。

2. 掌握电子产品自然散热及散热的主要措施。
3. 掌握功率晶体管的散热原理及散热器的类型。
4. 掌握电子产品的强迫散热方式。

电子产品工作时其功率损失一般都是以热能的形式散发出来的。实际上，电子产品内部任何具有实际电阻的载流元器件都是一个热源，同时电子产品的工作性能与温度有着密切的关系。本节主要介绍电子产品散热的相关知识。

一、热的传导方式

热是物体的内能，称为热能。热能总是自发地从高温物体（或物体的高温部分）向低温物体（或物体的低温部分）传播，热能的传播方式有热传导、热对流、热辐射三种。

1. 热传导的概念及增强传导散热的措施

热量从系统的一部分传到另一部分或由一个系统传到另一个系统的现象称为热传导。热传导是固体中热传递的主要方式。热量是度量热能大小的物理量，热量由热端向冷端传递。

各种物质的热传导性能不同，一般金属都是热的良导体，玻璃、木材、棉毛制品、羽毛、毛皮以及液体和气体都是热的不良导体，石棉的热传导性能极差，常作为绝热材料。

增强热传导散热的措施主要有以下几个方面。

（1）在考虑综合因素的前提下，选用导热系数较大的材料制造导热零件。

（2）尽量缩短热传导路径，热传导路径中不应有绝热或隔热材料。

（3）增大热传导零件间的接触面积，也可在两接触面间涂硅脂或垫入软金属箔，如铟片、铜箔等。

2. 热对流的概念及增强对流散热的措施

热对流是液体或气体中较热部分和较冷部分之间通过循环流动使温度趋于均匀的过程。

热对流是液体和气体中热传递的特有方式，气体的热对流现象比液体明显。热对流可以分为自然对流和强迫对流两种。自然对流是自然发生的，是由于温度不均匀而引起的。强迫对流是受机械力的作用（如鼓风机、水泵等）促使流体运动，使流体高速地掠过发热物体（或高温物体）表面。加大液体或气体的流动速度，能加快对流传热。

增强热对流散热的措施主要有以下几个方面。

（1）尽量增大温差，即尽量降低周围对流介质的温度。

（2）加大与对流介质的接触面积，如将散热器做成肋片、直尾形、叉指形。

（3）增大周围介质的流动速度，以带走更多的热量。

3. 热辐射的概念及增强热辐射散热的措施

物体因自身的温度而具有向外发射能量的本领，这种热传递的方式称为热辐射。热辐射虽然也是热传递的一种方式，但它和热传导、热对流不同，不需要物体间的相互接触。热辐射以电磁辐射的形式发出能量，温度越高，辐射越强。如太阳的热量就是以热辐射的形式经过宇宙空间再传给地球的。

增强热辐射的措施主要有以下几个方面。

（1）发热物体表面越粗糙，热辐射的能力越强。一般常将发热元件的外壳涂上有色漆，散热片表面涂粗糙的黑色漆或有色漆。

（2）加大辐射体的表面积。

（3）加大辐射体与周围环境的温差，即周围介质温度越低越好。

二、电子产品自然散热及散热的主要措施

电子产品在使用过程中会产生大量的热量而使设备的温度上升，从而影响设备的正常运行，将这些热量迅速地散发出去是保证电子产品正常工作的前提。热传导、热对流、热辐射是热的三种传导形式，通过这三种形式将电子产品产生的热量迅速散发到周围环境中去的过程称为散热。电子产品常用的散热方法有自然散热、强迫通风散热、液体冷却、蒸发冷却、半导体制冷、热管传热等。绝大多数热功率密度不大的电子产品，一般都采用自然散热及强迫通风散热。

1. 自然散热的要点

自然散热是指不用外部冷却手段而利用发热元件、器件或整机与环境之间的热传导、热对流及热辐射进行散热。自然散热是一种最简便的散热形式，其散热的途径有以下两种。

（1）对于封闭式机箱，设备内部的热量散发途径如图 2—2—1 所示。

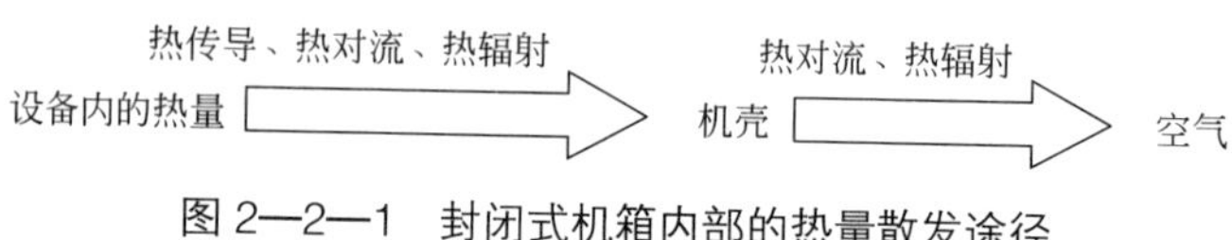

图 2—2—1　封闭式机箱内部的热量散发途径

（2）对于敞开式机箱，设备内部的热量散发途径如图 2—2—2 所示。

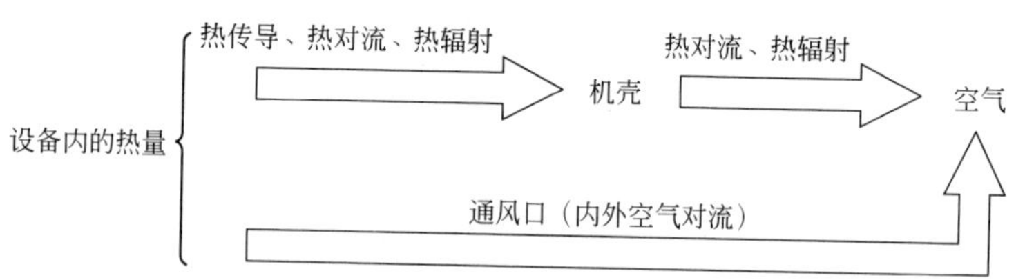

图 2—2—2　敞开式机箱内部的热量散发途径

确保良好自然散热的主要任务是在结构上进行合理的热设计，将产品内部的热量畅通无阻地、迅速地排到设备外部，使产品工作在允许的温度范围内。

2. 机壳的散热设计

电子产品的机壳是接受设备内部热量并通过它将热量散发到周围环境的一个重要热传导部件。机壳采用热设计在采用自然散热的电子产品中显得格外重要。实验证明，不同结构形式和涂覆处理的散热效果差异较大。在机壳热设计中应考虑以下问题。

（1）增加机壳内外表面的黑度，提高机壳的热辐射能力。可在机壳内外表面涂粗糙的黑漆，颜色越深，其辐射能力越好，粗糙的表面比光滑的表面热辐射能力强。如果美观要求不高，可涂黑色皱纹漆，其热辐射效果最好。

（2）选择导热性能好的材料做机壳。在保证整机结构强度和经济性的前提下，选用导热性能好的材料做机壳（可优先选择金属机壳），加强机壳内外表面的热传导，从而提高散热效果。

（3）增加换热表面积。在某些电子产品中常采用筋化的方法增加换热表面积，以提高换

热能力。例如，采用各种散热器和热交换器。

（4）在机壳上合理地开通风孔，可以加强气流的对流换热作用。通风口的位置应注意避免因气流短路而影响散热效果。通风孔的进出口应设在温差最大的两处，进风口温度低，出风口温度高。风口要接近发热元件，使冷空气直接起到冷却元件的作用。常用通风孔的结构形式如图 2—2—3 所示。

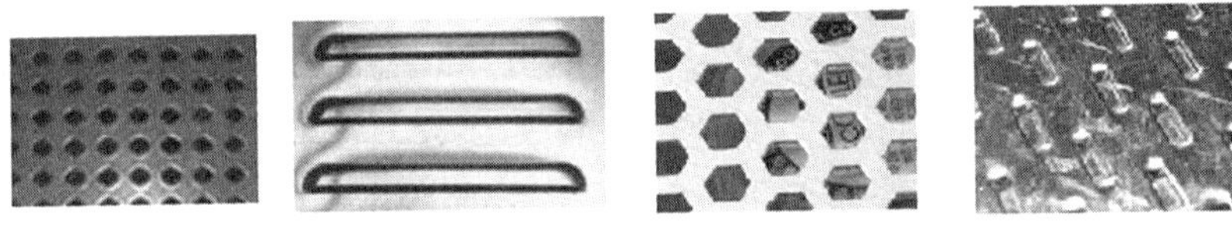

图 2—2—3　常用通风孔的结构形式

3. 电子产品内部的自然散热

（1）电子元器件的散热

1）电阻和小功率的电感、电容、二极管。一般情况下，它们是通过引线的传导和本身的热对流、热辐射散热的，如图 2—2—4 所示。因此，在装配时，应保留一定的引线，其安装位置应使发热最大的面积垂直于对流气体的通路。

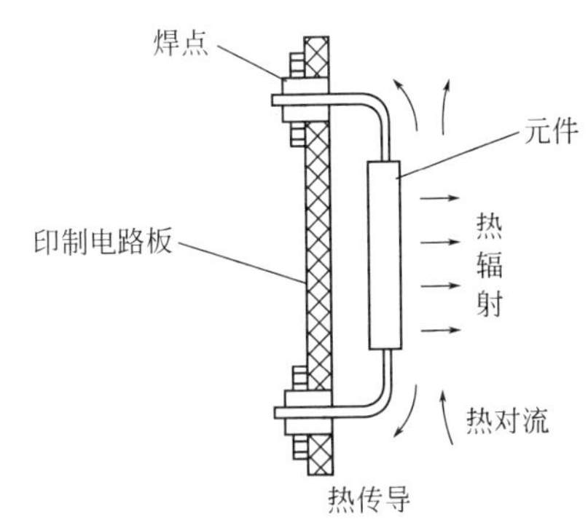

图 2—2—4　电阻等元件的一般散热途径

2）变压器。它主要依靠热传导散热，对不带外罩的变压器，要求铁芯与支架、支架与固定面都要良好接触，使其热阻最小。对有外罩的变压器，除要求外罩与固定面良好接触外，在条件允许的情况下可将其垫高并在固定面上开孔形成热对流。另外，变压器外表面应涂抹无光泽的深色漆，最好是黑漆，以加强辐射散热。

3）晶体管。对于功率小于 100 mW 的晶体管，可以不加散热器，依靠自身的管体及引线散热。对于插入式晶体管，安装时在安装高度允许的情况下，应加大引脚长度。对于大功率晶体管，应加散热器进行散热，以保证晶体管的正常工作。

4）集成电路。对于一般集成电路的散热，主要依靠管壳及引线进行。当集成电路的热流密度超过 0.6 W/cm^2 时，应安装散热装置进行辅助散热。例如，20W 单电源 BTL 功放集成电路 TDA7240A 就需要加散热器。集成电路的散热结构如图 2—2—5 所示。

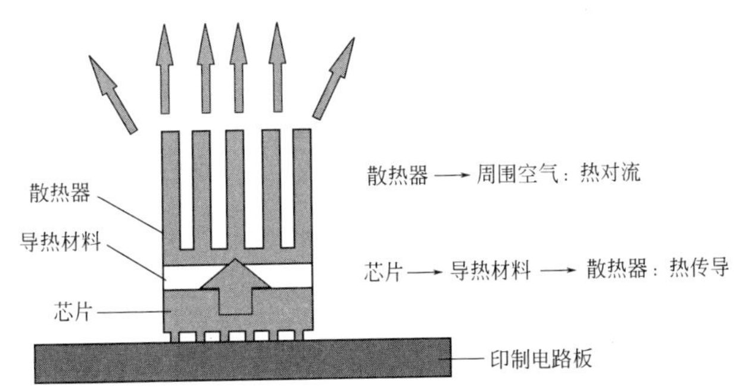

图 2—2—5　集成电路的散热结构

（2）电子产品内部元器件的合理布置

1）为了增强热对流散热，各元器件、结构件之间应保持一定的距离，以利于空气流动。

2）在印制电路板上安装元器件时，应将发热量大的元器件和不耐热的元器件置于容易降温之处。即将可能超过允许温升的元器件置于气流的入口处，将发热量小的元器件和耐热的元器件放在气流的出口处。

3）对热敏感的元件，在结构上可采取“热屏蔽”的方法解决，即采取措施切断热传播的通道，使设备内部某部分的热量不能传到另一部分，形成热区和冷区（图 2—2—6），从而对热敏元件进行有效的保护。

4）添加某些与电路原理无关的零部件。为了有效地散热，在电路条件允许时，添加一些与电路无关的零部件，进行引导散热。

（3）设备内部印制电路板的合理放置

若设备中只有一块印制电路板，水平或垂直放置均可。安装和使用多块印制电路板时，垂直安装方式比水平安装方式的散热性能好，所以应垂直并列安装，每块印制电路板之间的配置间隔保持在 30 mm 以上，以利于自然对流散热，同时印制电路板的安装位置应避免遮挡机箱上的通风孔。

（4）机箱内结构件的合理布置

1）合理设计进 / 出风口的位置，尽量增大进 / 出风口的距离和它们的高度差，增强自然对流散热。例如，图 2—2—7 所示进 / 出风口位置不当，有一部分空间不能内外对流，使局部散热效果不好。

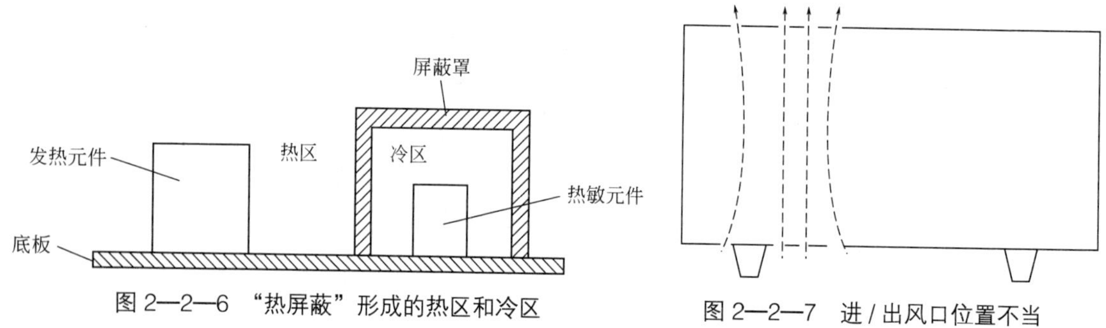

图 2—2—6 “热屏蔽”形成的热区和冷区

图 2—2—7 进 / 出风口位置不当

2）对于大面积的元器件，应特别注意其放置位置，如机箱底的底板、隔热板、屏蔽板等。若位置安排不合理，可能阻碍或阻断自然对流的气流。

三、功率晶体管的散热及散热器的类型

在电子产品中使用的电气元件流过电流时要产生热量，特别是一些大功率元件，产生的热量会更多，如晶体管和集成电路。这些热量如果不及时散发出去，就会影响它们的正常工作，使其工作性能变坏，严重时还会被烧坏。因此，为了保证这些电气元件的工作性能，必须考虑其散热问题。例如，为大功率晶体管和集成电路加装散热器等。下面主要介绍功率晶体管的散热原理及散热器的类型。

1. 功率晶体管的散热原理

晶体管在工作时，直流电源功耗有一部分要消耗在管子上，这就是集电极功耗 P_C。它们

产生的热量一方面使结温升高，一方面又经过管壳向四周发散，在一定的环境温度 T_a 和晶体管散热能力下，集电极功耗 P_C 决定了管子结温度 T_j 的高低。晶体管在使用时，如果长时间超过最大允许的集电极功耗 P_{CM}，则晶体管结温度将超过最大允许结温度 T_{jM}，就会缩短晶体管的使用寿命，甚至有烧坏的危险。由定量可知

$$P_{CM}=\frac{T_{jM}-T_a}{R_T}$$

可见，在一定的最大允许结温度 T_{jM} 和环境温度 T_a 下，热阻 R_T 越小，则最大允许集电极功耗 P_{CM} 越大。热阻反映了元件的散热能力，热阻越小，元件的散热能力越好。要提高一个晶体管或集成电路的 P_{CM}，就要增加其散热能力，也就是减小它的热阻。目前，改善晶体管散热的主要方法是安装散热器。当输出功率大于 1 W 时，晶体管就需要装上适当的散热器，以利于自然对流和辐射换热，保证晶体管可靠地工作。

2. 散热器的类型

散热器的类型很多，目前，在电子产品中常用的散热器有平板式、铝型材式、叉指形、星形、针形等，如图 2—2—8 所示。

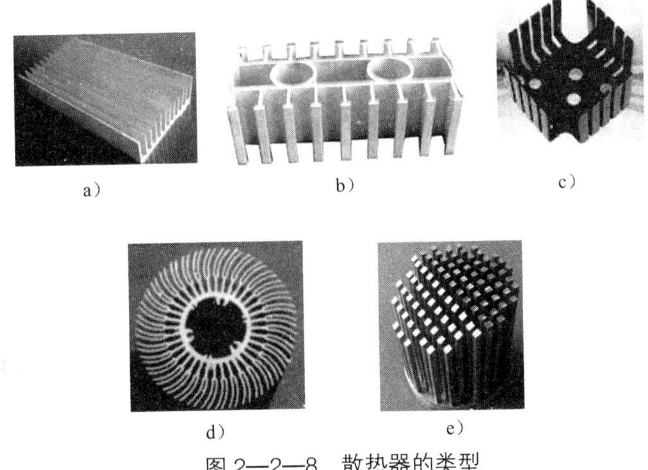

a）　b）　c）　d）　e）

图 2—2—8　散热器的类型

a）平板式　b）铝型材式　c）叉指形　d）星形　e）针形

（1）平板式散热器是最简单的一种散热器，它由厚 1.5 ~ 3 mm 的金属薄板制成，一般多为正方形或长方形的铝板或铝合金板。对于一些中、小功率的晶体管，可以直接安装在金属板上进行散热。一般都采用垂直安装。垂直安装可以节约空间，而且垂直安装的热阻比水平安装要小。

（2）铝型材（平行筋片）式散热器在功率损耗较大时具有较小的热阻，因而其散热能力强，一般用作大、中功率晶体管的散热器。

（3）叉指形散热器制作工艺简单，结构形式多样，可作为大、中功率晶体管的散热器。

（4）星形散热器的热对流和热辐射作用较好，适用于柱状元件的散热。安装时应使其内孔与散热元件良好接触，尽量降低接触热阻。

（5）针形散热器是一种新型散热器，它是在金属平板上均布圆柱形或圆锥形针柱的散热器，针柱使得散热面积增大，大大增强了其散热能力，而且使用起来十分方便。

四、电子产品的强迫散热方式

强迫散热适用于大、中功率的电子产品。在电子产品中，强迫散热方式通常有强迫风冷、液体冷却、蒸发冷却、半导体制冷等。其中，强迫风冷的能力比自然散热大 10 倍左右，而液体冷却的散热能力比强迫风冷要大 10 倍以上。这里主要介绍强迫风冷和液体冷却。

1. 强迫风冷

强迫风冷是利用风机进行抽风或鼓风，加速设备内部气流的速度，以达到散热的目的。与其他强迫散热方式相比，它具有结构简单、费用低、维护方便等优点，是目前应用最多的强迫冷却手段。其基本形式有抽风冷却和鼓风冷却两种。

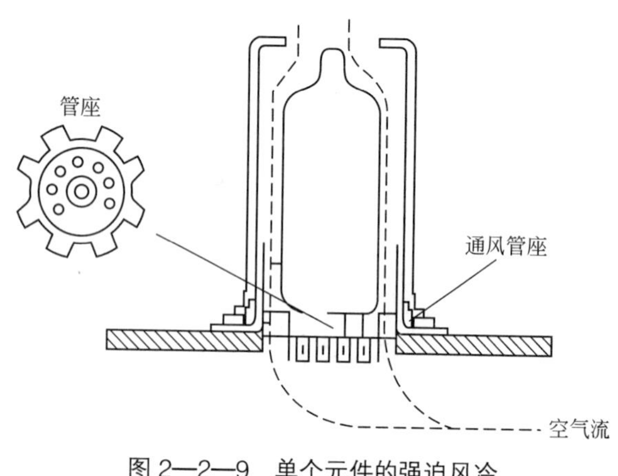

图 2—2—9　单个元件的强迫风冷

（1）单个元件的强迫风冷。在电子产品（如整机的机柜）中只有单个电子元件需要冷却时，可以选择合适的通风机和设计一个专用的风道，将需要冷却的元件（如大功率电子管）装入该风道内进行强迫通风，如图 2—2—9 所示。

（2）整机的抽风冷却。抽风冷却分为有风管和无风管两种形式。抽风冷却主要适用于热源比较分散的整机或机箱，热量经专门的风道或直接排到设备周围的大气中。抽风冷却的特点是风量大、风压小、风量分布均匀。由于热空气密度小，抽风机常装在机柜顶部或机柜两侧，出风口也在此处，进风口在机柜下部并装滤尘器。

1）有风管的抽风系统。有风管的抽风系统适用于有热敏元件的设备。为防止上升气流流过热敏元件，需用专用风道，此时上下各单元互不相通。进风口开在机柜两侧，为防止灰尘进入，可装上防尘网。

2）无风管的抽风系统。当设备内各元件冷却表面风阻较小或机柜的中部或顶部各单元需要风冷且没有热敏元件时，可以采用没有专用抽风道的形式。

（3）整机的鼓风冷却。鼓风冷却也分为有风管和无风管两种形式，结构和抽风冷却系统基本相同，只是鼓风机安装在机柜下部。有风管的结构便于控制各单元的风量，无风管的结构适用于在底层内具有风阻较大元件而中上部无热敏元件的情况。鼓风冷却的特点是风压大、风量比较集中。鼓风冷却通常在单元内热量分布不均匀、各单元需要有专门风道冷却、风阻较大、元件较多的情况下使用。

2. 液体冷却

由于液体的导热系数及比热容均比空气大，与强迫风冷相比，液体冷却可以大大减小各有关换热环节的热阻，提高冷却效率，因此，用它作为散热介质的效果比用空气要好。我国许多大功率发射机的发射管（如速调管、行波管、返波管、磁控管等）的冷却都采用这种方法。液体冷却的缺点是系统比较复杂、体积和质量较大、设备费用较高和维修较复杂，所以自然散热和强迫风冷仍是绝大多数热功率密度不大的电子产品常用的散热方法。对于一些特殊的电子产品，可采用液体冷却、蒸发冷却、半导体制冷等散热方法。

思考与练习

1. 电子产品中常用的散热措施有哪些?
2. 传热有哪几种方式? 可以采取哪些措施提高各种传热方式的传热能力? 试举例说明。
3. 结合实际说明在电子产品中有哪些散热方式，各有什么特点。
4. 电子产品中常用的散热器有哪几类?

实训 3　剖析功放电路的散热措施

一、实训目的

1. 能分析功放电路中各个元器件的散热措施。
2. 了解功放电路中散热器的选用类型。
3. 了解功放电路的整体散热布局。

二、实训所需器材

一字和十字旋具各1把，精密旋具1套，收纳盒1个，音响功放1台（A81C精品功放）。

三、实训内容

1. 通过上网或其他渠道收集 A81C 功放的相关资料，总结 A81C 功放的性能特点。

2. 打开功放外壳，观察其内部结构，分析其整体散热措施及各个元器件的具体散热方法，识别散热器的类型。

3. 根据要求完成表 2—2—1 的填写。

表 2—2—1　　A81C 功放分析表

性能特点	
放大管的散热方法	
大功率推动管的散热方法	
其他基本元器件的散热与安装方法（如电阻、电容、小功率晶体管）	
整体散热布局特点	
散热器的类型及特点	

4. 撰写实训报告。

§2—3 电子产品的防振与缓冲

1. 了解机械作用的分类。
2. 了解振动与冲击对电子产品的危害。
3. 了解隔振、隔冲的基本原理。
4. 了解减振器的类型、选用原则及布置。
5. 掌握电子产品防振和缓冲的一般措施。

振动和冲击对电子产品的影响是多方面的，一般振动引起的是元器件或材料的疲劳损害，而冲击则是由于瞬时加速度很大而造成元器件和材料的应力损坏。电子产品在振动和冲击的作用下被损坏，除了元器件、零部件的质量不合格外，其主要原因是在设计整机或元器件的安装时，对缓冲措施或系统的振动和冲击隔离系统的选择没有进行很好的考虑。因此，要保证电子产品在振动和冲击的环境中正常工作，必须采取各种防护措施。本节主要介绍电子产品防振与缓冲的相关知识。

一、机械作用的分类

电子产品在使用和运输过程中，不可避免地会受到振动、冲击等机械力的作用，具体有以下四种类型。

1. 周期性振动

周期性振动是指机械力的周期性运动对设备产生的振动干扰，并使设备做周期性往复运动。表征周期性振动的主要参数有振动幅度和振动频率。

2. 非周期性干扰

非周期性干扰是指机械力在做非周期性扰动时对设备的作用。其特点是作用时间短暂，但加速度很大。根据对设备作用的频繁程度和强度大小，非周期性扰动力可以分为碰撞和冲击两类。

（1）碰撞。碰撞是设备或元器件在运输和使用过程中经常遇到的一种冲击力。其特点是次数较多和具有重复性。

（2）冲击。冲击是设备或元器件在运输和使用过程中遇到的非经常性、非重复性的冲击力。其特点是次数较少，不经常遇到，但加速度大。

表征碰撞和冲击的参数有波形、峰值加速度、碰撞或冲击的持续时间、碰撞时间、碰撞次数等。

3. 离心加速度

离心加速度是指运载工具做非直线运动时设备受到的加速度。

4. 随机振动

随机振动是指机械力的无规则运动对设备产生的振动干扰。随机振动在数学分析上不能用确切的函数来表示，只能用概率和统计的方法来描述其规律。随机振动主要是由外力的随机性引起的。

二、振动与冲击对电子产品的危害

机械作用力会对电子产品造成影响，其中危害最大的是振动与冲击，如果结构设计不当，就会导致电子产品的损坏或无法工作。

振动与冲击造成的破坏主要有两种形式，一种是强度破坏，设备在某一激振频率下产生振幅很大的共振，最终振动加速度所引起的应力超过设备所能承受的极限强度而破坏，或者由于冲击所产生的冲击应力超过设备的极限强度而破坏；另一种是疲劳破坏，振动或冲击引起的应力虽远低于材料的极限强度，但由于长时间振动或多次冲击而产生的应力超过其疲劳强度，使材料发生疲劳损坏。

振动和冲击对电子产品造成的危害具体表现在以下几个方面。

（1）没有附加锁紧装置的接插装置会从插座中弹出来，并碰撞其他元器件而造成破坏。

（2）电真空器件的电极变形、短路、折断，或者由于各电极做过多的相对运动而产生噪声，使其不能正常工作。

（3）振动使弹性元件产生变形，使具有触点的元件（电位器、波段开关、插头、插座等）接触不良或开路。

（4）指示灯忽亮忽暗，仪表指针不断抖动（或指针脱落），使观察人员读数不准，并易产生视觉疲劳。

（5）当零部件的固有频率和激振频率相同时，会产生共振现象。例如，可变电容器极片共振时，会使电容量发生周期性变化等。

（6）安装导线变形和移位，使其相对位置改变，引起电感量和分布电容发生变化，从而使电感和电容的耦合发生变化。

（7）机壳和安装基础变形，脆性材料（如玻璃、陶瓷、胶木、聚苯乙烯）断裂。

（8）防潮和密封措施受到破坏。

（9）锡焊和熔焊处断开，焊锡屑掉落在电路中间造成短路故障。

（10）螺钉、螺母松开甚至脱落，并撞击其他零部件，造成短路和破坏。有些用来调整电气特性的螺钉受振后会产生偏移。

一般，振动引起的故障约占 80%，冲击引起的故障约占 20%。

三、隔振与隔冲

为了减少或防止振动与冲击对电子产品的影响，通常采取两种措施，一种是通过材料选用和合理的结构设计，增强设备及元器件的耐振动、耐冲击能力；另一种是在设备或元器件上安装减振器，通过隔离振动与冲击，有效地减少振动与冲击对电子产品的影响。这里主要介绍第二种措施。

1. 隔振

（1）振动系统的组成。机械振动是指物体受交变力的作用，在某一位置附近做往复运

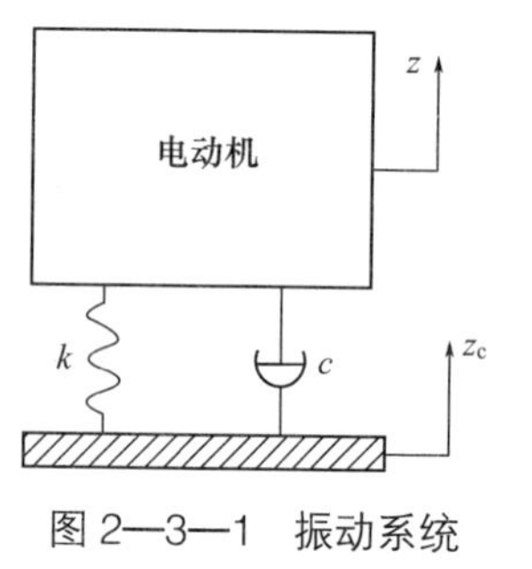

图 2—3—1 振动系统

k—弹簧刚度 c—线性阻尼元件 z、z_c—位移

动。图 2—3—1 所示为一个振动系统，电动机安装在支梁上，当电动机旋转时，由于转子的不平衡性，转子质量的惯性力引起电动机产生上下和左右方向的往复运动，当限制其左右运动时，就构成了最简单的单自由度自由振动系统。

（2）隔振原理。隔振就是通过在设备或元器件上安装减振装置，隔离或减少它们与外界之间的机械振动传递。

1）主动隔振。在振动物体与安装基础之间安装弹性支撑（即隔振器），以减少机械振动力向安装基础的传递量，使振动物体的振动得以有效隔离，这种对振动物体采取隔离的措施称为主动隔振。一般情况下，风机、水泵、压缩机及冲床的隔振都是主动隔振。

2）被动隔振。在仪器和设备与安装基础之间安装弹性支撑，以减少安装基础的振动对仪器和设备的影响程度，使仪器和设备能正常工作或不受损坏，这种对仪器和设备采取隔离的措施称为被动隔振。一般情况下，仪器及精密设备的隔振都是被动隔振。

2. 隔冲

冲击是一种急剧的瞬间作用。例如，飞机的起飞和着陆，火车、汽车的启动与停车，物体的起吊与跌落等都能产生较大的冲击。在冲击发生时，虽然时间相当短，但作用十分强烈。冲击作用下，电子产品的零部件的冲击应力超过其最大允许值时将导致设备损坏，有时也会因多次冲击作用形成疲劳积累，使设备发生疲劳损坏。因此，对冲击的作用也必须进行隔离。

由能量定理可知，当外来冲击能量一定时，若冲击力作用的时间越长，则设备所受的冲击力越小，冲击加速度也越小。因此，若能延长冲击力作用的时间，就可以减轻电子产品所受冲击作用的影响。

和隔振一样，隔冲同样分为主动隔冲与被动隔冲。电子产品大都采用被动隔冲。即在支撑基座与电子产品之间装一个减振器进行冲击隔离，当外界冲击力作用在支撑基座上时，由于减振器中的弹性元件和阻尼元件产生变形，吸收能量并延长冲击力作用的时间，使传递给设备的冲击力减小，以达到缓冲的目的。因此，冲击减振器实际上是一个储能装置。

减振器的刚度越小，阻尼越大，则冲击力作用的接触时间越长，减振器的变形越大，设备受到的冲击力也就越小，缓冲的效果越好。所以对一些易损坏的器材，在运输时常用刚度很小的橡皮筋或钢丝弹簧将器材吊起，使之与支撑基座隔离。但是，对一般电子产品来说，采用刚度很小的弹性体来缓冲是有困难的，因为刚度很小的弹性体在吸收冲击能量时，要产生相当大的位移，而电子产品的安装条件一般是不允许的。为了解决这个矛盾，在缓冲时可以使用橡胶金属减振器，其受力与变形的关系是非线性的，刚度随着受力的增大而增大。在一般情况下，它的刚度较小，但当发生大变形时其刚度会变得很大。

由于阻尼的存在会使系统在变形时消耗能量，因此，在缓冲设计中增大减振器的阻尼，对有效控制冲击十分有利。

四、减振器的类型、选用原则及布置

1. 减振器的类型

减振器的作用是隔离或减小振动及冲击对设备及元件的影响，通过其材料、结构的特点，吸收振动、冲击的能量并缓慢地释放，以达到减振和缓冲的目的。电子产品中用到的减振器种类很多，这里仅介绍近年来在电子产品中使用较普遍的橡胶—金属减振器、金属弹簧减振器以及阻尼隔振材料。

（1）橡胶－金属减振器。橡胶－金属减振器由金属（弹簧钢）和橡胶按下述方法制成。

先将钢制零件镀上一层 25 μm 厚的黄铜（Zn 30%，Cu 70%），与天然橡胶一起在压模内硫化，然后加热到（143 ± 10）℃，保持 20 min，使金属和橡胶贴合在一起形成减振器。由于金属和橡胶的结合强度达 3.92 ~ 6.86 MPa，所以能在一定的载荷下承受冲击和振动。橡胶－金属减振器如图 2—3—2 所示。

由于橡胶是微孔性材料，变形时具有较大的内摩擦，故阻尼比 ξ 较高（0.02 ~ 0.13）。但橡胶具有蠕变性能，不能长时间承受较大的变形，故适用于静态偏移较小、瞬时偏移较大的情况，即能承受冲击作用，隔冲性能好。这种减振器由于采用天然橡胶，温度对其性能影响较大，且怕油污、光照等，使用时应定期更换。近年来开始使用人工合成橡胶，人工合成橡胶部分地改进了性能。例如，用丁橡胶制成的减振器，可在油污环境中使用；用硅橡胶制成的减振器，使用温度可达 115 ℃。

JP 型平板式减振器及 JW 型碗式减振器是目前电子工业中常用的两种标准减振器。

（2）金属弹簧减振器。金属弹簧减振器用弹簧钢板或钢丝绕制而成。常见的有圆柱形弹簧、圆锥形弹簧及板簧等。这种减振器的优点是对环境条件反应不敏感，适用于恶劣环境，如高温、高寒、油污等；工作性能稳定，不易老化；刚度变化范围宽，可以制作得很软，也可以很硬。其缺点是阻尼比很小，共振时很危险。因此，必要时还应另加阻尼器。由于金属弹簧减振器的固有频率较高，常用于载荷大、外激频率较高及有冲击的场合。金属弹簧减振器如图 2—3—3 所示。

图 2—3—2　橡胶－金属减振器

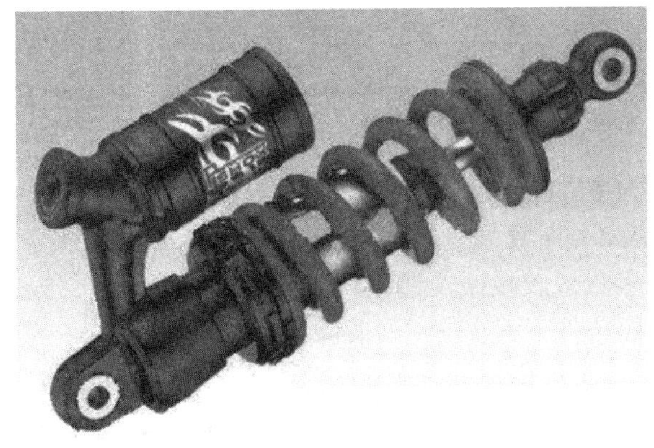
图 2—3—3　金属弹簧减振器

（3）阻尼隔振材料。利用减振器对设备减振缓冲时，虽然可以减弱机械作用对设备的干扰，但在多数情况下设备并非理想刚体，即使已经减弱的机械作用传递到设备中时，也有可能引起设备中某些零部件发生共振。此时采用阻尼技术进行减振效果较好。

近年来，国内外正致力于阻尼减振技术的研究与应用，主要使用的阻尼材料是一种由单体分子共聚或缩聚而成的高分子材料。当这种材料受到外力时，其呈现出既有固体弹性又有流体黏性的中间状态。这种聚合物受到拉伸外力时，其分子链一方面被拉伸，另一方面在分子与分子之间产生链段的滑移。外力消失后，被拉伸的分子会恢复原位，即它具有弹性，但是链段的滑移并不能迅速、完全地恢复原位，从而造成其有永久性变形，显示出具有黏性，所以这种材料也称为黏弹性阻尼材料。链段间滑移所做的功不能完全返回的部分，就以热能形式消耗在环境中。正是利用这一特性将机械振动或声振动转变为热能，从而起到减振和降低噪声的作用。

目前常用的阻尼隔振材料有以下两种结构。

1）自由阻尼结构。将阻尼隔振材料覆盖（粘贴或喷涂）在需要减振的结构物表面，当结构物发生变形时，阻尼隔振材料能将机械振动或声振动转变为热能消耗。由于覆盖在结构物上的阻尼隔振材料层面无约束，故称为自由阻尼层或自由阻尼结构，被覆盖的结构物称为基层。自由阻尼层可以是单面或双面的。

2）约束阻尼结构。在自由阻尼层面上再覆盖一层材料，就构成约束阻尼结构，而这一覆盖层称为约束层。约束层根据需要也可以做成多层，基层与约束层统称为结构层，它为阻尼结构提供强度，自由阻尼层则吸收能量。

此外，近年来隔振垫也被广泛应用于产品的减振和缓冲。隔振垫是由具有弹性的材料制成的一种没有确定形状和尺寸的软垫，如专用橡胶隔振垫，这种隔振垫具有持久的高弹性，隔振、缓冲性能良好；为满足不同要求，其尺寸和形状可以自由选择；具有一定的阻尼性能，可以吸收机械能，特别是对高频振动能量的吸收效果很好；橡胶与金属表面能实现牢固黏结，易于安装与制造；与其他减振器相比，其具有价格低廉等优点，目前被广泛用于产品的隔振和缓冲。

2. 减振器的选用原则

选用减振器时主要应考虑以下问题。

（1）使用条件。使用条件主要包括振源性质、环境温度、外形尺寸和元器件耐振与抗冲击能力等。

1）振源性质。电子产品使用时所承受的振动、冲击类型、强度、频率等，决定减振器是以隔振为主还是以缓冲为主。一般情况下，舰用、车用设备以缓冲为主，飞机等设备以减振为主。

2）环境温度。因橡胶减振器有一定的使用温度范围，过冷会硬化，过热则会软化，且大多数橡胶减振器遇油及光照易老化。因此，温度范围超出 0 ~ 80 ℃、存在油类介质以及光照条件下不宜使用橡胶减振器。

3）外形尺寸。了解设备的外形、重心位置，特别是可以供安置减振器的空间大小，可以为选用减振器的类型、数量提供尺寸依据。

4）元器件耐振与抗冲击能力。设备内部元器件的耐振与抗冲击能力的强弱，决定了设备允许承受的最大振幅和加速度，也就决定了整个减振缓冲系统的隔振系数的大小，是选用减振器的主要依据。

（2）参数条件。减振器的主要参数包括阻尼比、刚度（或频率）、额定负荷等。

1）阻尼比 ξ。从减振原理分析可以看出，阻尼的作用是控制和减少共振振幅。由于设备启动与停止都要经过共振区，尽管时间很短，但系统阻尼过小时也会产生较大的振动。虽然在隔振区阻尼比越小，隔振效果越好，但这仅对激振频率为单一频率时才适用。当振源较复杂且有多种频率时，必须从多方面防止共振，阻尼比也应适当选大一些。从缓冲的角度来讲，选用较大的阻尼比也是有利的。综合考虑，减振缓冲系统以选用较大的阻尼比为宜。

2）刚度 k。刚度是减振器最主要的参数。就减振而言，刚度的大小可以根据隔振效果的要求，通过计算出固有频率而得到。选用的减振器刚度只要等于或小于计算刚度，就能保证隔振效果的实现。

3）额定负荷 W。各种类型减振器的额定负荷都不同，所选减振器的负荷大小主要根据设备质量、重心位置、减振器安装数量来决定，要求所选减振器的额定负荷应大于实际载荷。

3. 减振器的合理布置

在布置和安装减振器时，应注意以下问题。

（1）应使各减振元件受力均匀，静压缩量基本一致。

（2）将减振器安装在设备底部四角较为方便，但为了提高稳定性，减振器的安装平面应尽可能提高，最好是在设备重心所在的平面。

（3）同一设备的减振器最好选用同一型号的产品。

五、电子产品防振和缓冲的一般措施

为了保证电子产品在外界机械力的作用下仍能可靠地工作，除了安装减振器进行振动、冲击隔离外，还应考虑对电子产品采取防振和缓冲措施。这些措施归纳起来有以下几个方面。

1. 电子产品的总体布局

电子产品整机的耐振、缓冲程度在元器件已确定的情况下，主要取决于元器件的布局和安装方式。因此，从提高设备整机的耐振和缓冲能力出发，在布局时，设备的质量要均匀分布，使设备的重心尽量落在底面的中心上，重心不应偏离几何中心太远。对于过重的元器件、零部件，应尽可能放在设备的下部，使设备的重心下移，从而减少设备的晃动。

2. 元器件的布置和安装

（1）导线和电缆。两端受到约束的导线和电缆，其固有频率很低，容易落在干扰频谱之中。如果所用导线比较细、长、软，则在振动时产生的惯性力作用下，可能使它产生永久变形或引起导线两端脱焊和拉断，因此，应尽量将几根导线编扎在一起，采用线夹分段固定。

采用单股硬导线不如采用软导线，因为后者具有较好的耐振和缓冲能力。为了提高可靠性，导线两端不应有虚焊；不使用钳伤的导线；导线两端缠绕处应避免弯曲而出现裂纹；在两端具有相对运动的导线应适当放长；通过金属孔或靠近金属零件的导线，为避免导线绝缘皮的损坏，必须另外套上绝缘套。

（2）继电器。继电器是由电气和机械结构组合在一起的元件，在振动和冲击的影响下容易失效，为了提高继电器的耐振和缓冲能力，可以采取下列措施。

1）在用一个继电器的地方使用两个固有频率不同的继电器，两个继电器并联在电路中，并使它们都能完成相同的功能。由于固有频率不同，两个继电器不可能同时失效。

2）根据继电器的结构特点进行安装，可以提高其耐振和缓冲能力，如舌簧型继电器，应使触点的动作方向和衔铁的吸合方向尽量与振动方向不同。

（3）晶体管。虽然晶体管本身的耐振和缓冲能力较强，但如果安装不当，仍会发生故障。晶体管本身不能牢固地固定，可采用压紧装置（如各种压紧弹簧、帽盖和帽罩等）安装在管座上，并压上护圈，护圈用螺栓固定在底板上。大功率晶体管用螺钉固定在底座或散热器上。小晶体管一般直接焊在印制电路板上，但管脚引线不能过长，以提高晶体管的刚度，防止共振现象发生。

（4）变压器。变压器本身是能耐振和缓冲的，但它是一个比较重的元器件，因此，变压器应尽量安装在设备的底层，其位置不宜偏离设备重心太远。为了提高变压器的安装牢固性，应采用刚性较好的支架，并利用变压器铁芯的空心螺栓将支架和铁芯牢固地固定在底座上，其螺栓应有防松装置。

（5）电容器和电阻器。电容器和电阻器本身是耐振和缓冲的，关键是它的引线和接点的连接处容易折断。因此，一般采用剪短引线来提高其固有频率，使引线的固有频率远离干扰频谱。对较大的电容器和电阻器，由于不能用引线固定，因此，需用螺钉或螺栓、专用支架将其固定在底座上；对很小的电容器和电阻器，最好用硅橡胶封装。

（6）印制电路板。通常一块印制电路板上装有上百个元器件或几十块集成电路固体块，而印制电路板又和机壳连接在一起，因此，它所构成的振动系统是相当复杂的，每个元器件、结构件都有各自的振动特性，两个元器件或结构件装配在一起时，又呈现出第三种振动特性，且组装方式不同，其振动特性也不同。印制电路板常用的减振措施有以下几种。

1）增加印制电路板的厚度或附加加强筋，从而提高印制电路板的结构刚度。

2）把橡胶减振器连接在印制电路板上作为附加的结构支撑，以减小在振动时印制电路板中心的振幅。

3）用机械方法增加印制电路板边缘与支撑界面之间的接触压力，以改变边界条件来降低板中心的振幅，从而防止印制电路板上电子元器件的疲劳损坏。

4）采用层状结构，即在两块印制电路板中间夹以黏滞性的阻尼材料，这样在弯曲振动时，中间层会产生周期性的切应力，从而使机械能变成热能，以获得较高的阻尼特性，减小印制电路板的振幅。

5）将印制电路板进行封装，使印制电路板、元器件、各接插件成为一个整体，从而避免每个元器件、结构件因都有各自的振动特性而使得设备固有频率宽度不足。

（7）机架和底座。机架和底座的结构可以根据要求设计成框架、板料金属底座和复杂形状的铸件。从耐振和缓冲的角度出发，不管是哪种结构形式，都应进行刚度和强度计算，以便最终提供一个最佳的挠度。

提高机架和底座的刚度，可以使系统的固有频率与激振力的频率比值增加，以达到远离共振区的目的。通常采用附加加强筋的方法。在常见的抗振结构中，悬臂式结构的刚性最差，在外部振动载荷的作用下，很容易引起结构损坏。

安装在各部分机架和底座上的元器件的受振情况，除了与减振器的减振效果有关外，还与该部分挠度（刚度）、几何形状、机架和底座的载荷分布及大小有关，但要计算出机架和底座的固有频率是相当困难的，通常是经过反复试验，从而找出适合的挠度，来决定其结构尺寸。

3. 其他措施

（1）消除振源。消除振源即减少或消除振动和冲击的干扰源。例如，通信机、飞机上的发动机等都应进行单独的隔振，对旋转部件应进行动平衡试验，以消除由于制造、装配或材料缺陷造成的偏心引起的离心惯性力。

（2）隔离。在设备和安装基础之间安装减振器，以减少振动和冲击对设备的危害。对某些元件排列密度高且无法用橡皮垫、晶体管塑料管座等隔离元件时，可以用棉球或泡沫塑料浸渍 703 胶填塞在元件与底板之间，以起到减振垫的作用。

思考与练习

1. 举例说明振动和冲击对电子产品会产生哪些危害。
2. 简述隔振与隔冲的原理。
3. 简述常用减振器的类型和选用原则。
4. 电子产品防振和缓冲有哪些措施?

实训 4　剖析家用电器的防振和缓冲措施

一、实训目的

1. 了解家用电器的结构及使用性能特点。
2. 能分析家用电器整体结构布局在防振和缓冲方面的功效。
3. 能分析家用电器在防振和缓冲方面采取的措施。

二、实训所需器材

一字和十字旋具各 1 把，精密旋具 1 套，收纳盒 1 个，不同品牌的洗衣机 2 台。

三、实训内容

1. 通过生活常识及上网或其他渠道收集不同品牌洗衣机的相关资料，总结洗衣机的使用性能特点。

2. 开机运行，感受不同品牌洗衣机的振动特性。

3. 打开洗衣机外壳，观察其内部结构，分析其整体结构布局在防振和缓冲方面的功效及具体防振措施。

4. 比较两台洗衣机在防振和缓冲方面所采取的措施有何不同（如减振器的安装位置、类型等）。

5. 撰写实训报告。

§2—4 电子产品的电磁兼容与防护

1. 了解电磁干扰、屏蔽的基本概念。
2. 掌握电场、磁场、电磁场屏蔽的原理及其干扰的防护措施。
3. 了解常用的电磁屏蔽材料及其应用。
4. 掌握抑制馈线干扰的方法。
5. 掌握接地的目的、地线中的干扰及抑制措施。
6. 了解静电的产生、危害及电子企业的静电防护。

电子产品工作时，常会受到来自各种因素的电磁干扰。电子产品小型化使干扰源与敏感单元靠得更近，使干扰传播路径缩短，干扰机会增大。本节主要介绍电磁干扰、屏蔽的基本概念，电场、磁场、电磁场屏蔽的原理、防护措施及材料选用，馈线与地线干扰的抑制方法，静电的产生与防护。

一、电磁干扰概述

在电子产品的内部及外部存在着各种电磁干扰（EMI），这种干扰会影响甚至破坏电子产品的正常工作。

外部干扰是指设备除所要接收的电磁信号以外的其他电磁波的干扰。这些干扰是通过辐射、传导的方式从外壳或输入馈线、输出导线等途径输入设备内部的。干扰信号辐射是通过外壳的缝、槽、开孔或其他缺口泄漏出去；干扰信号传导是通过耦合到电源、信号和控制线上，离开外壳，在开放的空间中自由辐射，从而产生干扰。例如，在笔记本电脑和测试设备之间、打印机和台式计算机之间的干扰就是外部干扰。外部干扰分为自然干扰和人为干扰两种，自然干扰包括来自整个宇宙的电磁干扰，以及诸如大气干扰、雷电和静电、放电之类的各种自然现象。人为干扰包括各种电气、电子仪器和机电设备在工作时所造成的电磁干扰。

内部干扰是指设备内部电路单元之间、元器件之间及导线之间的电磁方面的干扰，如收音机中因变压器的漏磁场而产生的干扰，电源馈线及地线也会产生传导干扰等。电子产品内部的这些电磁干扰统称为寄生耦合。

为了保证电子产品正常工作，就需要防止来自设备外部和内部的各种电磁干扰。在对电磁干扰进行预防的同时，还要提高电子产品的抗干扰能力，要求电子产品的抗干扰能力应大于环境中的电磁干扰强度。而电子产品在工作时会向周围辐射电磁波，形成对外界的干扰，因此，在设计电子产品时，应注意提高产品的电磁兼容性。所谓电磁兼容性（EMC）是指一种器件、设备或系统的性能，它可以使其在自身环境下正常工作并且同时不会对此环境中任何其他设备产生强烈的电磁干扰。它是评价一台电子产品对环境造成的电磁污染的危害程度和抵御电磁污染能力的指标。

电磁干扰的实质是电磁能量从一台设备（发射机）到另一台设备（接收机）的无意或不希望的耦合。发射机与接收机之间电磁干扰耦合的途径如图 2—4—1 所示。

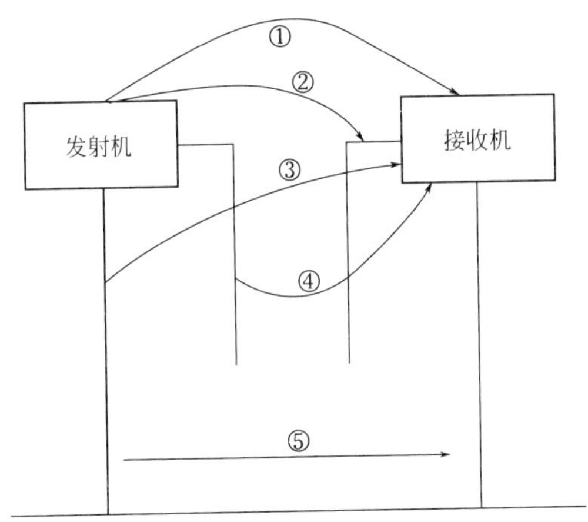

图 2—4—1 发射机与接收机之间电磁干扰耦合的途径

①—从发射机直接辐射到接收机 ②—从发射机直接辐射，然后被与接收机相连接的电源电缆或信号 / 控制电缆拾取，电磁干扰经传导到达接收机 ③、④—电磁干扰从发射机通过公用电缆或公用信号 / 控制电缆直接传导到接收机 ⑤—电磁干扰由发射机的电源电缆、信号 / 控制电缆辐射

由图 2—4—1 可知，构成电磁干扰的要素包括干扰源、传播途径、受感器。电磁干扰能经过多种渠道，直接或间接地通过发射机进入接收机，影响其正常工作。因此，电磁兼容性设计的任务是削弱干扰的能量，隔离或减弱传播途径，提高电子设备的抗干扰能力。

二、屏蔽的概念

屏蔽是对两个空间区域之间进行电磁的隔离，以控制电场、磁场和电磁波由一个区域对另一个区域的感应和辐射。由于屏蔽材料采用金属，所以又称为金属屏蔽。具体来讲，就是用屏蔽体将元器件、电路、组合件、电缆或整个系统的干扰源包围起来，防止干扰电磁场向外扩散；或用屏蔽体将接收电路、设备或系统包围起来，防止它们受到外界电磁场的影响。因为屏蔽体对来自导线、电缆、元器件、电路或系统等外部的干扰电磁波和内部电磁波均起着吸收能量（涡流损耗）、反射能量（电磁波在屏蔽体上的界面反射）和抵消能量（电磁感应在屏蔽层上产生反向电磁场，可以抵消部分干扰电磁波）的作用，所以屏蔽体具有减弱干扰的功能。

（1）当干扰电磁场的频率较高时，利用低电阻率的金属材料中产生的涡流，形成对外来电磁波的抵消作用，从而达到屏蔽的效果。

（2）当干扰电磁波的频率较低时，应采用高导磁率的材料，从而使磁力线限制在屏蔽体内部，防止扩散到屏蔽的空间中。

（3）在某些场合，如果要求对高频和低频电磁场都具有良好的屏蔽效果，则采用不同的金属材料组成多层屏蔽体。

三、电场、磁场、电磁场屏蔽的原理及其干扰的防护措施

1. 电场屏蔽的原理及电场干扰的防护措施

（1）电场屏蔽的原理

电场屏蔽又称为静电屏蔽，主要用于抑制元器件或电路间因分布电容寄生耦合而形成的静电场或电场干扰，其目的是隔离或消除因电场存在而产生的干扰。

当干扰源产生的干扰是以电压形式出现时，干扰源与电子产品之间就存在容性电场耦合，从而影响电子产品的正常工作。在这种情况下，最有效的抗干扰方法是采用电场屏蔽，即在干扰源和接收机之间设置良好接地的金属屏障。电场屏蔽原理图如图 2—4—2 所示。S 为干扰源，设其电荷量为 $+Q_S$，R 为接收机。两者之间存在的耦合电容为 C。从图 2—4—2a 可以看出，虽然干扰源被屏蔽，但因屏蔽体未接地，在屏蔽体外层表面产生的电荷 $+Q_S$ 仍然会对接收机产生干扰。在图 2—4—2b 中将屏蔽体接地，外表面电位 $U_{SS}=0$，屏蔽体外层表面感生的电荷消失，对接收机的干扰被抑制。同样地，如果不屏蔽干扰源，而将接收机屏蔽，结果与上述屏蔽效果类似。

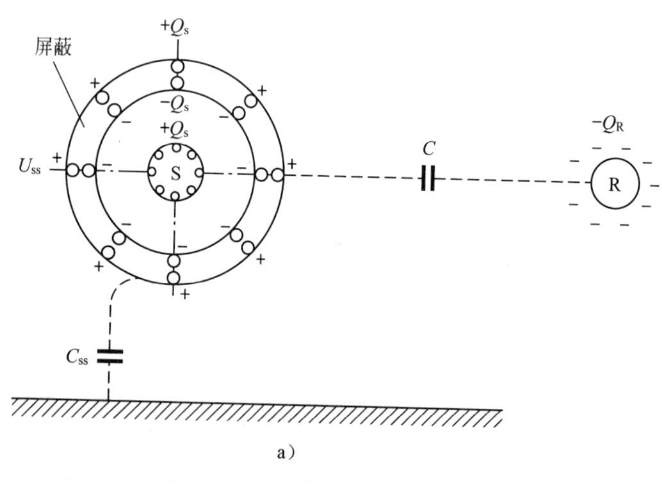

a）

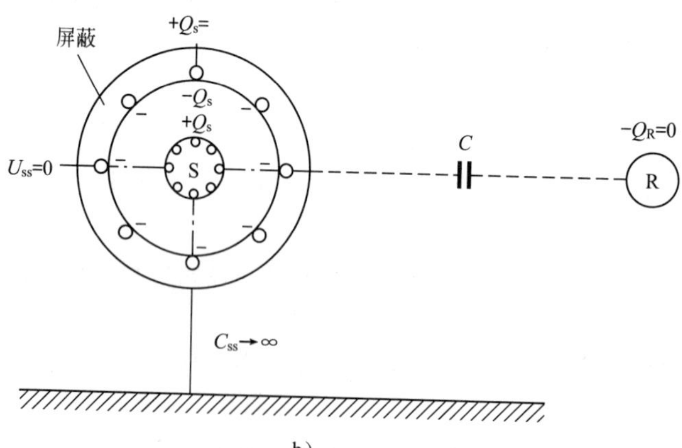

b）

图 2—4—2　电场屏蔽原理图

a）屏蔽未接地，不能抑制干扰　b）屏蔽接地，干扰被抑制

电源变压器中的静电屏蔽层就是一个典型的电场屏蔽实例，其作用就是为了减少变压器一、二次侧之间因分布电容产生的寄生耦合，并将电网产生的高频干扰通过屏蔽层引入地线泄放掉，达到屏蔽的目的。因此，电场屏蔽时应做到多点、一体接地。

（2）电场干扰的防护措施

1）增大干扰源与受感器之间的距离，以减小耦合电容 C，从而达到减小 Q_R 的目的。

2）在干扰源和接收机之间设置良好接地的金属屏障。

2. 磁场屏蔽的原理及设计原则

（1）磁场屏蔽的原理

磁场屏蔽主要是对恒磁场或频率较低的磁场的屏蔽。利用具有高磁导率的磁性材料作为屏蔽材料，将一个局部空间用高磁导率材料的壳体包裹起来，使磁场集中于壳体磁性材料内，减弱壳体内部的空间磁场，从而达到屏蔽外界磁场的目的。

图 2—4—3a 所示为不做任何保护的元件 T 处于匀强磁场中，其受到磁场的影响。图 2—4—3b 所示为将铁磁材料做成截面为矩形的屏蔽盒，将元件放入其中进行屏蔽保护。在外磁场中，绝大部分磁场集中在铁磁回路中。由于铁磁材料的磁导率比空气的磁导率要大几千倍，所以空腔的磁阻比铁磁材料的磁阻大得多，外磁场的磁感应线绝大部分将沿着铁磁材料壁内通过，而进入空腔的磁通量极少。这样，被铁磁材料屏蔽的空腔就基本上没有外磁场，从而达到磁屏蔽的目的。图 2—4—3c 所示为圆形截面屏蔽盒磁分路示意图。

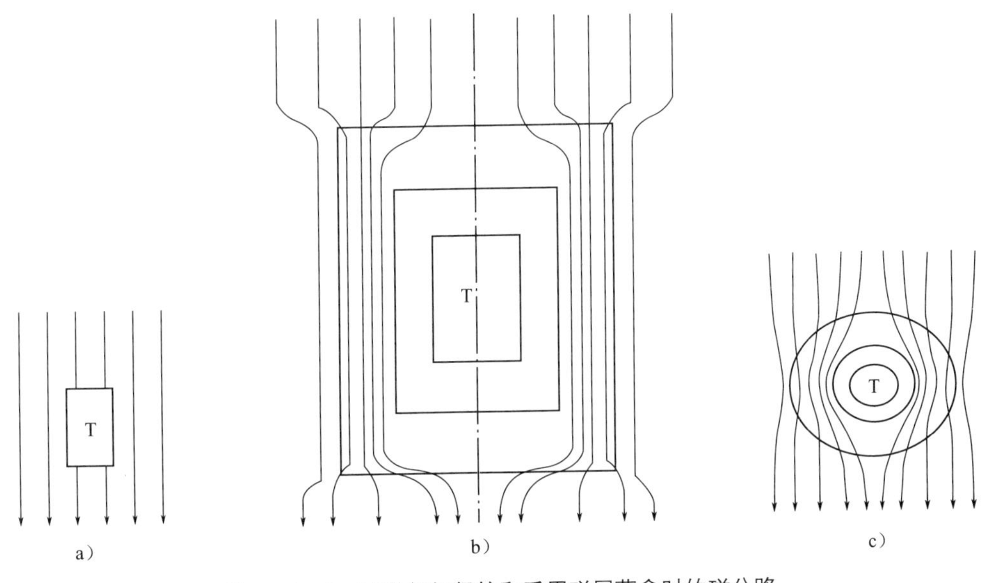

图 2—4—3　不做任何保护和采用磁屏蔽盒时的磁分路

a）不做任何保护　b）矩形截面屏蔽盒　c）圆形截面屏蔽盒

（2）磁场屏蔽的设计原则

1）磁屏蔽体应选用高磁导率的铁磁性材料，材料的磁导率越高，屏蔽效果越好。磁导率高的铁磁材料有软铁、硅钢、坡莫合金等。

2）被屏蔽物与屏蔽体内壁应留有一定间隙，在结构允许的情况下，屏蔽盒内壁与元器件的间距越大，屏蔽效果越好。

3）可增加屏蔽体的壁厚。单层屏蔽体的壁厚不宜超过 2.5 mm。若单层屏蔽体的屏蔽效果不好，可以采用双层屏蔽或多层屏蔽。图 2—4—4 所示为双层屏蔽结构。

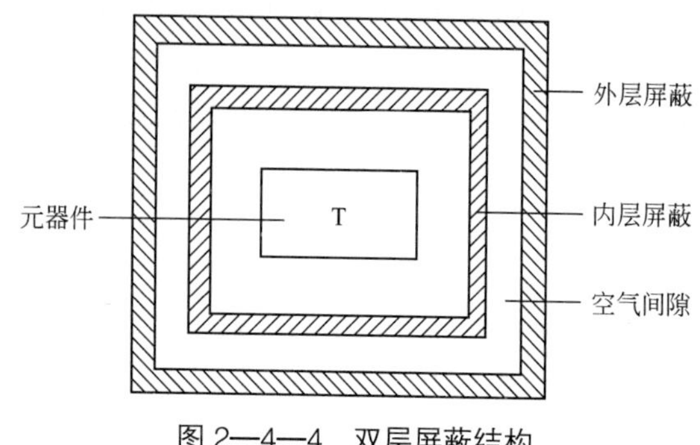

图 2—4—4　双层屏蔽结构

4）屏蔽体的接缝应平行于磁场分布的方向，以减小磁阻，提高屏蔽效果。当磁场垂直于屏蔽体的接缝时，接缝切断磁力线，磁通流经接缝处会遇到较大的磁阻，降低屏蔽效果，如图 2—4—5 所示。

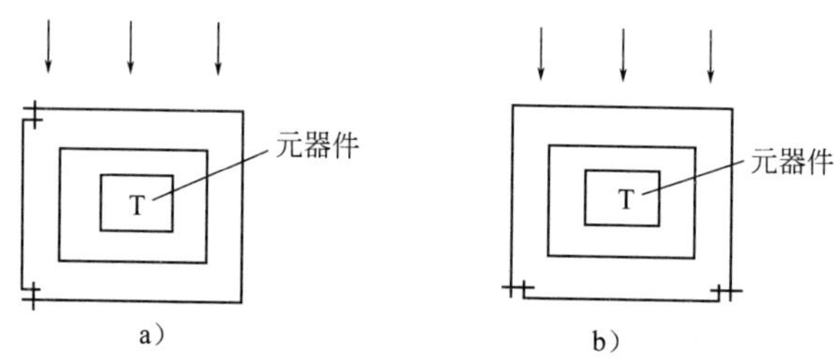

图 2—4—5　屏蔽体接缝位置

a）不正确　b）正确

5）屏蔽罩上的通风孔或接线孔等孔洞的长边应平行于磁场分布的方向，圆孔的排列方向要使磁路增加量最小，目的是尽可能不阻断磁通的通过，如图 2—4—6 所示。

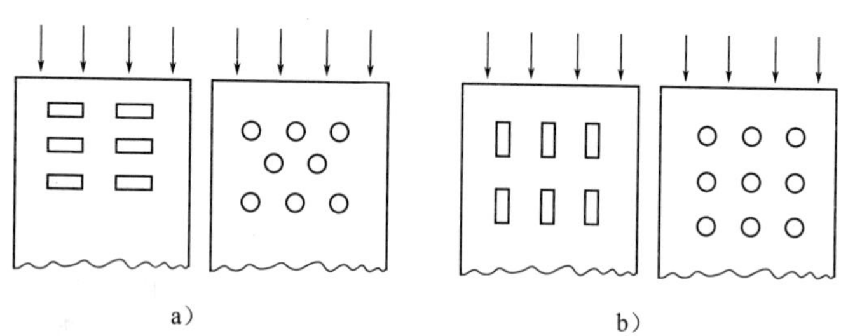

图 2—4—6　屏蔽罩上的通风孔或接线孔的布局

a）不正确　b）正确

6）屏蔽体加工成形后要进行退火处理。

7）从磁屏蔽的机理而言，屏蔽体不需要接地，但为了防止电磁感应，一般应接地。

磁屏蔽在电子器件中有着广泛的应用，如变压器或其他线圈产生的漏磁通会对电子的运动产生作用，影响示波管或显像管中电子束的聚焦。为了提高电子产品的质量，必须对产生漏磁通的部件进行静磁屏蔽。例如，手表的机芯外罩采用软铁薄壳就可以起到防磁作用。

3. 电磁场屏蔽的原理及措施

电磁场屏蔽（简称为电磁屏蔽）的原理主要是基于电磁波穿过金属屏蔽体产生波反射和波吸收的机理。电磁屏蔽是抑制干扰、增强设备的可靠性及提高产品质量的有效手段。合理地使用电磁屏蔽，可以抑制外来高频电磁波的干扰，也可以避免作为干扰源去影响其他设备。例如，在收音机中，用空芯铝壳罩在线圈外面，使它不受外界电磁场的干扰，从而避免出现杂音。音频馈线采用屏蔽线的作用类同。示波管用铁皮包着，也是为了使杂散电磁场不影响电子射线的扫描，在金属屏蔽壳内部的元件或设备所产生的高频电磁波也透不出金属壳，而不致影响外部设备。

四、常用的电磁屏蔽材料及其应用

1. 铁磁材料和金属良导体材料

铁磁材料和金属良导体材料是常用的屏蔽材料。铁磁材料适用于低频（100 kHz 以下）磁场的屏蔽，其原理是利用铁磁材料高的磁导率引导磁力线通过高穿透材料并在附近空间降低磁通密度而达到磁屏蔽的目的。常用的铁磁材料有纯铁、硅钢、坡莫合金（铁镍合金）等。坡莫合金的电磁屏蔽效果要比其他几种材料优越得多，但对应力较敏感，且磁性能与热处理关系极大，而提供使用的材料是未经热处理的，所以使用时必须了解和掌握热处理工艺。

铁磁材料因电导率小而不适合高频电磁场的屏蔽，金属良导体材料由于具有较高的电导率，因而适合高低频电磁场以及静电场的屏蔽。电磁屏蔽中电导率是选择屏蔽材料的主要依据。最常用的电导率高的材料有钢板、镀锌薄钢板、铜板、铝板等。此外，金属良导体材料还具有优良的力学性能，但其由于密度大、易腐蚀、不易加工等缺点明显，局限性较大。

2. 表面敷层薄膜屏蔽材料

这类材料是在塑料等绝缘体的表面附着一层导电层，从而达到屏蔽的目的，属于以反射损耗为主的屏蔽材料，常用的制作方法包括化学镀金、真空镀金、溅射镀金、金属熔射以及贴金属箔等。这类表层导电薄膜屏蔽材料普遍具有导电性能好、屏蔽效果明显等优点，其缺点是表层导电薄膜附着力不高，容易产生剥离，二次加工性能较差。

（1）化学镀金。化学镀金是采用非电解电镀法把金属材料镀到 ABS（丙烯腈－丁二烯－苯乙烯塑料）等工程塑料表面。该方法是目前塑料表面金属化用得最多、效果最好的一种方法，也是目前唯一不受壳体材料形状及大小限制且能获得厚度均匀的导电层的方法。目前常用的塑料是电镀级 ABS 工程塑料，镀层采用镍或铜镍复合镀层。化学镀金的优点是效果好，不受壳体形状和大小的限制，镀层均匀附着力强，可批量生产且成本低；缺点是适宜电镀的塑料品种较少。

（2）真空镀金。真空镀金是在真空容器中把 Al、Cr、Cu 等低沸点金属气化，并使其在塑料表面凝结而形成均匀的金属导电膜。真空镀金适用于各种塑料，镀层导电性好、沉积速度快，但是真空容器的大小限制了塑料制品的大小，对平坦表面处理效果较好，对于复杂形状表面则成膜厚度的均匀性难以控制。为了提高镀层与塑料的黏附力，必须使塑料表面保持高度清洁，不受污染。通常先将塑料表面进行预处理，去除杂质，使处理后的表面变得粗糙，以提高金属镀层的黏附性。

（3）溅射镀金。溅射镀金是在真空容器中将氩离子用高能量冲击到金属上使金属气化，然后在纤维、织物等的表面形成金属薄膜。溅射镀金也能适用于各种塑料，与真空镀金相比，其镀层金属与塑料的黏附力一般要更强一些，但是其设备费用昂贵，也同样存在真空镀金所存在的缺点。

（4）金属熔射。金属熔射是将金属在电弧高温下瞬间熔融后立即用高压空气将熔融金属吹成雾状喷到塑料表面。将金属 Zn 经电弧高温熔化后，再用高速气流将其以极细的颗粒状粉末吹到塑料表面，形成一层极薄的金属层，厚度约 5 nm。该金属层具有良好的导电性，屏蔽效果为 60 ~ 120 dB。金属熔射的缺点是镀锌层与塑料之间的黏附力较差，镀层容易脱落，需要特殊的熔射装置。

（5）贴金属箔。贴金属箔是将金属箔或复合金属箔等与塑料薄板、薄片或薄膜先用黏结剂黏合在一起，再用层压法压制成形，可以制作软质和硬质的屏蔽材料。金属箔可以贴在表面，也可以贴在两层塑料之间。其优点是方法简单易行、黏结强度高、不易部分脱落，而且其导电性能良好，屏蔽效果好，但是对于复杂形状则操作非常困难。

3. 填充复合型屏蔽材料

这类材料是采用导电填料与塑料等成形材料填充复合而成的。导电填料一般选用导电性能优良的纤维状、网状、树枝状或片状材料，常用的有金属纤维、碳纤维、玻璃纤维、超细碳黑、云母片、金属片、金属合金粉等；成形材料常用合成树脂类材料，如聚苯醚、聚碳酸酯、ABS、尼龙和热塑性聚酯等。填充复合型屏蔽材料具有一次加工成形、加工工艺过程短、便于批量生产的优势。影响该类材料屏蔽效果的因素比较复杂，包括导电填料和基体的性质、形态，导电填料在塑料基体中的填充量和分散程度以及复合工艺技术等。

金属纤维具有优良的导电性，而且力学性能和导热性能良好，因此，用金属纤维填充的复合材料具有较好的电磁屏蔽效果、力学性能和导热性能。常用的金属纤维有黄铜纤维、铁纤维、不锈钢纤维等。碳纤维填充复合型屏蔽材料则具有密度小、强度高、化学稳定性好、成形性好等优点。玻璃纤维与其他导电填料相比具有密度小、易成形、导电好、生产工艺简单、成本低、可大批量生产等优点，此外，它与一般的玻璃纤维性状相同，且与树脂的亲和性好，分散性好。

4. 导电涂料类屏蔽材料

导电涂料是一种功能性涂料。根据其组成和导电机理不同，导电涂料可以分为本征型导电涂料和掺合型导电涂料两类。本征型导电涂料是以本征导电聚合物为成膜物质所制成的导电涂料，由于这些导电聚合物难溶、难熔，加工困难，仅限于实验室研究，离实际应用尚有一定距离。目前的导电涂料主要是掺合型导电涂料，它一般以各种合成树脂为成膜剂，以具有良好导电性能的金属微粉或非金属微粒为导电填料，经混合分散后，制成可施工的涂料，喷涂或刷涂于塑料表面，在一定条件下固化成膜。

导电涂料最大的优点是成本低、简单实用、适用面广。根据掺合的导电填料的不同，导电涂料主要包括银系、铜系、镍系和碳系导电涂料。其中，银系导电涂料的导电性最好，涂料性能稳定，屏蔽效果可达 65 dB 以上，但其成本太高，还存在银容易向表面迁移等问题，只适合于某些特殊场合。铜系导电涂料的导电性也很好，但是由于铜抗氧化能力差，因而导电稳定性不佳，限制了它的应用。

5. 其他屏蔽材料

其他屏蔽材料有发泡金属屏蔽材料、纳米屏蔽材料及本征导电高分子材料等。发泡金属屏蔽材料是由金属骨架和连通的空洞组成的多孔材料，主要使用的发泡金属有金属镍、镍铜和铝等，其原理是电磁波在空洞中发生多次反射和吸收损耗，从而达到屏蔽的目的。纳米屏蔽材料借助纳米材料特殊的表面效应和体积效应，与其他材料复合可望获得新型的屏蔽材料。本征导电高分子材料是依靠高分子材料本身良好的导电性，以达到电磁屏蔽的目的。

五、抑制馈线干扰的方法

馈线指一切载流导线。设备中的馈线（电缆）是接收干扰和辐射干扰的最直接天线。干扰主要通过馈线进出设备。抑制或消除馈线接收干扰和辐射干扰的主要手段有馈线的隔离、滤波和屏蔽。

1. 隔离

干扰线路（馈线）周围存在干扰电磁场，当有其他线路（导线）在其附近时，会由于电磁耦合而形成干扰。防止这种干扰最简单、有效的方法就是将干扰线路与其他线路隔离开来，即将相互干扰的馈线隔开一定距离，以切断或削弱它们之间的电磁耦合。在不影响性能的前提下，适当调整设备电缆的走向和排列，使不同类型的电缆相互隔离。同时，将普通的小电流信号或高频信号电缆换为屏蔽电缆，将普通的大电流信号或数据传输信号电缆换为对称绞线电缆。

隔离的原则和方法主要有以下几个方面。

（1）干扰线路和其他线路尽可能不平行排列，若必须平行，导线间距与导线直径之比应不小于 40，导线间距应尽可能大些，并且平行部分的长度越小越好。当机箱、机柜尺寸无法满足上述隔离要求时，必须屏蔽干扰线路。

（2）敏感线路与一般线路若平行排列，其间距应大于 50 mm。当敏感线路与一般线路必须平行排列而间距较小或扎成线扎时，敏感线路应予以屏蔽。射频设备也最好分室设置，若必须设在一个房间内，间距以 2 ~ 3 m 为宜。

（3）电源馈线中的交流馈线和直流馈线必须隔离，当平行排列时，其间距应大于 50 mm。电源馈线与信号线应予以隔离，当平行排列时，其间距也应大于 50 mm。

（4）高频导线是对其他线路干扰最大的线路，一般都要屏蔽。当导线长度较小时，可以不屏蔽，但必须与其他线路隔离。

（5）有些脉冲线路的脉冲功率较大（如雷达调制器的脉冲线路），会对其他线路构成严重干扰，应按干扰线路对待；电平较低、功率较小的脉冲电路（如数字电路）可按一般线路处理；当电平很低时，原则上按敏感电路对待，也可以根据具体情况处理。

（6）受干扰影响大的设备由独立电源供电，单独布设馈电线路。

2. 滤波

（1）滤波电路。滤波是指从有噪声或干扰的信号中提取有用信号分量的一种方法或技术。让某些频率的目标信号电流通过，而不让其余频段信号电流通过的无源四端网络统称为滤波电路（也称为滤波器）。滤波器根据所通过频带的不同，又分为低通、高通、带通、带阻滤波器。滤波器是抑制馈线干扰最有效的手段之一，也可以选择适宜的铁氧体材料作为元器件的引线接入电路，使干扰电流损耗殆尽，以达到滤波的目的。

（2）EMI 信号滤波器。EMI 信号滤波器是用在各种信号线（包括直流电源线）上的低通滤波器，其作用是滤除导线上的高频干扰成分。EMI 信号滤波器不仅能抑制传导干扰电平，同时对辐射干扰也有抑制作用。

在导线上使用 EMI 信号滤波器是解决高频电磁干扰辐射和接收的有效方法。EMI 信号滤波器按安装方式和外形可分为线路板安装滤波器、贯通滤波器和连接器滤波器三种。从电路形式上分，有单个电容式、单个电感式、L 形、Π 形等。滤波器的元件越多，从通带到阻带的过渡带越窄。对于民用设备，使用单个电容式或单个电感式就可以满足要求。

3. 屏蔽

使用屏蔽导线（电缆）能够有效地减小导线（电缆）的电磁辐射干扰和接收电磁干扰。高频导线的屏蔽，通常是在其外面套上一层金属丝的编织物。中心高频导线为芯线（内导体），套在外面的金属编织物为隔离皮（屏蔽层），为防止芯线与隔离皮短路，在它们之间衬有绝缘材料，这种导线称为同轴射频电缆，如图 2—4—7 所示，通常称较细的为屏蔽线，较粗的为隔离电缆。隔离皮外面还有一层绝缘管，用以保证屏蔽线的屏蔽效果。

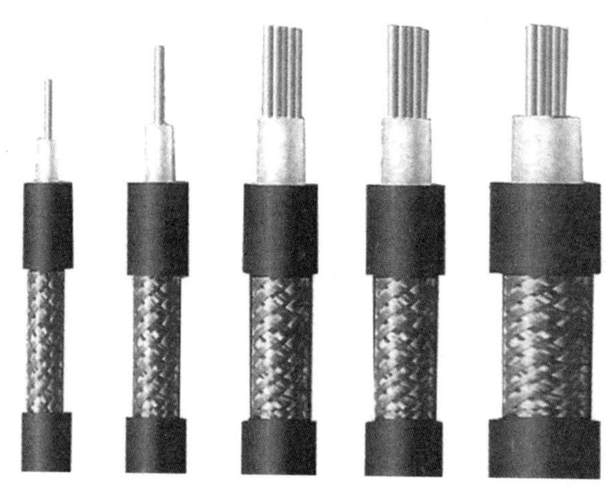

图 2—4—7　同轴射频电缆

一般屏蔽效能随金属编织物编织密度的增加而增加，随频率的升高而降低。应注意在系统和分系统设备内可以使用屏蔽电缆，但不要在设备外使用，以避免不必要的电磁耦合和串扰造成的不良影响。屏蔽电缆的屏蔽效能很大程度上取决于屏蔽层的端接方式，并且高频时屏蔽电缆屏蔽层的屏蔽效能较差，有效的改善方法是在屏蔽电缆的两端使用滤波器。电缆连接器的性能及电缆安装时的弯曲程度也会影响电缆的屏蔽效能，同轴电缆在室内使用时最小弯曲半径应大于 5 倍电缆外径，在室外使用时最小弯曲半径应不小于 10 倍电缆外径。

（1）高频、高电平的屏蔽。对于高频、高电平信号线，主要是防止其对外界的干扰。由于信号电流在导线的周围空间会产生电场和磁场，因此，隔离皮必须能够同时屏蔽电场和磁场，而且隔离皮必须两端接地才能起到电磁屏蔽的作用。

（2）高频、低电平的屏蔽。对于高频、低电平信号线，主要是防止外界对其的干扰。为构成部件之间高频信号的地回路，屏蔽线应两端接地。若机架中有大的地电流，为防止机架中杂散电流流过隔离皮产生干扰电压降，直接或感应到芯线上后带入内部，从而造成干扰，此时高频、低电平信号线的隔离皮宜一端接地，而不宜两端接地。为防止隔离皮碰机架，其外面要套塑料套。如音频电缆只能一端接地，屏蔽层不能接地，且一定要对地绝缘。对于既是音频又是视频的电缆要使用绞合线，屏蔽层两端也要接地。

（3）电缆连接器的屏蔽及应用。电缆连接器包括高频电缆插头座和低频电缆插头座。从高频同轴电缆连接器的屏蔽性能来说，螺纹式比卡扣式好。在屏蔽要求较高的场合，优选螺纹式连接器。

性能良好的连接器与插头配合以后，其屏蔽效能应等于甚至优于环路中使用的同等长度屏蔽电缆的屏蔽效能。电缆连接器的屏蔽效能除取决于连接器本身外，还有很重要的一点是，应在电缆的周边把电缆屏蔽层和连接器完整地连接起来。

多芯同轴电缆连接器的结构如图 2—4—8 所示，它由多根电缆（屏蔽的或不屏蔽的）穿过同一连接器，并保持每根屏蔽电缆单独屏蔽，每根电缆的屏蔽层应各自单独接地。连接器的屏蔽外壳应做可靠的接地处理。

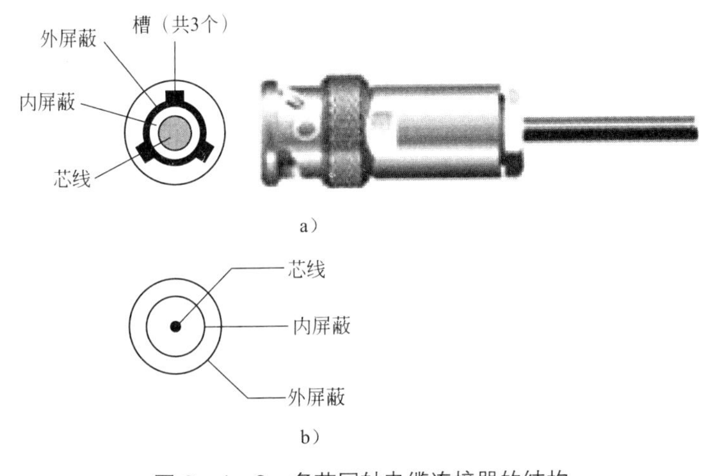

图 2—4—8　多芯同轴电缆连接器的结构

a）外形　b）电气连接

（4）电缆选用的一般原则

1）外部电源线路，如 220 V 交流和 28 V 直流供电线，一般可用未屏蔽的导线，但当电源本身产生较大的干扰时，如未滤波的变流器、交流发电机或整流器，应选用屏蔽导线，并且电源线的每组线对自身应该扭绞。

2）馈线电路一般选用同轴电缆或波导做信号传输线。在 100 kHz 以下，可用屏蔽扭绞电缆、多层屏蔽电缆或磁屏蔽电缆作为天线信号传输线。

3）控制电路和中等电平电路宜用屏蔽扭绞电缆作为信号传输线。

4）数字电路信号传输线一般传输脉冲信号，频带较宽，易干扰其他电路，可用屏蔽扭绞电缆作为信号传输线。

5）低频、低电平电路对高、低频电磁场都极为敏感，可用屏蔽扭绞电缆作为信号传输线。

六、接地的目的、地线中的干扰及抑制措施

1. 接地的目的

为了构成电信号的通路，防止设备外壳带电而造成人身伤害，一般电子产品的机架、外壳、插件、插箱、底板等都与地相连。连接地的导体称为地线，电子产品中的接地有两个含义，一个是指真正的接地点；另一个是指人为指定直流电源的某极为电路单元的地电压参考点，并设其电压为零，该接地基本上与大地无关联。另外，为监测某一电路元件的电压降是否标准所设定的接地点（参考点），则专称为“悬浮地”。接地符号如图 2—4—9 所示。

2. 地线中的干扰和抑制

若设备的地线设置不好，会影响其电磁兼容性，造成地线干扰，主要表现为地阻抗干扰和地环路干扰。

（1）地阻抗干扰和抑制。由于地线自身有阻抗，电路工作时，各种频率的电流都可能流经地线的某些段而产生电压降，这种电压降会使电路中各部分的对地电压发生变化，从而产生干扰。

为了减少地阻抗的干扰，可以通过增大地线的横截面积，减小阻抗，从而达到抑制地线干扰的目的；高频时，由于集肤效应，地线中的高频电流沿地线表面流过，因此，不但要求地线的横截面积大，而且要求横截面的周长尽可能长。横截面积相同时，矩形截面周长大于圆形截面周长，且矩形的长宽比越大，截面周长越长，所以地线一般采用扁平的矩形铜条带。图 2—4—10 所示为截面积相同但截面周长不同的地线示例。

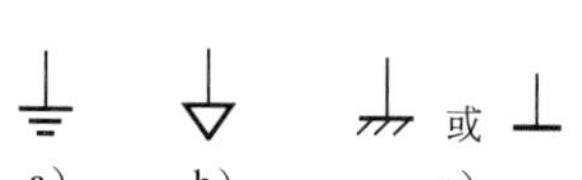

图 2—4—9 接地符号

a）直流电源地（大地） b）直流电源地（悬浮地）
c）机壳地、信号地、屏蔽地

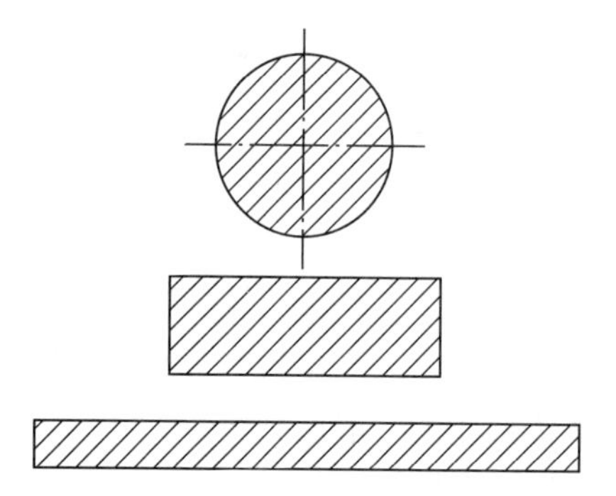

图 2—4—10 截面积相同但截面周长不同的地线示例

为了减小地线和馈线的阻抗，可以将地线和馈线靠近布设。地线与馈线靠得越近，回路电感 L 越小，但线间的分布电容 C 会增大。由于馈线和地线存在特性阻抗，减小 L，增大 C，可使特性阻抗 Z 变小，故地线和馈线靠近布设，对减小特性阻抗有利。

（2）地环路干扰和抑制。电源馈线接入电路后，电路接地，电源馈线和地线就构成一个环路，此时地线与信号线、地线本身也可能构成环路。当交变磁场穿过这些环路网孔时，环路中产生的感应电势有可能叠加到传输信号上形成干扰，这种干扰称为地环路干扰。

要减小地环路干扰，就要减小地环路的面积。在线路布局时最好避免构成地环路。抑制地环路干扰的方法是阻隔地环路，可以采用隔离变压器、纵向扼流圈、同轴电缆、光电耦合

器和光缆等。

七、静电的产生及危害

静电是一种客观存在的自然现象，其产生的方式有多种，如两个物体的接触、摩擦等。静电的特点是高电压、低电量、小电流和短作用时间。人体自身的动作或与其他物体的接触、分离、摩擦或感应等，可以产生几千伏甚至上万伏的静电。

静电在多个领域造成严重危害，静电放电能引起火灾和爆炸事故，造成人体电击，使电子元器件二次热击穿，使金属导电层熔化，使气体电弧放电，造成表面击穿等。摩擦起电和人体静电是电子工业中的两大危害。

八、电子企业的静电防护

静电防护应以防止和抑制静电荷的产生、积聚，并迅速、安全且有效地消除已产生的静电荷为基本原则。静电防护工作是一项长期的系统工程，任何环节的失误或疏漏，都将导致静电防护工作的失败。

在电子产品的生产中，从元器件的预处理、插装、焊接、清洗，至单板测试、总装、调试，直到包装、存储、发送等工序，由于接触、再分离、摩擦、碰撞、感应等作用，都会使与元器件、组件、产品接触或接近的操作人员、工具、器具及工作台面等带电，加之在生产和工作环境中广泛使用合成橡胶、塑料、人造纤维等高分子绝缘材料制品，更加剧了带电，随时可能发生对器件的静电损害。

1. 人体静电防护

人体静电防护要求操作人员必须穿戴防静电工作服、手套、工鞋、工帽、手 / 脚腕带，必要时还需进行离子风浴。

（1）防静电服（包括衣、鞋袜、手套、指套、口罩、帽）。防静电服是用特殊合成纤维织成的布料，一般情况下的揉搓摩擦不会产生静电。但它不是静电屏蔽服，不能消除身上其他衣料产生的静电。故正确的穿法应是里面只穿一件衬衣或内衣，外穿防静电服。冬季内穿多件化纤类、毛类衣物，穿防静电服的效果将不明显，此时应控制好环境温度、湿度。戴好防静电手腕带比穿防静电服更重要，防静电手套和指套起防止静电产生、隔离手与产品（绝缘）、防止汗渍污染产品等多重作用。

（2）防静电手腕带（脚腕带）。防静电手腕带（脚腕带）是由紧贴手腕（脚腕）的不锈钢外壳通过线内 1 MΩ 电阻经导线、铁夹接地而形成的。它既要随时泄掉人体上的静电，又要防止快速放电产生的火花对静电敏感器件造成损害，同时起隔离作用。断线或接触不良会使防静电手腕带形同虚设，无线手腕带实际起不到泄放人体携带的静电荷的作用。

2. 生产过程中的静电防护

（1）防静电工作台垫。为了保证工作中不产生工作台与桌面的摩擦静电，并且工件上的静电能通过桌面迅速泄放掉，在普通工作台上应敷设防静电台垫。台垫装有接地扣，通过 1 MΩ 电阻和静电接地干线相连。该 1 MΩ 电阻提供静电泄放通路，防止过速放电打火并起到隔离的作用。防静电工作台垫的结构可以做成单层、双层和多层，并可以做成多种色彩。

（2）防静电工作椅（凳）。多数生产线上使用普通塑料凳，这种塑料凳极易与衣物摩擦产生静电，有条件时应采用防静电工作椅（凳），并通过 1 MΩ 电阻接静电地，应避免使用塑料凳，至少要将塑料凳用防静电布料套上。

（3）防静电物流车。防静电物流车用于周转静电敏感电子元器件，车体和搁板用防静电材料制作，装有导电橡胶轮。如果车轮为一般绝缘类橡胶，则应在导静电的车身上装一条金属链并将其挂在地面上，即可随时将静电泄放掉。

（4）电烙铁、小锡炉、测试仪器等用电设备的接地。电烙铁、小锡炉、测试仪器等必须用三端插头妥善接设备地，并良好接地，防止插座接地端松脱、断线。烙铁头因氧化会与外壳（设备地）断开，故应每班次检测，可用自制简易通断指示灯测试，发现问题立即更换。手工焊接最好使用防静电低压恒温电烙铁。

（5）离子风扇。波峰炉预热部分温度为 80 ~ 120 ℃，在这样高温、干燥的热风吹拂下极易产生静电。离子风扇是由高压将空气电离成正负离子，由风扇将含大量正负离子的空气吹入炉内，以中和印制电路板及组件上因高温热风产生的静电，故波峰炉入口应加装离子风扇。

（6）传送带加装防静电清洁辊。自制简易防静电清洁辊装置，将长度略小于传送带宽度的硬塑管缠上毛巾布（应较平整），沾湿后中间穿以铁棍固定于传送带两端，并用塑料瓶灌水后仿照医院吊瓶的方法不断加湿。

操作现场静电防护的目的是保证在防静电的工作区域内安全操作静电敏感元器件，即检查、安装要在包括人体在内的电位作业场所进行。静电防护材料包括防静电便携式维修包、防静电海绵和泡沫板等。

3. 储运过程中的静电防护

储运过程中静电防护的目的是保证静电敏感元器件的存储和运输不能在有电荷的状态下进行。

（1）防静电包装袋。防静电包装袋常用来作为静电敏感元器件的中介包装物，其自身不易产生静电。如果有静电放电发生，则能穿过这些防静电材料造成危害。防静电包装袋如图 2—4—11 所示，其多为银色不透明、黑色和灰色半透明材料，现在还有栅格状全透明材料等。

图 2—4—11　防静电包装袋

其基本原理是在防静电材料外再真空镀一层铝作为静电屏蔽层。有静电势产生时，屏蔽层将感应静电势并使之均匀分布于整个包装袋表面，降低了表面的电势差，防止局部点由于高静电势差而放电，同时对高频强电磁场也有良好的屏蔽作用。静电敏感组件和制品出货时，必须用静电屏蔽材料包装，而不应使用防静电包装袋。往包装袋装入和取出工件时，要戴防静电手腕带并接地。

（2）防静电元件盒和产品周转箱。在电子产品的生产线上，必须采用防静电的元件盒（托盘、存放架）存放静电敏感元器件，如图 2—4—12 所示。应用防静电周转箱存放、转运装有静电敏感元器件的印制电路板。防静电产品周转箱如图 2—4—13 所示，周转箱设计有按扣座，可以通过接地线接地，有些容器还设计有静电屏蔽功能（如在容器上加盖）。

图 2—4—12　防静电元件盒

图 2—4—13　防静电产品周转箱

4. 静电测试仪器

静电测试仪器有表面电阻测试仪、人体综合电阻测试仪、数字式自动量程兆欧表（含电极）、防静电手腕带测试仪、静电电压表、静电泄放器等。

思考与练习

1. 结合实际说明电子产品在工作时会受到哪些电磁干扰，应采取哪些措施进行防护。
2. 静电屏蔽时，为什么要将屏蔽体接地？
3. 磁场屏蔽设计应遵循什么原则？
4. 什么是导电涂料？主要应用在什么场合？
5. 简述如何抑制馈线干扰。
6. 地线主要有哪些干扰？应如何抑制？
7. 简述电子企业的静电防护措施。

实训 5　分析电视机的电磁屏蔽结构及措施

一、实训目的

能分析电视机内部及外壳的电磁屏蔽结构及采取的屏蔽措施。

二、实训所需器材

一字和十字旋具各 1 把，精密旋具 1 套，收纳盒 1 个，电视机 1 台。

三、实训内容

1. 观察电视机的外壳结构，分析其屏蔽结构的特点。
2. 打开电视机的外壳，观察其内部结构，分析其内部屏蔽结构及采取的屏蔽措施。
3. 将拆开的电视机重新组装好，恢复原样，分析在组装中出现的问题及所采取的措施。
4. 撰写实训报告。

第三章　电子产品元器件的布局与装配

§3—1　电子产品元器件的布局

学习目标

1. 掌握元器件的布局原则。
2. 掌握元器件布局时的排列方法和要求。
3. 了解典型电路元器件的布局方法。

电子产品由元器件、组件、连线及零部件等组成，一般电子产品都有成百上千甚至数万个元器件，如何布局这些元器件，它们之间有什么关系等，都是布局时需要解决的问题。只有通过合理布局、妥善安排元器件的位置，才能有利于电子产品技术指标的实现，使其稳定、可靠地工作。本节主要介绍电子产品元器件的布局原则、排列方法和要求，以及典型电路元器件的布局方法。

一、元器件的布局原则

电子产品、组件中元器件的布局，应遵循以下原则。

1. 元器件布局应保证电气性能指标的实现

电气性能一般指频率特性、信号失真、增益、工作稳定性、相位移、杂音电平、效率等有关指标，具体要求随电路的不同而不同。元器件布局对电气性能有较大影响，如低频电路在高增益时布局不当会产生寄生反馈，使输出信号失真或工作不稳定；又如高频装置的布局不当会改变分布参数（分布电容、分布电感、接地阻抗等），使电路参数改变，从而带来不良后果。对数字电路而言，若布局不当会引起传输信号波形畸变，前后沿变坏，产生不利影响。如果在元器件布局时，注意电场、磁场的影响，并将电磁感应降到最低限度，就能够减少上述不良现象的发生，否则应采取屏蔽和隔离措施。

2. 元器件布局要有利于布线

元器件的安装位置、放置方向以及元器件之间的距离直接影响连线长度和敷设路径，而导线长度和走线方向等会影响其分布参数和电磁感应，最终将影响电路的性能，且不合理的走线还会影响组装的工艺性。因此，元器件布局时应考虑到布线，做到相互照应，便于布线、走线。

3. 元器件布局要有利于结构安装

目前，电子产品正向小型化、微型化方向发展，要求结构紧凑，所以要提高组装密度。

在元器件布局时，应精心考虑，巧妙安排，使安装结构紧凑，质量分布均衡，排列有序，在各方面要求兼顾的条件下，力求提高组装密度，以缩小整机尺寸。此外，元器件布局时，在考虑元器件质量均衡的同时力求降低整机的重心，这样有利于查找和维修，便于装配和调试。

4. 元器件布局应有利于散热和耐冲击、振动

高温对大多数元器件特别是半导体元器件的影响较大，对温度敏感元器件的影响更大，在布局时要有利于散热，严格按照本章中有关的热设计要求布置。有些元器件耐冲击、振动能力较差，或冲击与振动对其工作性能有较大影响，在布局时应充分注意其抗振和防冲的要求。

二、元器件布局时的排列方法和要求

1. 按电路图顺序呈直线排列

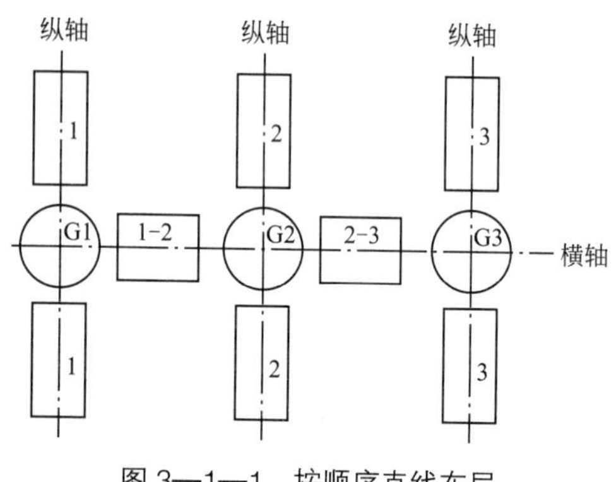

图 3—1—1　按顺序直线布局

按电路图顺序呈直线排列是较好的排列方式。图 3—1—1 中，按电路图中各级电路的顺序，将各级电路排列成直线。各级电路以其主要元器件（图中用 G1、G2、G3 表示晶体管或集成电路块）为中心按横轴顺序排列；各级电路的元器件尽量靠近主要器件，并集中布设在其四周。具体为：前级输出和后级输入间的元器件布置在两级主要元器件之间的横轴区域（图中的 1-2 区和 2-3 区），而各级电路的其他元器件则布置在主要元器件两侧的纵轴区域（图中的 1、2、3 区域）。

电路元器件呈直线排列具有以下优点。

（1）电路的输入级和输出级距离较远，减少了输入与输出之间的寄生反馈（寄生耦合）。

（2）各级电路的地电流主要在本级范围内流动，减少了级间的地电流窜扰。

（3）便于各级电路的屏蔽和隔离。必须指出，按直线布局时，应使各级电路之间有足够的距离，使前后级电路能很好地衔接，并应注意主要元器件的引脚方向，使连线最短。对于集成电路块，与之相连的元器件应布置在集成电路块相应的引线附近，其距离应稍近。

电路中既有高电位元件又有低电位元件时，高电位元件布置在横轴上，低电位元件布置在纵轴上，这样可以免除地电流窜扰，减少高电位元件对低电位元件的干扰。

有些电路受到安装空间的限制，不能做直线布置时，可以采用角尺形（L 形）或两排平行布置，如图 3—1—2 所示。这时应采用两块底板，各底板仍然是直线布置，两块底板彼此隔离，只在一点上进行电连接。图 3—1—2a 中 G1、G2 为一块底板，G3、G4 为另一块底板，两块底板在 G2 和 G3 之间用导线相连；图 3—1—2b 中 G1、G2、G3 和 G4、G5、G6 各用一块底板，两底板在 G3 和 G4 之间用导线相连。图 3—1—2c 中所示锯齿形（W 形）布局是不可取的，因为这种布局虽然占用面积较小，但地电流窜扰大，寄生反馈较大，对电路工作不利，一般不能采用。

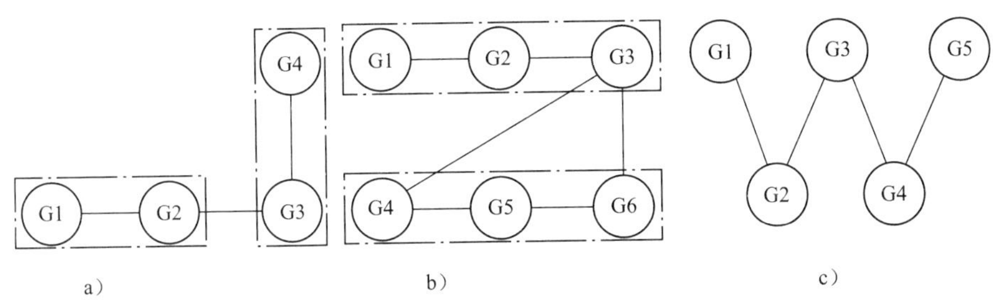

图 3—1—2　可行与不可行的布局

a）角尺形布局　b）双排平行布局　c）锯齿形布局

虽然采用印制电路板的电路单元其地电流的影响不如采用金属底座的电路单元那样严重，但布局时也应采取直线布置，这样使输入、输出远离，寄生反馈小，而且各级电路的印制导线短，可削弱耦合干扰。

2. 注意各级电路、元器件、导线之间的相互影响

各级电路之间应留有适当的距离，并根据元器件的尺寸合理安排，要注意前一级输出与后一级输入的衔接，尽量将小型元器件直接跨接在电路之间，较重、较大的元器件可以从电路中拉出来另行安装，并用导线连入电路。

具有磁场的铁芯器件、热敏元件和高压元件等应正确放置，最好远离其他元件，以免元器件之间产生干扰。

为了减少高频电路分布参数的影响，相近元器件最好不要平行排列，其引线也不要平行，可以互相交错排列（如一个直立，另一个平卧）。

3. 排列元器件时，应注意其接地方法和接地点

如果用金属底座安装元器件，最好在下底表面敷设几根粗铜线作为地线，地线应热浸锡后焊在底座中央（注意每根粗铜线必须与底座焊牢）。需接地的元器件在接地时，应选取最短的路径就近焊在粗铜地线上。如果大型元器件安装在其他金属构件上，应单独敷设地线，不能用金属构件作为地线。

在金属底座和金属构件上安装元器件时，应留有足够的安装空间，以便拆装。

若采用印制电路板安装元器件，各接地元器件要就近布置在地线附近，可以根据情况采用一点接地和就近接地。

4. 在元器件布局时应满足电路元器件的特殊要求

对于热敏元件和发热量大的元器件，在布局时应注意其热干扰，可以采取热隔离或散热措施；对于需要屏蔽的电路和元器件，布局时应留有安装屏蔽结构的空间。

对于推挽电路、桥式电路或其他要求电气性能对称的电路，排列元器件时应注意做到结构对称，即做到元器件位置和连线对称，使电路的分布参数尽可能一致。

三、典型电路元器件的布局方法

1. 整流稳压电源的组装与布局

（1）对整流稳压电源的要求

1）能给负载输送规定的直流电压，并能在最大负荷下保持输出稳定。

2）在输入电压波动的情况下，能保持输出电压稳定，具有较高的稳压系数。

3）保证输出直流接近于恒定直流，纹波系数较小。

4）电源应具有较高的效率。效率高的电源工作时耗散的热量少，这对于产品的散热及保证正常工作都有利。而对于大、中功率电源，效率更是一项重要指标，具有经济意义。

（2）整流稳压电源组装、布局时应考虑的问题

1）电源中的主要元器件有整流管、电源变压器、滤波扼流圈、滤波电容器、泄放电阻等，这些元器件体积较大，有的质量也较大，布局时应使质量分布均衡。多数电源采用水平底，这时大的元器件放置在底座上，小的元器件和走线应在底座下面。对于小功率电源，可以将其多数元器件（如整流、稳压部分）安装在印制电路板上，少数质量较大的元器件（如变压器等）安装在金属底座或支撑架上，并在电路上和印制电路板相连。大、中功率电源的底座一般用 1.2 ～ 1.5 mm 厚的薄钢板制成（特殊场合也可以用 2 mm 厚的薄钢板），并经镀锌钝化或镀镉，也可以采用薄铝板。电源底座最好是单独的，不与其他电路共用一个底座，否则应布置在公用底座的一边，并与易干扰电路远离。电源底座常用作公共地线，若要求较高，可以在底座下另敷设粗铜线作为公共地线。由于电源质量较大，在总体布局时，电源宜放在设备最下部，以保证设备稳定。

2）易出故障的元器件（如整流管、稳压管、电解电容器、继电器等）应安装在便于更换的部位。在布置元器件时应注意保证其便于测试，接线板、控制继电器宜布置在侧面外缘，以便维护。改变输出电压的电位器、调压器应布置在靠近面板处，以便通过控制机构调整电压。各种控制旋钮、指示灯、电压表、开关和熔断器均应布置在面板的适当位置，以便于和内部元器件相连。

3）电源中的变压器、大功率整流管、扼流圈等发热量大的元器件，在布局时应考虑便于散热，应安装在空气容易流通的地方。大功率整流元件（如整流管、硒整流器、硅堆等）应装在散热器上并布置在易散热部位（如机箱后板外侧）。某些怕热元件（如电解电容器）应布置在远离发热元件处。

4）电源内往往有高压，要特别注意安全。为了防止发生电击事故，各种控制机构要和机壳、机架相连并妥善接地。高压端子和高压导线要绝缘并远离其他金属构件和导线，以免发生电晕和击穿。高压部分和低压部分要保持一定距离。各种馈线最好采用硬线并有良好的固定结构。对具有高压的中等以上功率的电源，应安装门开关，以保障工作人员的安全。

5）由于变压器等铁芯器件会有 50 Hz 的泄漏磁场，当它与低频放大器的某部分交链时，会产生交流声。因此，电源必须与低频电路（特别是放大器）隔开，或者把电源的铁芯器件屏蔽起来。

6）电源变压器质量较大，在布局时应将其放在底座两端并靠近支撑点，以防止在冲击和振动时产生过大的挠度。如有可能可以将变压器直接安装在机架上。如果要求较高，可以对变压器采用单独的减振和缓冲措施。此时，较重器件的安装和连接必须可靠，并采用防松措施。

（3）整流稳压电源元器件布局举例。图 3—1—3 所示是可调集成稳压电源的电路原理图，它包括变压器、桥式整流器、稳压电路等部分。图 3—1—4 所示是其印制电路板图。

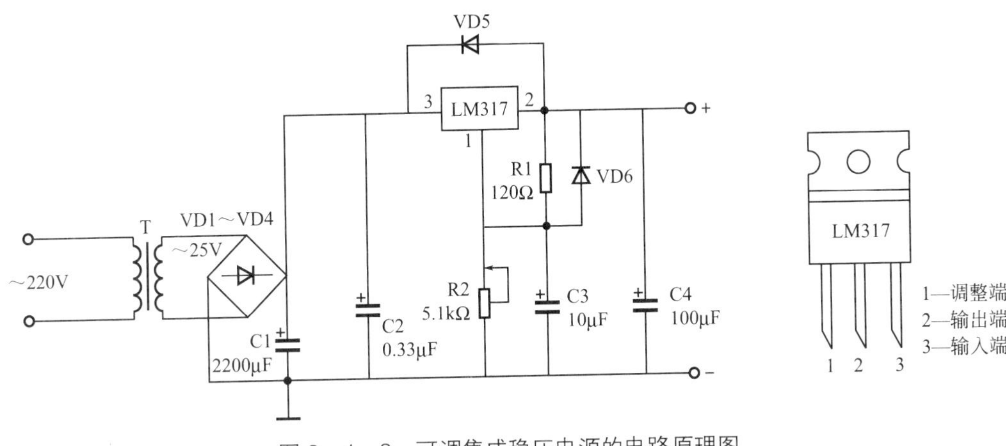

图 3—1—3 可调集成稳压电源的电路原理图

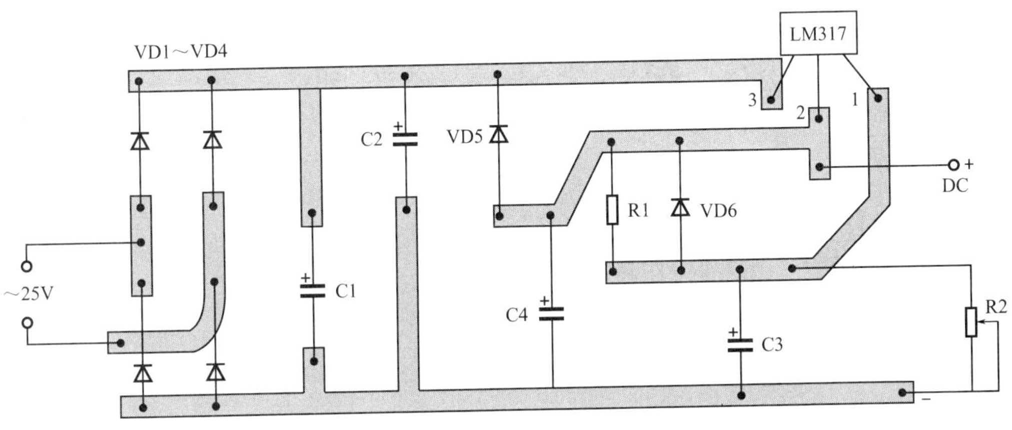

图 3—1—4 可调集成稳压电源的印制电路板图

因电源变压器较重，需要单独安装，其他元器件均安装在印制电路板上。三端稳压器 LM317 因发热量较大，需用散热器散热，故布置在印制电路板一边并远离其他元器件。电解电容 C1、C3、C4 远离三端稳压器，电位器 R2 安装在面板上，用导线连焊到印制电路板上。

2. 放大器的组成与布局

（1）对放大器的要求

1）低频放大器由于多用于音频放大，故要求有较好的频率特性，其频率范围要适用于所担负的工作，其非直线性失真和杂音电平应小一些。

2）中频和高频放大器应具有适当的增益，增益直接影响灵敏度及其平稳性，增益应适当高一些，但过高易引起自激。

3）放大器失真程度要小，对中频、高频放大器的失真应有严格的要求，否则失真的信号经过低频放大后，失真更为严重。

4）放大器应工作稳定，不产生自激振荡。因此，要求放大器具有良好的屏蔽，并抑制反馈。

5）功率放大器应具有较高的效率。

（2）放大器组装、布局时应考虑的问题。放大器工作时，由于具有一定的增益，对外界干扰很敏感，微小的干扰将被放大，严重时放大器将无法工作。外界对放大器的干扰有杂散电磁场的干扰、由电源引起的干扰、由接地不当引起的干扰等。为消除或抑制对放大器的干扰，在组装、布局时应注意以下问题。

1）放大器的元器件布局必须按电路顺序直线布置，各级元器件不能交错，级与级之间有足够的空间。前一级的输出对后一级的输入，其接地应尽量缩短。前置放大级与末级距离越远越好。

2）为了减少铁芯器件漏磁场的影响，各种变压器（输入、输出、级间）、扼流圈之间及它们和其他元器件之间应相互垂直布置。所谓垂直布置是指铁芯器件的线包轴线与其他元器件平面或与底座平面垂直。此外，铁芯器件与钢质底座之间应留有空隙，不能直接贴在底座上。线圈产生磁场，它与其他元器件之间也应相互垂直布置，必要时应予以屏蔽。

3）对多级放大器，为了抑制因寄生耦合而形成的反馈，应做到输入导线和输出导线远离；各级电路应加以屏蔽；与放大器无关的屏蔽线应加去耦电路。

4）要抑制电源对放大器的影响，每级电路的集电极回路与电源之间应加去耦电路，消除通过电源内阻和馈线产生的级间耦合；处理好电源引入线的接地点，防止交流分量影响放大器的工作。

5）布置元器件时应注意接地点的选择，低频放大电路元器件的接地应集中连接在一点，也就是每一级只选一个接地点；高频放大电路应根据情况多点就近接地。地线应足够宽，频率越高，地线应越宽，以减少地阻抗的影响。印制电路板应采用大面积地线。元器件接地不宜采用焊片，最好直接焊在地线上，更不允许采用一个共用焊片接地。

6）高频放大器的组装与布局与一般高频电路相同，参见高频系统的组装与布局。

思考与练习

1. 元器件布局应遵循哪些原则？
2. 简述按电路图顺序直线排列的布局方法及该布局方法的优点。
3. 组装、布局整流稳压电源时，应注意哪些问题？
4. 组装、布局放大器时，应注意哪些问题？

§3—2 布线和扎线工艺

学习目标

1. 了解配线的要求。
2. 掌握布线的原则和方法。
3. 掌握布线和扎线工艺要求。

电子产品的装配质量在一定程度上取决于布线和接线的工艺性。各种元器件、组件安装完成后，要用导线把它们按设计要求连接起来，完成整机的电路连接。这些连接导线（包括印制导线）是用来传输信号和电能的，因此，除正确地选用合适的导线外，还应考虑合理布线。本节主要介绍配线的要求、布线的原则和方法以及布线和扎线工艺。

一、配线的要求

1. 电气因素

（1）工作电流。导线通过电流时会产生温升，在一定温度限制下的电流值称为允许电流。不同绝缘材料、不同截面导线的允许电流不同，实际选择导线时要使导线中的最大电流小于允许电流并取适当的安全系数。根据产品的级别和使用要求，安全系数可以取 0.5 ～ 0.8（安全系数 = 工作电流 / 允许电流）。

在电子产品装配过程中选用导线时，导线的工作环境温度往往较高，线芯允许温度不能达到 70℃。一般情况下按表 3—2—1 中的数据选用导线是安全的，但在散热较差或导线处于较热的环境中时，其工作电流应小一些。

表 3—2—1　常用导线参考工作电流量

标称截面积（mm^2）	0.2	0.3	0.4	0.5	0.6	0.7	0.8	1.0	1.5	2.0	2.5	4.0
参考工作电流（A）	2	3	4	5	6	7	8	10	14	17	20	25

作为粗略估算，可以按 5 A/mm^2 的载流量选取导线截面，这在通常情况下是安全的。

（2）导线电压降。导线较短时可以忽略导线电压降，但当导线较长时就必须考虑导线电压降，尤其在低电平、大电流传输时。为了减小导线上的电压降，常选取较大截面积的导线，这也是经常强调电子产品的地线要有足够截面积的缘故。

（3）额定电压。导线绝缘层的绝缘电阻是随电压升高而下降的，如果超过一定电压则会发生击穿和放电现象。一般导线给出的试验电压表示加电 1 min 而无放电现象的电压，实际的使用电压一般为试验电压的 1/5 ～ 1/3。

（4）频率及阻抗特性。如果通过导线的电流频率较高，则必须考虑阻抗及介质损耗、趋肤效应等。射频电缆的阻抗必须与电路阻抗特性匹配，否则不能正常工作。

（5）信号线屏蔽。传输低电平信号时，为了防止外界噪声干扰，应选用屏蔽线，如音响电路功率放大器之前的信号线均采用屏蔽线。

2. 环境因素

（1）力学强度。产品的导线在运输、使用中可能承受机械力的作用，故选择导线时要对抗拉强度、耐磨性、柔软性有所要求，特别是高电压、大电流下工作的导线。

（2）环境温度。环境温度对导线的影响很大，会使导线变软或变硬，甚至变形、开裂，造成事故。选择的导线要能适应产品的工作环境温度。

（3）耐老化、腐蚀。各种绝缘材料都会老化和腐蚀，例如，长期日光照射会加速绝缘橡胶的老化，接触化学溶剂可能腐蚀导线绝缘外皮等，应根据产品的工作环境选择相应的导线。

3. 装配工艺因素

（1）选择导线时要尽可能考虑装配工艺的优化。如一组导线应选择相应芯线数的电缆而避免用单根线组合成线扎，这样既省工时，又增加了可靠性；再如用普通剥线方法很难剥带织物层的导线的端头，若不是强度的需要则不宜选用这种导线作为普通连接线。

（2）导线颜色应符合习惯，便于识别，可参考表 3—2—2 进行导线颜色的选择。

表 3—2—2　导线颜色的选择

电路种类		导线颜色
一般AC线路		白、灰
AC电源线	相线A	黄
	相线B	绿
	相线C	红
	工作零线	淡蓝
	保护零线	黄绿双色
DC线路	+	红、棕、黄
	GND	黑、紫
	–	蓝、白底青纹
晶体管电路	E	红、棕
	B	黄、橙
	C	青、绿
立体声电路	左声道	红、橙
	右声道	白、灰

二、布线的原则和方法

1. 布线的原则

（1）尽量避免导线间的相互干扰和寄生耦合

1）不同用途和性质的导线不能紧贴和扎在一起，如低电平和高电平信号线、输入与输出信号线、交流和直流馈线、不同回路引出的高频导线、继电器内的信号接点连线与线包连线（或功率接点连线）、脉冲输出线与放大信号线等。

2）不能紧贴和扎在一起的导线，布线时宜垂直交叉或隔开一定距离。当工作频率不高、放大增益不大、导线平行长度较短及噪声功率不高时，上述导线也可以考虑扎在一起，但注意其影响程度应在允许范围之内。

3）连接导线宜短（对高频电路尤为重要）。当导线长度大于 1/4 工作波长时，必须采用屏蔽线。

4）公用电路向各级电路的馈线应分开，并有各自的去耦电路，以免相互影响。如果没有必要，应避免一切外电路导线穿过本级电路。

（2）处理好接地导线

1）接地线应短而粗，以减少地阻抗。

2）输入线、输出线和电源馈线应有各自的接地线，并成对扭绞后布置，避免采用公共地线。不同性质电路的电源地线应分别接到公共电源接地端，不要让任何一个电路的电源地线经过其他电路的地端。

3）对于多级放大器的各级地线，允许由前级向后级引一条公共地线，并由最后一级接到电源地线，但不允许后级地电流通过前级地线流向电源。

4）应避免用机架和金属底板作为地线，而应另外敷设粗铜线或铜带作为地线（安全地线、屏蔽地线除外）。

2. 布线的方法

（1）布设导线要整齐、美观，布线与元器件布局应协调。在不影响电气性能的前提下，同向导线直扎成线扎或绞合成线带，并整齐地敷设。导线布设要便于和元器件连接，并使导线最短。

（2）导线应贴紧底板、面板，在框架的内侧边沿或四角布设，这样既安全，又便于机械固定，也不影响元器件的安装、调整和维修。架空的导线应采用支柱、支架固定，防止其晃动。用线夹固定导线时，其间距为 200 ~ 300 mm，线束越细，间距应越小。弯曲的导线或线束其曲率半径应大于其直径的三倍，并在弯曲处用线夹固定两端。如果整机中布线抽头较多时，可以加走线槽或在结构设计时设计走线固定结构（线槽），在线槽中设置布线抽头。

（3）导线与金属棱边相接触处应采用套管保护，穿过金属孔的导线应采用橡皮衬套和套管保护。屏蔽导线的外露屏蔽层在穿过元件引线或跨接印制电路板时，应给局部或全部的屏蔽导线加套绝缘套管，以防短路发生。

（4）连接到活动部分的导线，其引出端应固定，但长度应大一些，以留有活动余地。焊接在元器件上或接线板上的导线，应留有 1 ~ 2 次重焊的备用长度（约 20 mm）。

（5）需从整机中抽出的分机和单元如果有线束相连，其线束应足够长，以便于带电测试和维修。

三、布线和扎线工艺

1. 布线工艺

（1）线束的布置应尽量减少交叉并保持外观整齐。导线平行于线扎，轴线无交叉，同轴电缆通过扎线扣固定牢靠。

（2）导线扭绞违背最小弯曲半径、线扎直径不一致、导线过多交叉与重叠、导线绝缘层损坏均为缺陷，属于不可接受的现象。

（3）导线弯曲时，应该留有一定弧度来适应导线材料的应力，以免导线损坏。

2. 扎线工艺

（1）目标要求：导线固定在线束内，线束扎点整齐、紧锁，并保持一定间距，使导线固定在紧致的线束内，如图 3—2—1 所示。

图 3—2—1　扎线

（2）对扎线扣末端的要求为扎线带末端伸出不超过扎线带的厚度，割断面应与扎线带扣面平行，如图 3—2—2 所示。

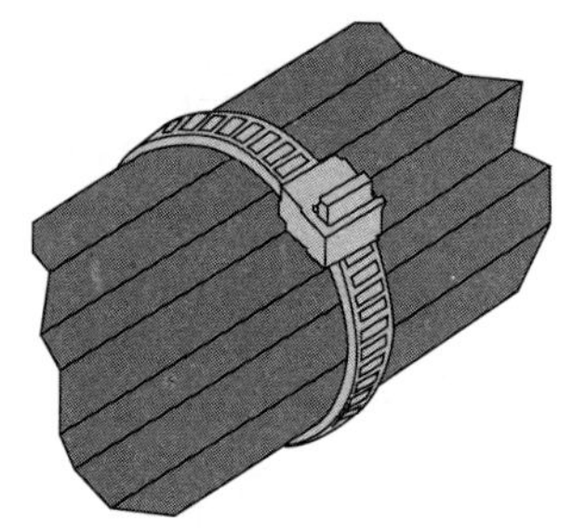

图 3—2—2　扎线扣

（3）结扎点过松、扎扣切割靠近绝缘层、线束扎把过松、电缆扣结不正确均为线束缺陷，属于不可使用的线束，如图 3—2—3 所示。

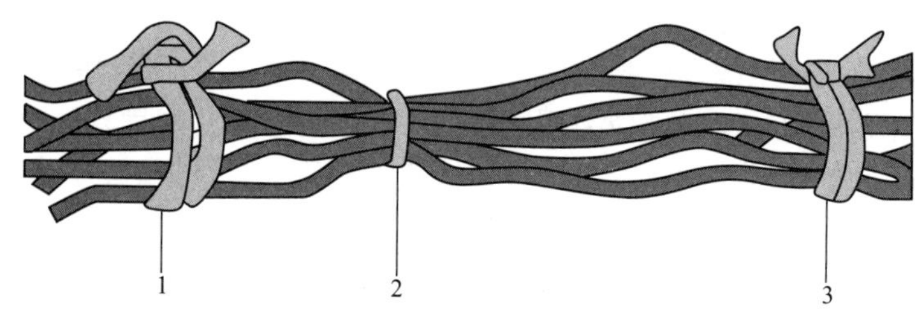

图 3—2—3　不可使用的扎线

1—扎头过松　2—扎头过紧，结扎点切入导线绝缘皮　3—导线束松散

思考与练习

1. 导线选用时应考虑哪些因素？
2. 简述布线工艺和扎线工艺要求。

§ 3—3　电子产品组装结构工艺

学习目标

1. 了解电子产品的组装结构形式。
2. 熟悉整机结构装配的总体布局原则。
3. 掌握电子产品组装的结构工艺要求。

电子产品的组装（简称为电装）是将各种电子元器件、零部件及结构件等按照设计要

求，装接在规定的位置上，组成具有一定功能的电子产品的过程。其组装结构形式是多种多样的，常因电子产品的功能、用途、整机结构的不同而不同。本节主要介绍电子产品的组装结构形式、整机结构装配的总体布局原则和电子产品组装的结构工艺要求。

电子产品组装的内容主要包括单元的划分，元器件的布局，各种元器件、零部件及结构件的安装，整机联装等。在组装过程中，根据组装单元的大小、尺寸、复杂程度和特点不同，将电子产品的组装分为不同的等级，称为电子产品的组装级别。组装级别一般可以分为以下几级。

第一级组装：一般称为元件级，是最低级的组装级别，其特点是结构不可分割。属于第一级组装的元件、组件有通用电路元件、分立元件及其按需要构成的组件、集成电路组件等。

第二级组装：一般称为电路板级，用于组装和互连第一级元器件，如装有元器件的印制电路板或插件等就属于第二级组装。

第三级组装：一般称为底板级或插箱级，用于安装和互连第二级组装的插件或印制电路板。

第四级组装及更高级别的组装：一般称为箱柜级及系统级。它主要通过电缆及连接器互连第二、三级组装，并以电源馈电构成独立的具有一定功能的仪器或设备。对于系统级，可能产品不在同一地点，必须用传输线或其他方式连接。

图 3—3—1 所示为电子产品的组装级别示意图。

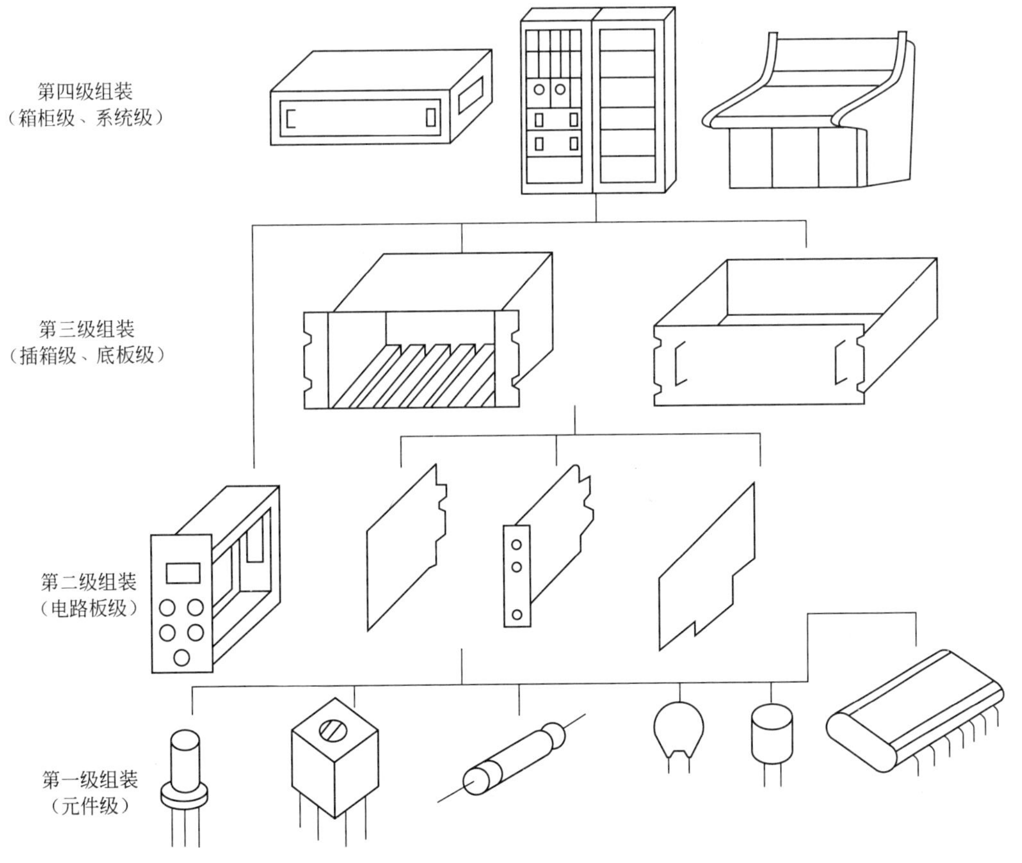

图 3—3—1　电子产品的组装级别示意图

一、电子产品的组装结构形式

电子产品的组装结构多采用整机、分机、电路单元或整件、印制电路板或组件等分级组装结构形式，且组装结构形式和组装工艺相一致。这种分级组装结构不仅在电路板上具有一定的独立性，而且在结构和工艺上也具有相对的独立性。采用分级组装结构的好处是便于组织生产（装配和调试），也便于维修和检验。

组装结构形式是多种多样的，常因电子产品的功能、用途、整机结构的不同而不同。组装结构形式一般有以下四种。

1. 插件结构形式

这种结构形式目前应用很广，主要由印制电路板组成。一般是将印制电路板的一端制成插件，通过插座与布线相连，再与其他部件相连接，如计算机主板上的各种功能卡即采用插件结构形式。

电路中各种小元器件应先组装成印制电路板或组件板，再通过插座与底板相连。与插座相连的印制电路板或组件板应采用导轨导向和支撑，印制电路板或组件板之间用带接插件的导线或线缆连接；与电路连接的印制电路板或组件板采用螺钉固定。

2. 单元盒结构形式

当设备内部需要屏蔽或隔离时，可以采用单元盒结构将印制电路板安装在单元盒内。一般来说，单元盒内的电路是具有特定功能的单元电路，可以单独进行测试与调整。

通常将需要屏蔽或隔离的部分装在一个封闭的金属盒（单元盒）内，通过插头座或屏蔽线与外部接通。单元盒一般插入与机架相应的导轨或固定在容易拆卸的位置，以便于维修，如程控交换机等。

3. 底板结构形式

这种结构形式目前应用得也很普遍。简单产品常采用一块底板，并将大型元器件、印制电路板及机电元件安装在上面，常与面板配合使用。复杂产品采用多块底板分别与支架相连，小面积底板是单元电路的安装基础，它们分别与机架固定，对整机装配也很方便。同时，采用多块小面积底板对削弱地电流窜扰很有利。底板是一切大型元器件、电路单元、机械部件的安装基础，常和面板相连。这样的结构形式便于将电路与控制、指示部分连成一个整体，是目前电子产品采用较多的一种结构形式。如果有驱动电动机和机械传动系统部件及与之相连的元器件，也要求将其安装在刚度高的大型底板上。

4. 插箱结构形式

这种结构形式是将插件、机电元件等放在一个独立的箱体中，再通过插头、导轨插入机架。

有些大型电子产品常采用机柜、插箱组装结构。插箱是较为独立的组装单元，它由底板、面板等零件组成，通过插头座、导轨与机柜相连，几种不同功能的插箱与机柜相连组成整个电子产品。

采用哪一种形式的组装结构取决于电子产品的性能、技术要求、结构复杂程度、组装工艺及生产批量。

二、整机结构装配的总体布局原则

在整机结构设计时，为了保证质量，提高可靠性和便于组织生产，应遵循以下原则。

（1）布局、布线要有利于装配，应避免因布局位置不当造成无法装配或装配困难，如旋具、扳手和装配工具无法接近安装紧固件，或电烙铁接近焊点时会烫坏元器件或其他导线。

（2）各整件和零部件间的机械装配在结构上应具有可调环节，以保证装配精度，如整件和零部件在安装时可以采用长圆孔螺钉连接或调整垫片等结构。为便于多次拆装，保证位置对准，应采用定位销钉。

（3）结构上采用的连接结构要便于安装、可靠，尽可能采用有效的新型连接结构，如对不可拆卸连接的零部件可以采用压合和胶合；对可拆卸连接的零部件可以采用快速拆卸锁扣、自攻螺钉（对塑料零件）等方法。

（4）在装配流水线上要尽可能最后装配易损坏元器件。

（5）装配结构、装配顺序要合理，有利于组织生产。结构安装、组织形式要便于检测、调整和调试。

三、电子产品组装的结构工艺要求

1. 合理使用紧固件和锁紧结构

紧固件的合理使用是产品的工艺性要求之一。一般情况下，整机中紧固件越少，工艺性就越好。另外，合理地使用紧固件对于产品抵抗外界机械影响，提高产品的可靠性有较大影响。采用合适而可靠的锁紧结构、快速装置，有利于提高装配工艺和便于产品维护。在结构设计时应注意以下问题。

（1）应根据承受负荷确定紧固件的材料和尺寸。一般的非承重固定可以选用 M4 以下钢质螺钉连接；导电连接宜采用铜质螺钉、螺栓。采用螺纹连接时，要露出 2 ~ 3 个螺距（一般不允许大于 3 mm），应保证螺钉至少有 3 ~ 4 个螺距旋入被连接件。对塑料零件宜采用自攻螺钉，其旋入深度应大于螺钉直径的三倍。铆钉连接时，铆钉金属零件可以采用钢铆钉，铆钉非金属零件应采用铝铆钉。

（2）合理使用螺母和垫圈。螺母有双面倒角和单面倒角两种，需要保护被连接表面（如有油漆的面板）时可以采用双面倒角螺母；安装单面倒角螺母时倒角的一面应向外，为防止松动，应加弹簧垫圈或止退垫圈。对于强度较差的被连接件（如铝件、塑料件）必须加平垫圈；对于易碎零件（如陶瓷件）应加软垫圈或胶木垫圈。

（3）使用合适的装配工具。装配时，应采用合适的装配工具（旋具、扳手），避免损坏螺钉、螺母，旋紧力要适当，避免用力过大使螺纹滑丝。

（4）锁紧结构。在条件允许的情况下，尽量采用各种锁紧结构，以减少紧固件的品种数量，最好采用快锁装置以简化装配工序，特别是对于那些需要经常拆卸的连接，采用快锁装置更为有利。

2. 电装连接工艺

在电路连接时，可以采用压接、绕接和焊接等工艺。电装连接工艺的质量直接影响设备的电气性能和可靠性，必须严格要求。目前用得最多的是焊接。

总之，在电子产品组装过程中，会遇到各种各样的工艺问题，它有很强的实践性，很多工艺知识在书本上很难直接学到，要多做工艺操作，在操作中发现问题，解决问题，逐步积累操作技能和工艺知识。

通过前面知识的学习，总结提高装配工艺性的方法。

思考与练习

1. 电子产品的组装内容有哪些？
2. 简述电子产品的组装结构形式。
3. 简述电子产品组装的布局原则。
4. 电子产品组装时要注意哪些工艺性问题？

§3—4　电子产品连接方法及工艺

1. 掌握电子产品紧固件、连接器的连接方法及工艺。
2. 了解表面组装技术和微组装技术。

电子产品的组装是通过对元器件、组件及零部件的机械装连与电气连接来实现的，其工艺方法的好坏直接影响产品的技术指标及产品的经济性、可靠性。除了焊接外，采用紧固件和连接器连接是比较常见的连接方式。表面组装技术及微组装技术的诞生及发展，使电子产品的高集成度、微型化及轻型化成为可能。本节主要介绍紧固件、连接器的连接方法和工艺，以及表面组装技术和微组装技术的基础知识。

一、紧固件、连接器的连接方法及工艺

1. 紧固件连接

（1）螺纹连接。用螺纹连接件（如螺钉、螺栓、螺母、自攻螺钉）及垫圈将元器件、零部件牢固地连接起来，称为螺纹连接。这种连接方式的优点是结构简单、便于调试、装卸方便且工作可靠，因此，在电子产品装配中得到了广泛应用。

1）螺纹连接件的选用

① 十字槽螺钉紧固强度高、外形美观，有利于自动化装配。

② 面板应尽量少用螺钉紧固，必要时可以采用半沉头或沉头螺钉，以保持面板平整。

③ 当要求结构紧凑、连接强度高、外形平滑时，应尽量采用内六角螺钉或螺栓。

④ 安装部位是瓷件、胶木件等易碎零件或铝件、塑料件等较软材料时，应使用大平面垫圈。

⑤ 连接件中被拧入的材料是铝、塑料等较软材料或金属薄板时，可以采用自攻螺钉。

2）拧紧方法。拧紧长方形工件的螺钉组时，需从中央开始逐渐向两边对称扩展；拧紧方形工件和圆形工件的螺钉组时，应按对称交叉的顺序进行。无论装配哪一种螺钉组，都应先按顺序装上螺钉，然后分步逐渐拧紧，以免发生结构件变形和接触不良的现象。

3）螺纹连接时应注意的事项

① 弹簧垫圈应装在螺母与平垫圈之间。

② 装配时，螺钉旋具的规格要选择适当，操作时应始终保持其垂直于安装孔表面的方位旋转，避免摇摆。

③ 拧紧或拧松螺钉、螺帽和螺栓时，应尽量用扳手或套筒使其旋转，不要使用尖嘴钳。

④ 用力拧紧螺钉时，切勿用力过猛，以防止滑帽。

⑤ 生锈的螺栓、螺钉在拆卸前应用煤油或汽油除锈，并用木锤等进行敲击振动，然后才能拆卸。

4）螺纹连接的防松动。螺纹连接一般都具有自锁性，在受静载荷作用和工作温度变化不大时，不会自动松脱。但当受振动、冲击载荷作用，或工作温度变化很大时，螺纹间的摩擦力就会出现瞬间减小甚至为零的现象，如果这种现象重复多次，就会使连接逐渐松脱。为了防止紧固件松动和脱落，可以采用以下几种措施。

① 双螺母防松动。它利用两个螺母互相锁止来防止松动，一般在机箱接线板上用得较多。

② 弹簧垫圈防松动。它利用弹簧垫圈的弹性变形，使螺纹间轴向张紧而起到防松的作用。其特点是结构简单、使用方便，常用于紧固部位为金属的元器件。

③ 蘸漆防松动。在安装紧固螺钉时，先将螺纹连接处蘸上硝基漆，再拧紧螺纹，通过漆的黏合作用、增加螺纹间的摩擦阻力，防止螺纹松动。

④ 点漆防松动。它利用在露出的螺钉尾部点紧固漆来防松动。防漆范围不小于螺钉半周及两个螺纹高度。这种方法常用于电子产品的一般安装件。

⑤ 开口销防松动。若所用的螺母为带槽螺母，则在螺杆末端钻有小孔，将螺母拧紧后其槽应与小孔相对，然后在小孔中插入开口销，并将末端分开，使螺母不能转动。这种方法多用在有特殊要求的元器件的大螺母上。

（2）铆接。通过机械方法，用铆接将两个及两个以上零部件连接起来的操作叫作铆接。铆接通常是指铆钉连接，但当一些机箱、机壳及非金属薄板零件（如印制电路板）要求可拆连接时，可以采用螺母铆钉（具有螺纹孔的铆钉，可以铆在薄剪板上，便于螺钉连接）。电子产品在装配过程中，通常用钢或铝制作铆钉，采用冷铆钉进行铆接。

1）对铆钉的要求

① 当铆钉头为半圆形时，其应完全平贴于被铆零件上，并应与铆窝形状一致，不允许有凹陷、缺口和明显的开裂。

② 铆接后不应出现铆钉杆歪斜和被铆件松动的现象。

③ 用多个铆钉连接时，应按对称交叉的顺序进行。

④ 沉头铆钉铆接后应与铆平面保持平整，允许略有凹陷，但不得超过 0.2 mm。

⑤ 空心铆钉铆紧后其扩边应均匀、无裂纹，且内径不应歪扭。

2）铆钉连接。采用铆钉连接时所用铆钉长度要适当，才能做出符合要求的铆钉头，以保证足够的铆接强度。若铆钉太长，在铆接时接头容易偏斜；若铆钉太短，做出的铆接头可能不完整，并且会降低结构的紧固性。铆钉长度应等于被铆件的总厚度与留头长度之和。半圆头铆钉的留头长度为铆钉直径的 1.25 ~ 1.5 倍，沉头铆钉的留头长度为铆钉直径的 0.8 ~ 1.2 倍。

铆接时铆钉直径的大小与铆接厚度及强度有关，铆钉直径应大于铆接厚度的 1/4，一般应取板厚的 1.8 倍。

铆孔直径与铆钉直径的配合必须适当。表 3—4—1 列出了标准铆钉直径与铆孔直径的对应关系。

表 3—4—1　标准铆钉直径与铆孔直径的对应关系　mm

铆钉直径		2	2.5	3	3.5	4	5	6	8	10
铆孔直径	精装配	2.1	2.6	3.1	3.6	4.1	5.2	6.2	8.2	10.3
	粗装配	2.2	2.7	3.4	3.9	4.5	5.5	6.5	8.5	11

3）铆接工艺

① 实心铆钉。将铆钉插入要连接的工件，通过手锤对压紧冲头与垫模形成的冲击力使铆钉头变形，从而压紧被铆接件。

② 空心铆钉。将铆钉插入要连接的工件，通过冲头压力使铆钉头扩张变形来压紧被铆接件，如图 3—4—1 所示。

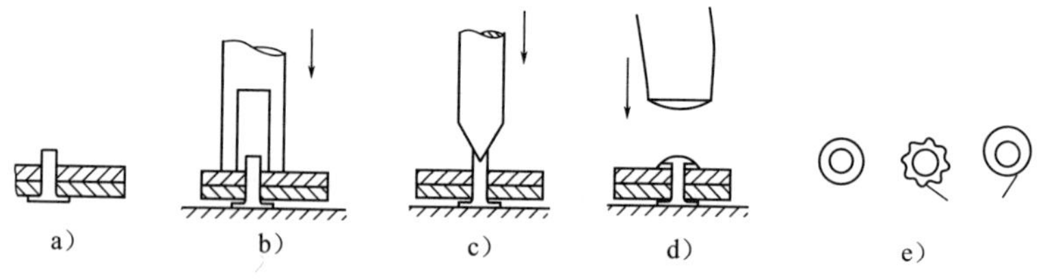

图 3—4—1　空心铆钉铆接示意图

a）铆钉插入　b）压紧　c）扩边　d）锤击成形　e）铆接点对比

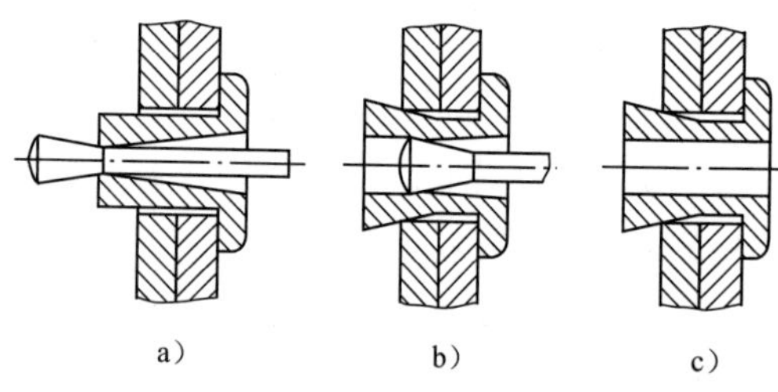

图 3—4—2　抽芯铆钉铆接示意图

a）插入铆钉　b）拉动抽芯　c）安装完成

③ 抽芯铆钉。将铆钉插入要连接的工件，通过铆枪夹头的夹持拉动抽芯使铆钉头变形，从而压紧被铆接件，如图 3—4—2 所示。

（3）销接。销接是利用销钉将零件和部件连接在一起，使它们之间不能互相转动或移动的一种连接方式，其优点是便于安装和拆卸。按用途不同，销钉可以分为紧固销和定位销；按结构形式不同，可以分为圆柱销和开口销。在电子产品装配中，圆柱销和圆锥销较为常用。销钉连接时，应注意以下几个方面。

1）销钉的直径应根据强度确定，不能随意改变。

2）在配做销钉孔前，应将连接件的位置精确地调整好，以保证性能可靠，然后再一起钻绞。

3）销钉多是靠过盈配合装入销孔中的，但不宜过松或过紧。圆锥销通常采用 1 ∶ 50 的锥度，装配时若能用手将销钉塞进孔深的 80% ~ 85%，可以获得正常过盈。

4）装配前应将销孔清洗干净，涂油后再将销钉塞入，注意用力要垂直、均匀，不能用力过猛，防止头部镦粗或变形。

5）对于定位要求较高或较常装卸的连接，宜选用圆锥销。

2. 连接器连接

连接器连接是可以拆卸的电连接，在电子产品中应用十分广泛。习惯上把连接器件称为接插件，有时也把连接器中的一部分称为接插件。

在电子产品中一般有以下几类连接。

A 类，即元器件与印制电路板的连接。

B 类，即印制电路板与印制电路板或导线之间的连接。

C 类，即同一机壳内各功能单元之间的连接。

D 类，即系统内提高效率的连接。采用 D 类连接可以使系统易于装配、方便调试和便于维修。

（1）连接器的分类

1）按外形分类

① 圆形连接器，主要用于 D 类连接，如端接导线、电缆等，外形为圆筒形。

② 矩形连接器，主要用于 C 类连接，外形为矩形或梯形。

③ 条形连接器，主要用于 B 类连接，外形为长方形。

④ 印制电路板连接器，主要用于 B 类连接，包括边缘连接器、板装连接器和板间连接器。

⑤ IC 连接器，主要用于 A 类连接，通常称为插座。

⑥ 导电橡胶连接器，主要用于液晶显示器件与印制电路板的连接。

2）按用途分类

① 电缆连接器，主要用于连接多股导线、屏蔽线及电缆，由固定配对器组成。

② 机柜连接器，一般由配对的固定连接器组成。

③ 音、视频设备连接器。

④ 电源连接器，通常称为电源插头座。

⑤ 射频同轴连接器，主要用于射频、视频及脉冲电路。

⑥ 光纤电缆连接器。

⑦ 其他专用连接器，如办公设备、汽车电器等专用的连接器。

（2）常用的连接器

1）圆形连接器。圆形连接器主要有插接式和螺纹连接式两类，图 3—4—3 所示为插接式圆形连接器，通常用于插拔较频繁、连接点数少且电流不超过 1 A 的电路连接。螺纹连接式俗称航空插头座，它有一个精准的旋转锁紧机构，在多接点和插拔力较大的情况下连接方便，抗振性能好，同时还能实现防水密封等特殊要求，适用于电流大、不需要经常插拔的电路。这类连接器的连接点数量从两个到近百个不等，额定电流可以从 1 A 到数百安培，工作电压为 300 ~ 500 V。

图 3—4—3　插接式圆形连接器

2）矩形连接器。图 3—4—4 所示为矩形连接器，它能充分利用空间位置，所以被广泛应用于机内连接。当矩形连接器带有外壳或锁紧装置时，也可以用于机外电缆和面板之间的连接。

本类插头座可以分为插针式和双曲线簧式、带外壳和不带外壳的、锁紧式和非锁紧式等，连接点数量、电流、电压均有多种规格，应根据电路选择。

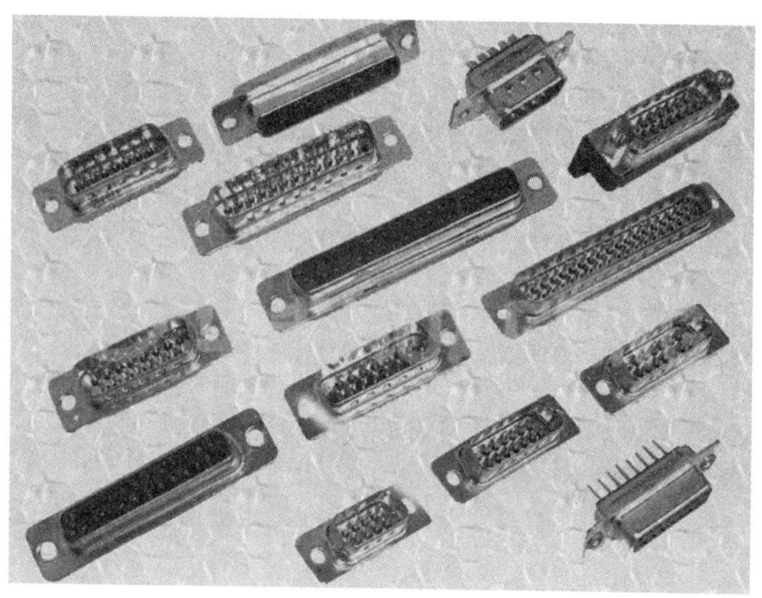

图 3—4—4　矩形连接器

3）印制电路板连接器。印制电路板连接器的结构形式有直接式、绕接式、间接式等，主要规格按排数（单排、双排）、芯数、间距（相邻连接点簧片之间的距离）和有无定位等进行分类。另外，连接器的簧片有镀金、镀银之分，要求较高的场合应用镀金的插座。

4）带状电缆连接器。带状电缆连接器（图 3—4—5）多用于数字信号传输。

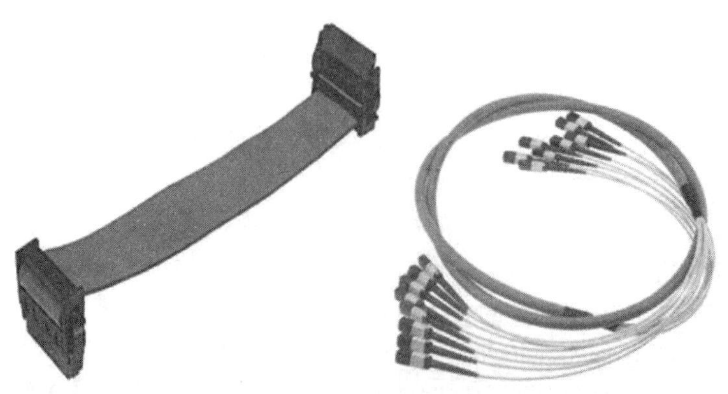

图 3—4—5　带状电缆连接器

5）AV 连接器。AV 连接器也称为音视频连接器或视听设备连接器，用于各种音、视频设备及多媒体计算机声卡、图像卡等零部件的连接，如图 3—4—6 所示。

图 3—4—6 AV 连接器

二、表面组装技术

1. 表面组装技术的组成

表面组装技术（Surface Mount Technology，SMT）从狭义上讲就是将表面组装元器件贴焊到以印制电路板为组装基板的规定位置上的电子装接技术，所用的印制电路板必须钻插装孔，如图 3—4—7 所示。从工艺角度来细化，就是首先在印制电路板焊盘上涂敷焊膏，再将表面组装元器件准确地放到涂有焊膏的焊盘上，通过加热印制电路板直至焊膏融化，冷却后便实现了元器件与印制电路之间的连接。

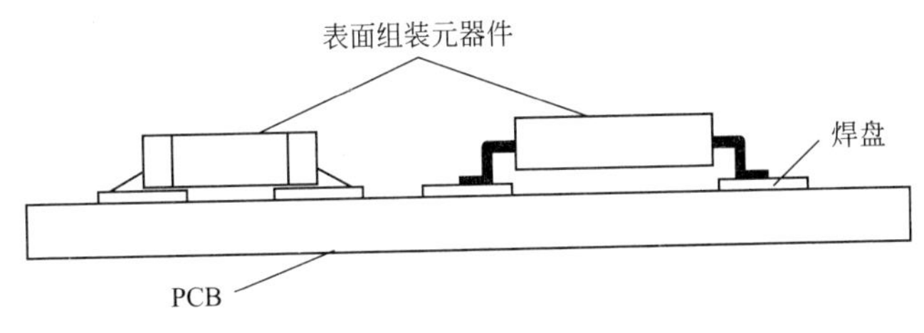

图 3—4—7 表面组装技术示意图

从广义上讲，表面组装技术涉及化工与材料技术（如各种焊膏、助焊剂、清洗剂及各种元器件等）、涂敷技术（如涂敷焊膏或贴片胶）、精密机械加工技术（如涂敷模板制作、工装夹具制作等）、自动控制技术（生产设备及生产线控制）、焊接技术、测试技术、检验技术以及各种管理技术等多种技术，是一项复杂、综合的系统工程技术。

因此，表面组装技术的基本组成可以归纳为生产物料、生产设备、生产工艺及 SMT 管理四大部分。表面组装技术的基本组成如图 3—4—8 所示。

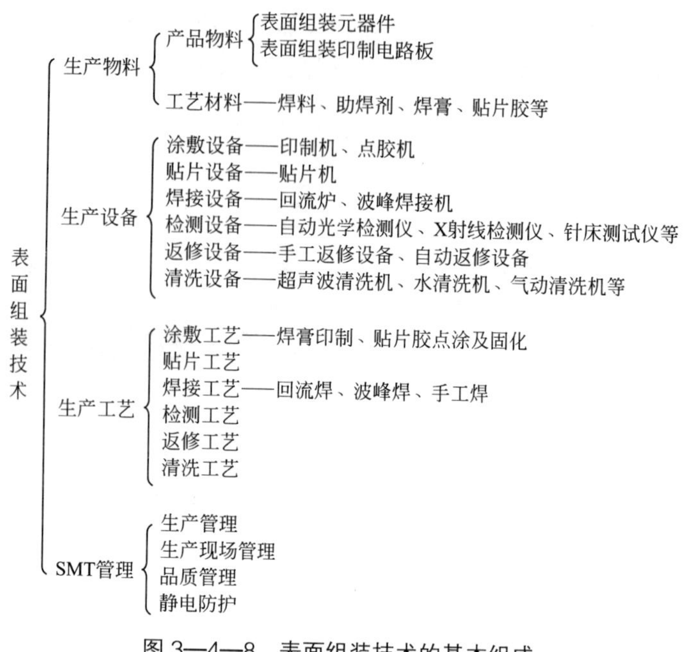

图 3—4—8　表面组装技术的基本组成

2. 表面组装技术的优点

表面组装技术与传统的通孔插装技术相比，具有以下优点。

（1）元器件组装密度高，电子产品质量轻、体积小。表面组装元器件的质量只有通孔插装元器件的 1/10 左右，电子产品体积缩小 40% ~ 60%，质量可以减轻 60% ~ 80%。

（2）抗振能力强，可靠性高。由于表面组装元器件的体积小、质量轻，故抗振能力强。表面组装元器件的焊接可靠性比通孔插装元器件要高，故采用表面组装技术的电子产品平均无故障时间一般为 20 万小时以上，可靠性高。

（3）高频特性好。由于表面组装元器件无引脚或引脚短，减少了引脚的分布特性影响，而且在印制电路板表面焊接牢固，可靠性高，大大降低了寄生电容和寄生电感对电路的影响，在很大程度上减少了电磁干扰，使得组件的噪声降低，改善了组件的高频特性。

（4）自动化程度高，生产效率高。与通孔插装技术相比，表面组装技术更适合自动化生产。通孔插装技术根据插装元器件的不同需要不同的插装设备，如跳线机、径向插装机、轴向插装机等，设备生产调整的准备时间较长。由于通孔的孔径较小、插装的精度较差、返修的工作量较大，而且换料时必须停机，从而延长了工作时间。而表面组装元器件在一台泛用机上就可以完成贴装任务，且具有不停机换料的功能，节省了大量时间。同时，由于表面组装技术的相关设备具有视觉功能，使其贴装精度高，返修工作量低，自动化程度和生产效率就高得多。

（5）成本降低。由于表面组装技术可以进行印制电路板的双面贴装，可以更加充分地利用印制电路板的表面空间；采用表面组装技术，印制电路板的装孔数目减少，孔径变细，使得印制电路板的面积缩小很多，降低了印制电路板的制造成本；部分表面组装元器件成本也比通孔插装元器件成本低；采用表面组装技术，相应的返修工作量减少，降低了人工成本，可以使产品总成本降低 30% 以上。

当然，SMT 生产中也存在一些问题，例如，元器件上的标称数值看不清，使维修工作困难；维修、调换器件因需专用工具而变得困难；元器件与印制电路板之间的热膨胀系数一致性差。但这些问题均是发展中的问题，随着专用拆装设备及新型的低膨胀系数印制电路板的出现，它们已不再成为阻碍 SMT 深入发展的障碍。

3. 表面组装的基本工艺流程

SMT 有两条基本的工艺流程，即焊膏–回流焊工艺和贴片胶–波峰焊工艺，SMT 生产的所有工艺流程均是参照这两条流程变化而来的。

（1）焊膏–回流焊工艺流程。焊膏–回流焊工艺流程如图 3—4—9 所示，即先在印制电路板焊盘上印制适量的焊膏，再将片式元器件贴放在印制电路板规定的位置，最后将贴装好元器件的印制电路板通过回流炉完成焊接。

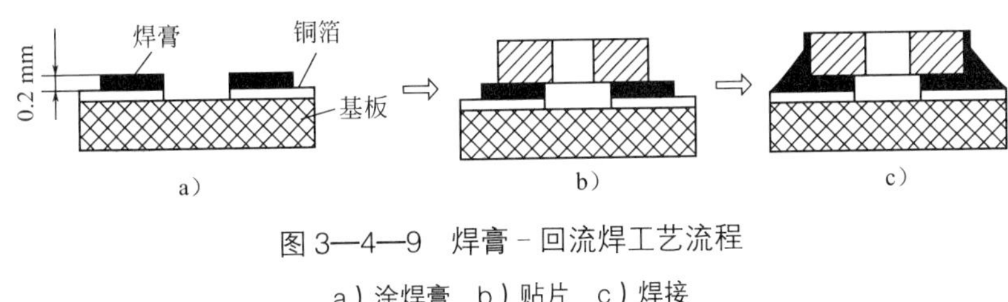

图 3—4—9 焊膏–回流焊工艺流程

a）涂焊膏 b）贴片 c）焊接

（2）贴片胶–波峰焊工艺流程。贴片胶–波峰焊工艺流程如图 3—4—10 所示，即先在印制电路板焊盘间涂适量的贴片胶，再将表面组装元器件贴放到印制电路板规定的位置，然后将贴装好元器件的印制电路板通过回流炉完成胶水的固化，最后在波峰焊接机中完成焊接。其特点是利用双面板空间，电子产品体积可以进一步减小，并部分使用通孔元件，价格低廉。这种工艺流程适合于表面组装元器件和插接元器件的混合组装。

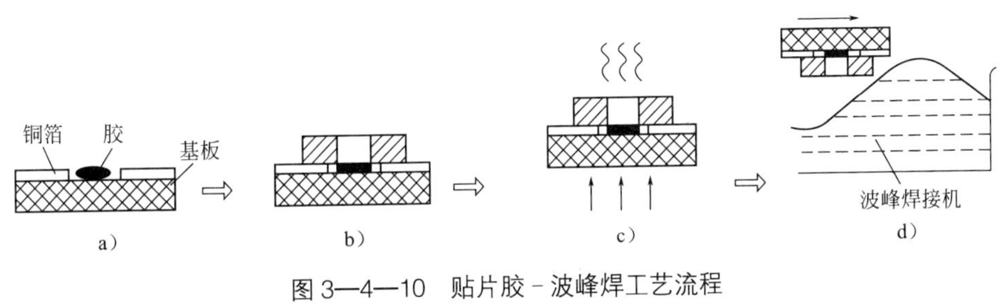

图 3—4—10 贴片胶–波峰焊工艺流程

a）点胶 b）贴片 c）固化 d）焊接

4. 常用的表面组装方式

元器件在印制电路板上的分布决定了表面组装组件（Surface Mount Assembly，SMA）的组装方式，因此，生产过程中所采用的工艺流程也会不同。

现代电子产品往往既包含表面组装元器件，又有通孔插装元器件，因此，采用 SMT 工艺组装各种产品时，所用工艺流程均以基本工艺流程焊膏–回流焊工艺和贴片胶–波峰焊工艺为基础，两者单独使用或者混合使用，以满足不同产品生产的需要。

SMA 的组装方式有单面表面组装、双面表面组装、单面混装和双面混装四种。其组装工艺流程分别如下。

（1）单面表面组装工艺流程。单面表面组装全部采用表面组装元件，在其电路板单面贴装、单面回流焊，其焊接示意图和工艺流程如图 3—4—11 所示。在电路板尺寸允许时，应尽量采用这种方式，可以减少焊接次数。

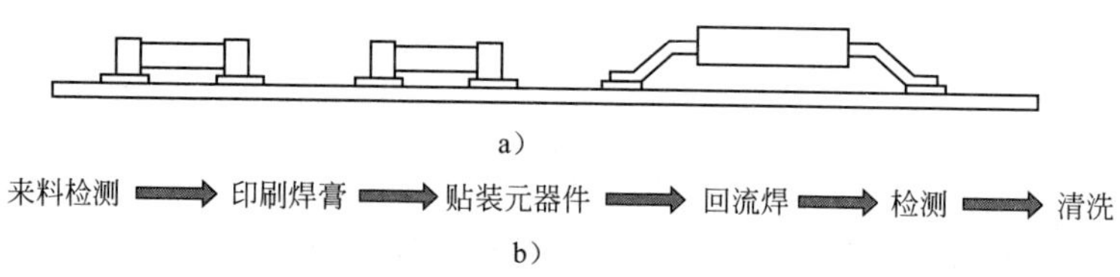

a）

来料检测 → 印刷焊膏 → 贴装元器件 → 回流焊 → 检测 → 清洗

b）

图 3—4—11 单面表面组装焊接示意图和工艺流程

a）焊接示意图 b）工艺流程

（2）双面表面组装工艺流程。双面表面组装元器件分布在基板的两面，组装密度高，其工艺流程可以采用两种方式，一种是双面回流焊工艺，如图 3—4—12 所示；另一种是回流焊－波峰焊工艺，如图 3—4—13 所示。

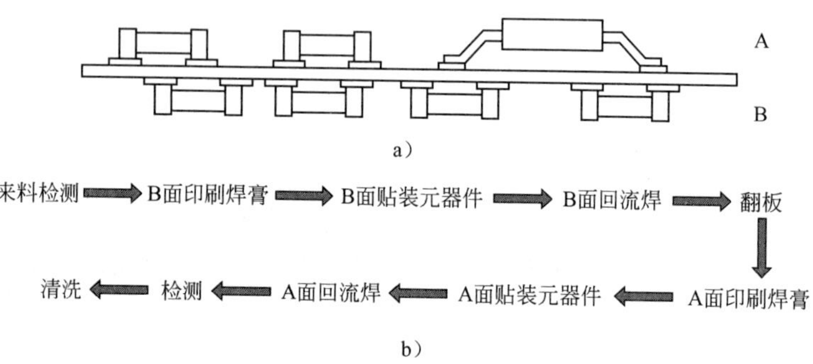

a）

来料检测 → B面印刷焊膏 → B面贴装元器件 → B面回流焊 → 翻板 → A面印刷焊膏 → A面贴装元器件 → A面回流焊 → 检测 → 清洗

b）

图 3—4—12 双面回流焊焊接示意图和工艺流程

a）焊接示意图 b）工艺流程

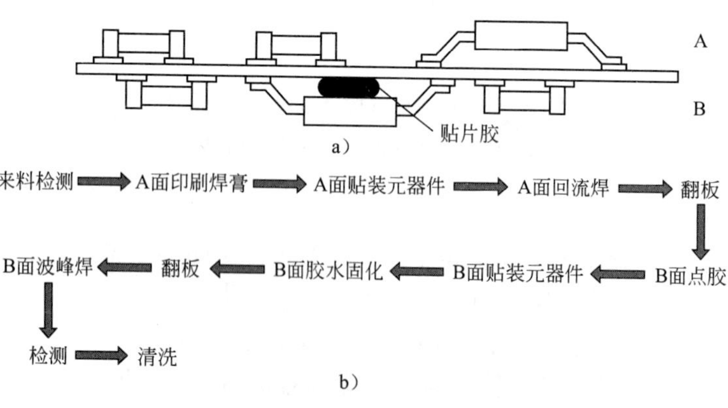

a）

来料检测 → A面印刷焊膏 → A面贴装元器件 → A面回流焊 → 翻板 → B面点胶 → B面贴装元器件 → B面胶水固化 → 翻板 → B面波峰焊 → 检测 → 清洗

b）

图 3—4—13 回流焊－波峰焊焊接示意图和工艺流程

a）焊接示意图 b）工艺流程

（3）单面混装工艺流程。单面（指只在一面设置印制线路）混装是多数消费类电子产品采用的组装方式，它的工艺流程有先贴法和后贴法两类。其中，先贴法适合于贴装元器件数量大于插装元器件数量的场合，后贴法适合于贴装元器件数量小于插装元器件数量的场合。但不论采用先贴法还是后贴法，印制电路板 B 面都不允许存在细间距表面组装元器件和球栅阵列封装等大型集成电路器件。其焊接示意图和工艺流程如图 3—4—14 所示。

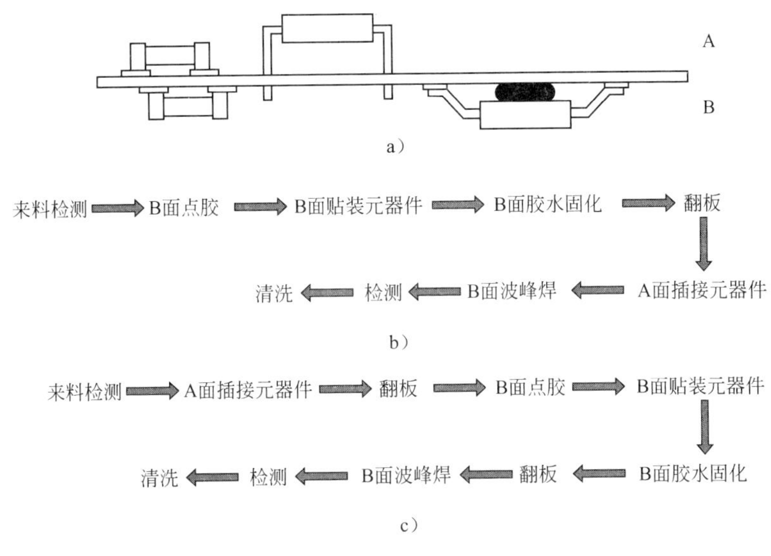

图 3—4—14　单面混装焊接示意图和工艺流程

a）焊接示意图　b）先贴法工艺流程　c）后贴法工艺流程

（4）双面混装工艺流程。双面混装可以充分利用印制电路板的双面空间，是实现组装面积最小化的方法之一，而且仍保留通孔元器件价格低廉的优点。双面混装 1 的焊接示意图和工艺流程如图 3—4—15 所示。双面混装 2 的焊接示意图和工艺流程如图 3—4—16 所示，分为两种情况：先 A、B 两面回流焊，再在 B 面波峰焊；先 A 面回流焊，再在 B 面波峰焊。要求印制电路板 B 面不允许存在细间距表面组装元器件和球栅阵列封装等大型集成电路器件。

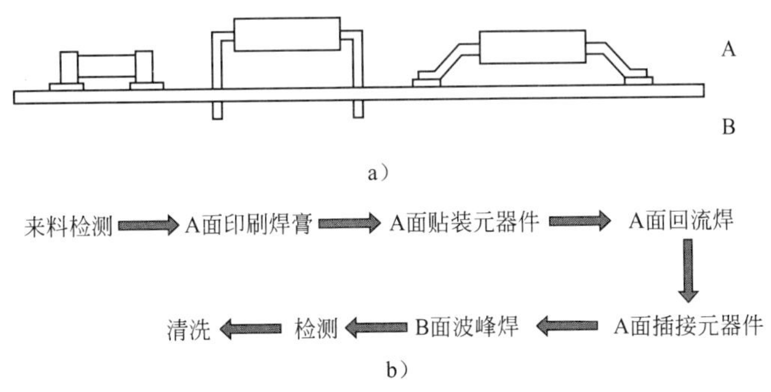

图 3—4—15　双面混装 1 焊接示意图和工艺流程

a）焊接示意图　b）工艺流程

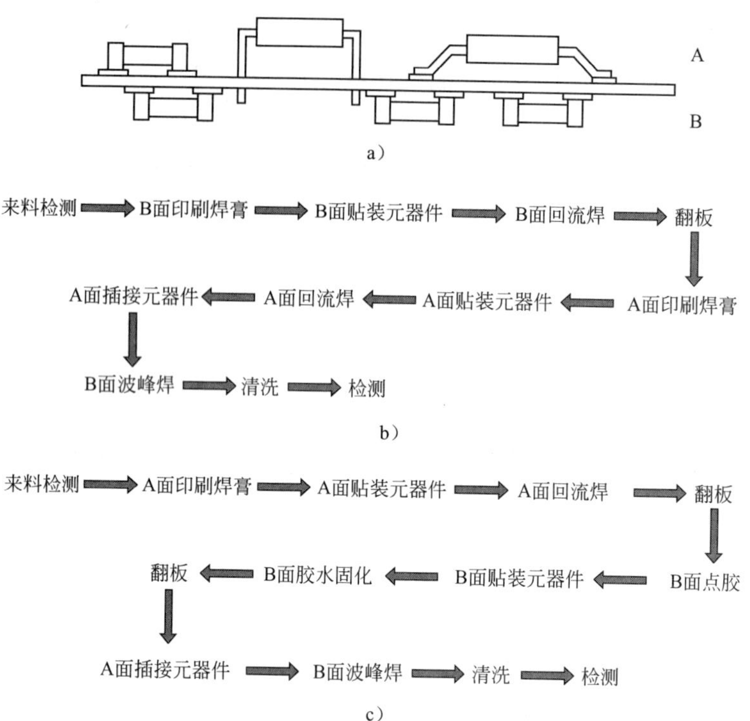

图 3—4—16 双面混装 2 焊接示意图和工艺流程

a）焊接示意图 b）先 A、B 两面回流焊，再在 B 面波峰焊 c）先 A 面回流焊，再在 B 面波峰焊

5. 表面组装工艺流程设计原则

表面组装工艺流程设计合理与否，直接关系到产品的组装质量、生产效率和制造成本。在设计工艺流程时应在考虑印制电路板的组装密度和本单位的 SMT 生产设备的前提下，遵循以下原则。

（1）选择最简单、质量最优的工艺。

（2）选择自动化程度最高、劳动强度最小的工艺。

（3）选择加工成本最低的工艺。

（4）选择工艺流程路线最短的工艺。

（5）选择使用工艺材料种类最少的工艺。

想一想

查阅资料，思考表面组装的检测方法有哪些。

三、微组装技术

微组装技术（Microelectronic Packaging Technology，MPT）被称为第五代组装技术，它是基于微电子学、半导体技术，特别是集成电路技术，以及计算机辅助系统发展起来的当代最先进的组装技术。

1. 微组装技术的组成

微组装技术已不是通常安装的概念，它是以现代多种高新技术为基础的精细组装技术，主要包括以下几项技术。

（1）设计技术。组装技术主要以微电子学及集成电路技术为依托，运用计算机辅助系统进行系统总体设计、多层基板设计、电路结构设计、散热设计及电气性能模拟等。

（2）高密度多层基板制造技术。高密度多层基板有很多类型，如塑料多层基板、陶瓷多层基板、硅片多层基板、原膜及薄膜多层基板、混合多层及单层多次布线基板等，涉及陶瓷成形、电子浆料、印刷、烧结、真空镀膜、化学镀膜、光刻等多种技术。

（3）芯片贴装及焊接技术。除用到表面贴装中的组装、焊接技术外，还用到丝焊、倒装焊、激光焊等特种连接技术。

（4）可靠性技术。可靠性技术主要包括在线测试、电气性能分析、检测方法及失效分析等。

2. 微组装技术的发展

当前微组装技术主要有以下三个层次的发展。

（1）多芯片组件。多芯片组件（MCM）是由厚膜混合集成电路发展起来的一种组装技术，可以简单理解为集成电路（IC）的再集成（二次集成），其主要特征是所用 IC 为 LSL/VLSI；IC 占基板面积 >20%；基板导电层数 >4；组件引线 I/O 线数 >100。

所用基板根据产品的可靠性要求，有 PCB 板、陶瓷烧结板和半导体片三种类型。PCB 板的成本低、密度低；陶瓷烧结板的成本高、密度较高，采用厚膜工艺；半导体片以硅片为基板，采用半导体工艺和薄膜工艺，密度高。

例如，由 MCM 技术制造的超级计算机，以 78 层厚膜、8 层薄膜组成基板，需安装 100 个 2 万门 VLSI 芯片，引线数为 11 540 根，功耗为 3 kW，运算速度达 55 亿次 /s，若不采用 MCM 技术是无法完成的。

由于 MCM 技术难度大、投资高、成品率低，因而造价高，目前仅用于要求高可靠性的领域。MCM 的组装示意图如图 3—4—17 所示。

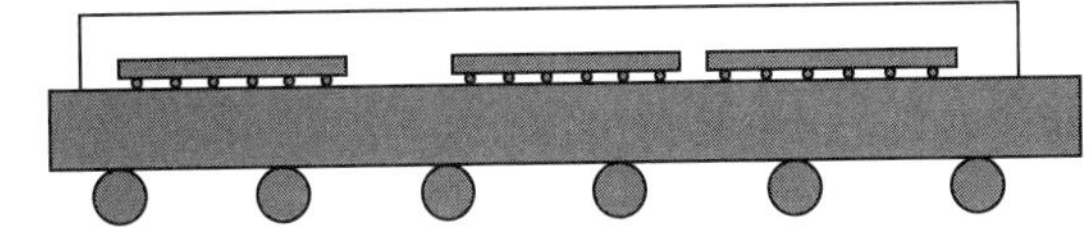

图 3—4—17　MCM 的组装示意图

（2）硅大圆片组装

1）硅大圆片。硅大圆片（WSI）按 IC 工艺制造成互连功能的基片，将多片 IC 芯片安装到基片上形成新组件。

2）混合大圆片。混合大圆片（HWSI）的硅片上沉淀有有机或无机薄膜，多层互连，用于组装多片 IC 裸片（> 25 个）。这种技术难度大、成品率低。

（3）三维立体组装。随着电子产品对高密度组装的需求，器件封装越来越接近芯片尺寸，并越来越接近 SMT 组装工艺的极限，已经达到二维技术的极限，于是人们开始研究应用三维立体组装技术，三维立体组装技术分为板级三维立体组装技术和器件级三维立体组装技术。

1）板级三维立体组装技术。板级三维立体组装技术以三维叠装技术（POP）为主，在计算机和移动电子产品中广泛应用。在这项技术中，芯片首先被封装，在测试后将封装芯片叠加在一起（在先前的封装技术中，是将芯片叠加在一个封装体中）。POP 的组装示意图如图 3—4—18 所示。

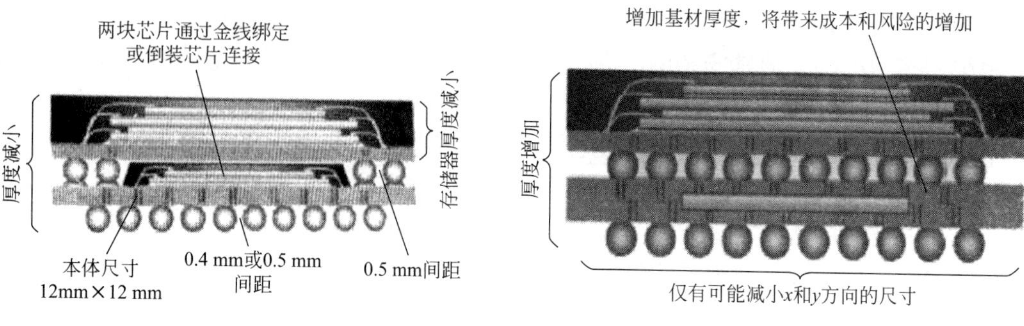

图 3—4—18　POP 的组装示意图

2）器件级三维立体组装技术。器件级三维立体组装技术以高密度三维芯片堆叠封装为主，主要有三维系统级封装和三维晶圆封装两类。器件的高速性和高可靠性使其在军用电子产品中得到广泛应用。

① 三维系统级封装（3D-SIP）。在三维系统级封装技术中，人们采用传统的封装技术进行三维封装。该技术包括了引线键合和芯片堆叠，其特点是互连密度相对较低。3D-SIP 的组装示意图如图 3—4—19 所示。

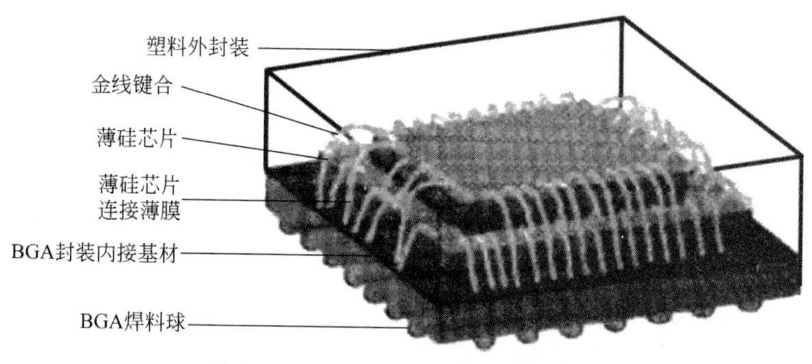

图 3—4—19　3D-SIP 的组装示意图

② 三维晶圆封装（3D-WLP）。三维晶圆封装技术在晶圆级使用倒转凸块和金属层重布，实现比三维系统级封装更高的集成密度，其组装示意图如图 3—4—20 所示。3D-WLP 可以实现电路间的直接互连，并能够进行不同类型的芯片堆积，而不是使用传统的集成电路的键合点连接。由于在整个晶圆进行工艺，该技术具有很高的性价比，并具有比三维系统级封装更高的集成度。

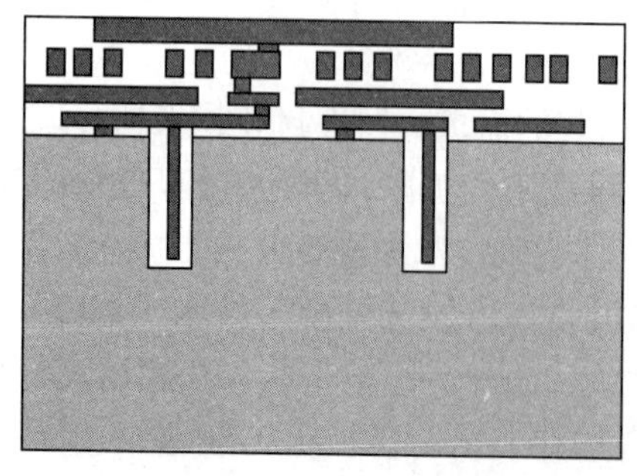

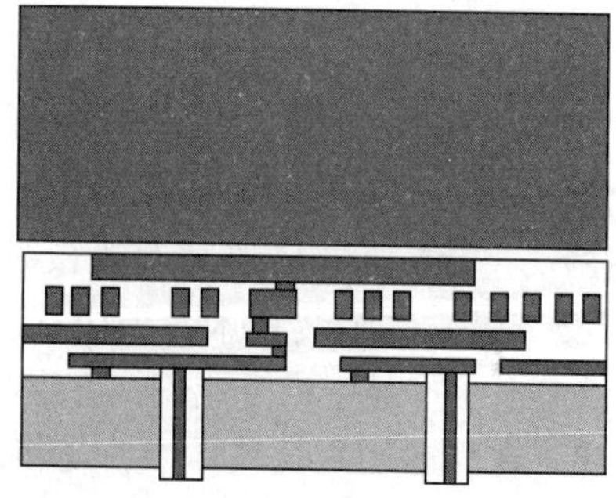

图 3—4—20　3D-WLP 的组装示意图

3. 微组装焊接技术

微组装焊接技术是实施 MPT 的核心技术，主要应用于芯片的互连。在微电子组装中，半导体器件的失效约 1/4 ~ 1/3 是由芯片互连引起的，故芯片互连对器件使用的可靠性影响很大。

芯片互连技术主要有引线键合、载带自动焊和倒装焊三种。

（1）引线键合。引线键合（WB）为将半导体芯片焊区与基板焊区用金属丝连接起来的工艺，如图 3—4—21 所示。它是一种传统、常用、成熟的芯片互连技术。焊区金属一般为 Al 或 Au，金属丝多采用直径为几百微米的 Al 丝、Au 丝、Si 和 Al 的混合丝等。

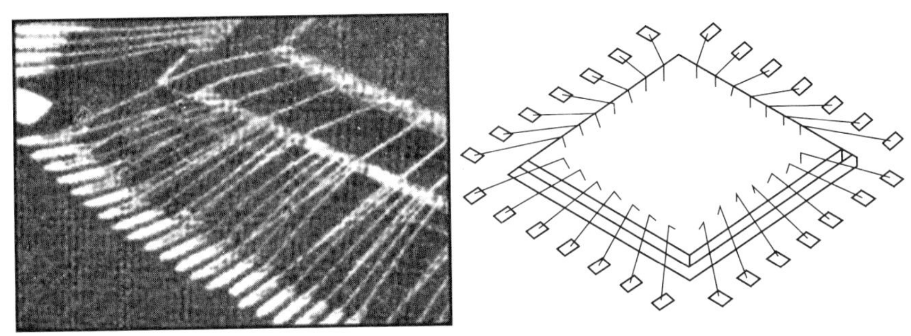

图 3—4—21　引线键合

引线键合的焊接方式主要有热压焊、超声焊和热声焊三种。

（2）载带自动焊。载带自动焊（TAB）是将芯片预先封入编带内，然后用贴片机逐个贴到基板上。其基本方式是在聚酰亚胺薄膜上覆盖铜箔作为连接用线，通过专用焊接装置（键合机）同时完成电路芯片与载带的连接及载带与外围电路的连接。一般芯片与载带引线的连接称为内连接，载带引线与外围电路的连接称为外连接，如图 3—4—22 所示。

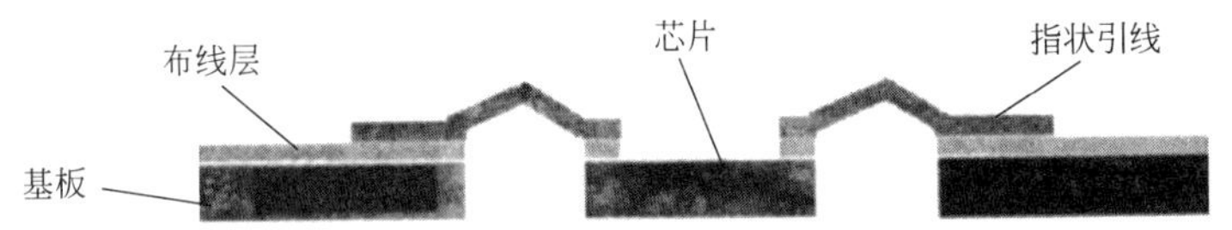

图 3—4—22　载带自动焊的连接

（3）倒装焊。倒装焊（FCB）是将倒带有凸点电极的电路芯片朝下（倒装），使凸点电极与基板布线层的焊点经焊接实现牢固的连接，如图 3—4—23 所示。这一组装方式也称为倒装芯片法，它具有工艺性好、安装密度高、体积小、温度特性好及成本低等优点，尤其适合制作混合集成电路。倒装焊与传统集成电路的区别如图 3—4—24 所示。

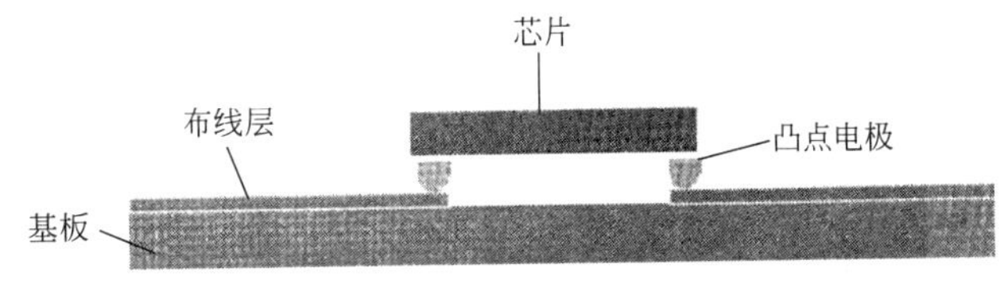

图 3—4—23　倒装焊示意图

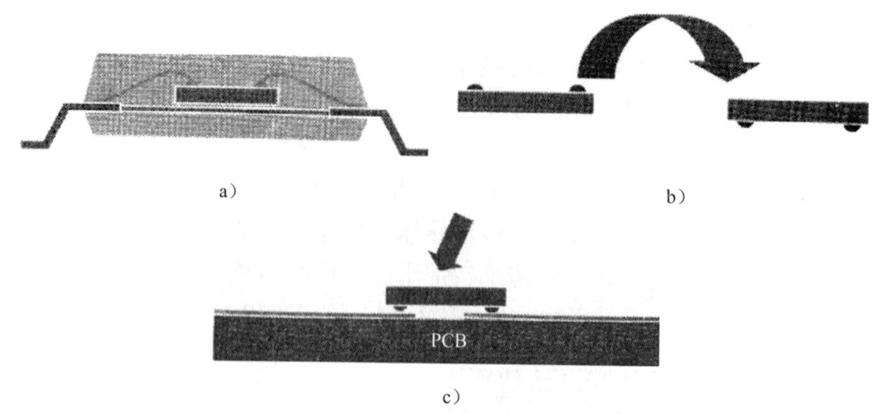

图 3—4—24　倒装焊与传统集成电路的区别

a）传统集成电路　b）芯片倒置　c）倒装焊法

在倒装焊工艺中，还应在芯片与基板间填充环氧树脂，这样可以减小芯片与基板间热膨胀系数适配的影响，且填充材料将集中的应力分散到芯片的塑封材料中，可以阻止焊料蠕变，增加倒装芯片连接的强度与刚度，保护芯片免受环境的影响（湿度、离子污染等），使芯片耐机械振动与冲击，从而将可靠性提高 10 ～ 100 倍。

思考与练习

1. 简述螺纹连接和铆接的工艺要求。
2. 螺纹连接防松动措施有哪些？
3. 销钉连接时，应注意哪些问题？
4. 简述常见连接器的类型。
5. 简述表面组装技术的基本工艺流程。
6. 简述微组装技术的基本组成。
7. 微组装焊接技术有哪几种？

实训 6　焊接彩色电视机

一、实训目的

1. 能识读康佳 32E330C 彩色电视机电路原理图。
2. 掌握贴片元器件的拆装方法。
3. 掌握 SMT 焊接工艺及技巧。

二、实训所需器材

康佳 32E330C 彩色电视机电路元器件 1 套，SMT 焊接设备 1 台。

三、实训内容

1. 分析康佳 32E330C 彩色电视机电路的工作原理。

2. 焊接安装前的检查

（1）检查印制电路板是否完整，有无短路或其他缺陷。

（2）检查元器件和零部件是否合格，有无质量问题。

3. 进行 SMT 焊接

（1）丝印焊膏。在指导教师的帮助下，将焊膏通过模板上的开口孔漏印到印制电路板的焊盘上。

（2）手工贴片。在指导教师的帮助下，将 SMT 元件贴装到印制电路板上，使其准确定位于各自的焊盘上。

（3）回流焊接。在指导教师的帮助下，使用回流炉将焊膏熔化，使 SMT 元件与印制电路板牢固黏结在一起。

4. 完成通孔安装元器件的焊接。

5. 焊接完成后，整理现场，撰写实训报告。

注意事项

1. 印制电路板在进行 SMT 焊接前必须保证元器件及电路板的焊盘处于可焊状态。

2. 集成电路在整个电子产品的焊接中应最后进行，且焊接时必须佩戴防静电手环，电烙铁要可靠接地。

3. SMT 焊接完成后，要用酒精把线路板上残余的钎剂擦拭干净，以防炭化后的钎剂影响电路正常工作。

第四章　印制电路板的设计、制作与检测

§4—1　印制电路板的结构设计

1. 了解印制电路板的基本知识。
2. 熟悉印制电路板设计时应考虑的因素。
3. 了解印制电路板的设计步骤与要求。

印制电路板（Printed Circuit Board，PCB）在电子领域中有着广泛的应用，是电子信息制造业的重要基础和组成部分。一个电路的实现必须依赖于其载体，即 PCB 板。电路的设计功能能否有效地实现，是由 PCB 的设计与制造决定的。而在 PCB 设计的过程中，遵循一定的设计规则和技巧，可以有效地提高 PCB 中信号的质量，从而实现设计功能。掌握印制电路板的结构设计，是学习电子工艺技术的基本要求。本节主要介绍印制电路板的基本知识、设计时应考虑的因素和具体设计步骤与要求。

一、印制电路板的基本知识

1. 印制电路板的作用

在绝缘基板的覆铜面上按预定设计，用印制的方法制成印制电路、印制元件或两者组合而成的电路，称为印制电路。完成印制电路或印制线路工艺加工的成品板，称为印制电路板，也称为印制板或印刷电路板。

印制电路是电子产品设计的基础，也是电子工业中重要的电子部件之一。印制电路板由绝缘底板、连接导线和装配、焊接电子元器件的焊盘组成，具有以下几个方面的作用。

（1）对各种电子元器件进行固定与支撑。印制电路板是组装电子元器件的基板，对各种电子元器件进行固定与支撑，如图 4—1—1 所示。

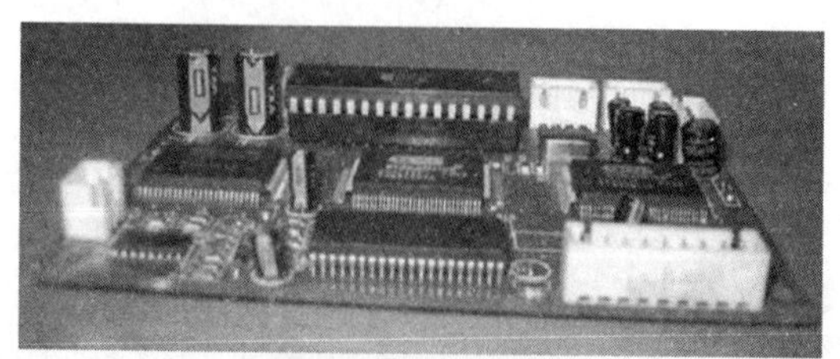

图 4—1—1　印制电路板对元器件的固定与支撑作用

（2）实现各种电子元器件之间的电气连接。由图 4—1—2 可以看到，印制电路板上所形成的印制导线将各种电子元器件有机地连接在一起，使其发挥整体功能。一个设计精良的印制电路板不但要布局合理、满足电气性能要求，还要充分体现审美意识，这也是印制电路板设计的新理念。

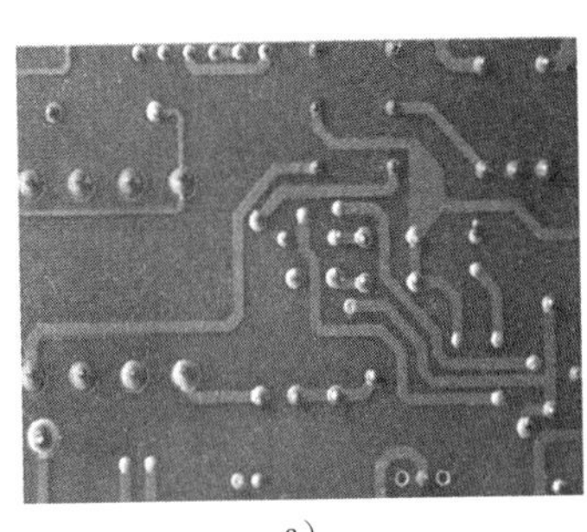

a）

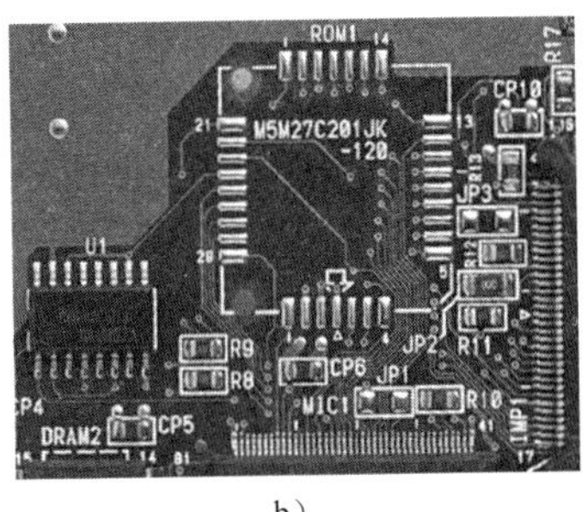

b）

图 4—1—2　印制电路板的电气连接

a）单面板的电气连接　b）双面板的电气连接

想一想

单面板的电气连接与双面板的电气连接有什么异同？

（3）提供阻焊图和丝印图。印制电路板除了提供机械支撑和电气连接之外，还提供阻焊图和丝印图。阻焊图是在印制电路板的焊点外区域印制一层阻止锡焊的涂层，防止焊锡在非焊盘区桥接。丝印图包括元器件字符和图形、关键测量点、连线图形等，其作用是方便印制电路板的装配、检查和维修。

（4）满足电气安全要求，保证电路的可靠性。在设计印制电路板时，应遵循印制电路板设计的一般原则，特别是高电压、大电流区域必须满足电气安全标准，并符合抗干扰设计的要求。

2. 印制电路板的分类

印制电路板的种类很多，分类方式也有多种，常见的有以下几种。

（1）按所用的绝缘基材分类。按印制电路板所用的绝缘基材可以分为纸基印制电路板、环氧玻纤布印制电路板、复合基材印制电路板、特种基材印制电路板。

纸基印制电路板（图 4—1—3）使用的基材以纤维纸作为增强材料，浸上树脂溶液（酚醛树脂、环氧树脂等）经干燥加工后，覆以涂胶的电解铜箔，在高温下经高压压制而成。在 ASTM/NEMA（美国国家标准协会 / 美国电气制造商协会）标准中，主要品种有 FR-1、FR-2、FR-3（阻燃类）和 XPC、XXXPC（非阻燃类）五个型号，最常用、生产量较大的是 FR-1 和 XPC 印制电路板。

环氧玻纤布印制电路板使用的基材以环氧或改性环氧树脂作为黏合剂，以玻纤布作为增强材料。这类印制电路板是当前全球产量最大、使用最多的一类印制电路板。在 ASTM/NEMA 标准中，环氧玻纤布印制电路板有 G10（不阻燃）、FR-4（阻燃）、G11（保留热强度，不阻燃）、FR-5（保留热强度，阻燃）四个型号。实际上，非阻燃产品在逐年减少，阻燃的 FR-4 在实际使用中占绝大部分。

图 4—1—3　纸基印制电路板

复合基材印制电路板（图 4—1—4）使用的基材面料和芯料是由不同的增强材料构成的。使用的覆铜板基材主要是 CEM（Composite Epoxy Material）系列，其中以 CEM-1 和 CEM-3 最具代表性。CEM-1 基材面料是玻纤布，芯料是纸，树脂是环氧树脂，阻燃；CEM-3 基材面料是玻纤布，芯料是玻纤纸，树脂是环氧树脂，阻燃。复合基材印制电路板的基本特性与 FR-4 类似，而成本较低，机械加工性能优于 FR-4。

特种基材印制电路板（图 4—1—5）使用的基材主要为金属基材（铝基、铜基、铁基）和陶瓷基材。根据其特性及用途，可以做成金属（陶瓷）基单、双、多层印制电路板或金属芯印制电路板。

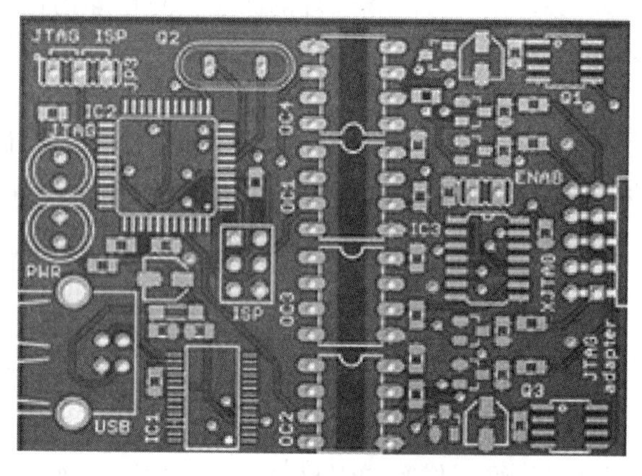

图 4—1—4　复合基材印制电路板

图 4—1—5　特种基材印制电路板

（2）按印制电路板的强度分类。按印制电路板的强度可以分为刚性印制电路板、挠性印制电路板、刚挠结合印制电路板等。

刚性印制电路板是用刚性基材制成的印制电路板，具有一定的机械强度，用它装成的部件具有一定的抗弯能力，在使用时处于平展状态。一般电子产品中使用的都是刚性印制电路板。

挠性印制电路板（图 4—1—6）是以软层状塑料或其他软质绝缘材料为基材制成的。由它所制成的部件可以弯曲和伸缩，在使用时可以根据安装要求将其弯曲。挠性印制电路板一般用于特殊场合，如某些数字式万用表的显示屏是可以旋转的，其内部往往采用挠性印制电路板。此外，挠性印制电路板也能够连接移动的元器件，主要用于磁盘驱动器、打印机头和其他连续移动的电子产品中。

刚挠结合印制电路板（图 4—1—7）是由刚性板材和挠性板材组合而成的。一块印制电路板上包含一个或多个刚性区和一个或多个挠性区，由刚性板和挠性板有序地层压在一起组成，并以金属化孔形成电气连接。刚挠结合印制电路板既能提供刚性印制电路板的支撑作用，又具有挠性印制电路板的弯曲性，能够满足三维组装的要求，适合折叠机构，如翻盖手机、相机、笔记本电脑等。刚挠结合印制电路板近年来增长非常迅速，它广泛应用于计算机、航空航天、军用电子产品、手机、数码（摄）相机、通信器材、分析仪器与仪表等。

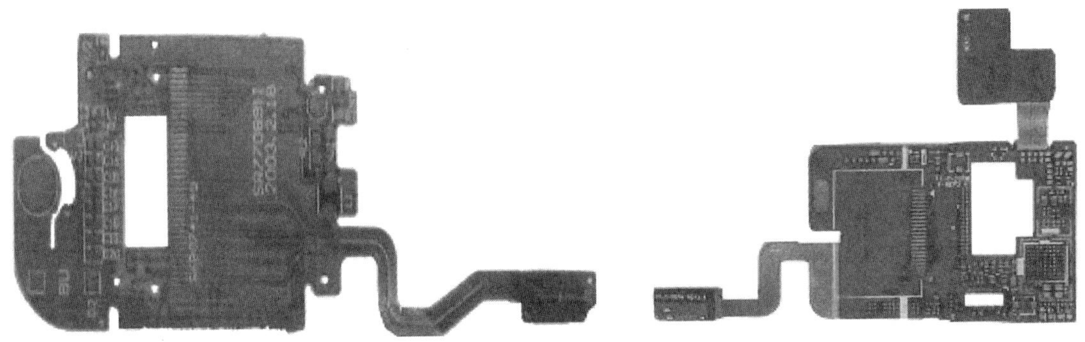

图 4—1—6　挠性印制电路板　　　　图 4—1—7　刚挠结合印制电路板

（3）按印制电路的分布分类。按印制电路的分布可以分为单面印制电路板、双面印制电路板（图 4—1—8）和多层印制电路板。

a）　　　　b）

图 4—1—8　双面印制电路板

a）印制电路板的正面　b）印制电路板的反面

单面印制电路板是在厚度为 0.2 ~ 5.0 mm 绝缘基板的一面上敷有铜箔，通过印制和腐蚀的方法，在铜箔上形成印制电路。它适用于一般要求的电子产品，如普通收音机、电视机等。

双面印制电路板在绝缘基板（0.2 ~ 5.0 mm）的两面上均覆有铜箔，可以在两面制成印制电路，适用于电子元器件数量较多而体积较小的电子产品，如电子计算机、电子仪器和仪表等。双面印制电路板的布线密度较高，能减小设备的体积。

多层印制电路板是指在绝缘基板上制成三层及以上印制电路的印制电路板。它是由几层较薄的单面板或双层面板黏合而成，厚度一般为 1.2 ~ 2.5 mm。为了把夹在绝缘基板中间的电路引出，多层印制电路板上安装元件的孔需要金属化，即在小孔内表面涂覆金属层，使之与夹在绝缘基板中间的印制电路接通。它的特点是与集成电路块配合使用，可以减小产品的体积与质量；可以增设屏蔽层，以提高电路的电气性能。

电视机、收音机等电子产品内部的电路板大多是单面印制电路板。

手机、DVD 等含数字电路和 CPU 控制的电路板一般采用双面印制电路板。

常见的计算机板卡基本上是环氧树脂玻璃布基双面印制电路板，内存条的电路板则是多层印制电路板。

二、印制电路板设计时应考虑的因素

印制电路板最终是用于具体的电子产品，因此，要根据产品的性质，即产品处于预研性试制、设计性试制、生产性试制和批量性生产中的哪个阶段，决定印制电路板的设计目标。通常在印制电路板设计中要考虑正确性、可靠性、合理性和经济性四个方面的因素。

1. 正确性

印制电路板中元器件和印制电路的连接关系必须符合电路原理图，这是印制电路板设计最基本、最重要的要求。准确实现电路原理图的连接关系，避免出现“短路”和“断路”这两个简单而致命的错误。这一基本要求在手工设计和用简单 CAD 软件设计的 PCB 中并不容易做到，一般的产品都要经过两轮以上试制修改。功能较强的 CAD 软件有检验功能，可以保证电气连接的正确性。

2. 可靠性

印制电路板的可靠性是影响电子产品整机可靠性的一个重要因素，这是印制电路板设计中较高一层的要求。连接正确的印制电路板可靠性不一定好，如板材选择不合理、板厚及安装固定不正确、元器件布局与布线不当等都可能导致电路不能可靠地工作，甚至根本不能正确工作。再如多层板和单、双面板相比，其在设计时要容易得多，但就可靠性而言却不如单、双面板。从可靠性的角度讲，结构越简单，使用面越小，板子层数越少，可靠性就越高，因此，在满足使用要求的前提下，尽可能少使用多层板。

3. 合理性

这是印制电路板设计中更深一层、更不容易达到的要求。一个印制电路板组件，从印制电路板的制造、检验、装配、调试到整机装配、调试，直到使用与维修，无不与印制电路板的合理与否息息相关。例如，板子形状选得不好会造成加工困难，引线孔太小会造成装配困难，没留测试点会造成调试困难，板外连接选择不当会造成维修困难等。每一个困难都可能导致成本增加，工时延长。而每一个造成困难的原因都源于设计者的失误。没有绝对合理的设计，只有不断合理化的过程。它需要设计者的责任心和严谨的作风，以及在实践中不断总结、提高与完善。

4. 经济性

印制电路板的经济性与前面几个方面的内容密切相关。复杂的工艺必然增加制造费用，所以在设计印制电路板时，应考虑与通用的制造工艺、方法相适应。应进行成本分析，从生产制造的批量、生产者的技术水平及工艺要求等方面，选择覆铜板的基材、规格型号和印制电路板层面。对于相同的制板面积来说，双面板的制造成本是一般单面板的 3 ~ 4 倍，而层数较少的多层板至少要贵 20 倍。但是，当布线密度增大到一定程度时，与其把它设计成制造困难、成品率很低的复杂双面板，倒不如选择层数少的简单多层板，这样也能降低成本。此外，应尽可能采用标准的尺寸结构，运用巧妙的设计技术来降低成本。

三、印制电路板的设计步骤与要求

印制电路板的设计有人工设计和计算机设计两种方式。人工设计即手工设计，是通过人脑的综合考虑来布线和排版。计算机设计即计算机辅助设计（CAD），计算机只是起辅助作用，最终还是需要人脑来控制。此处以人工设计方式介绍印制电路板的设计步骤与相关要求。

1. 印制电路板的设计步骤

印制电路板设计的基本流程如图 4—1—9 所示。现以一个简单的单面印制电路板的设计为例进行说明，其电路原理图如图 4—1—10 所示。

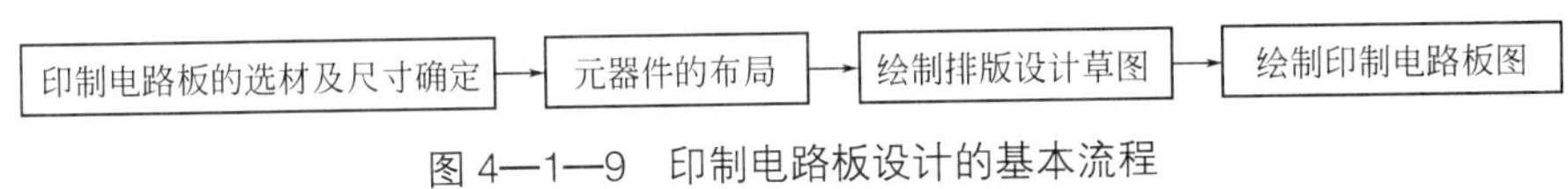

图 4—1—9　印制电路板设计的基本流程

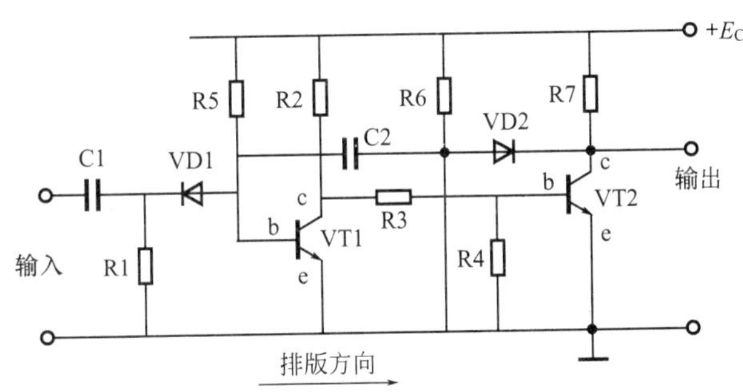

图 4—1—10　电路原理图

（1）选定印制电路板的材料、板厚和板面尺寸。在设计时应根据产品的电气性能和机械特性及使用环境选用不同的覆铜板。根据电路的功能和产品的设计要求，确定印制电路板的外形和尺寸。在实际生产过程中，为了降低生产成本，通常将几块小的印制电路板拼成一个大矩形板，如图 4—1—11 所示，待装配、焊接后再沿工艺孔裁开。

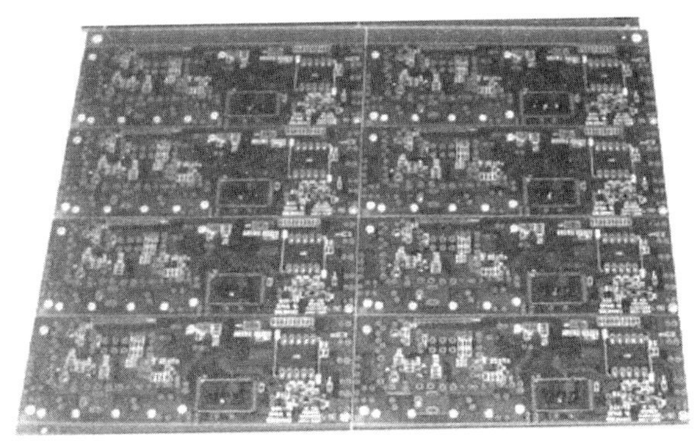

图 4—1—11　将几块小的印制电路板拼成大板

（2）元器件的布局。根据所需板面的大小，在一张方格坐标纸上画出印制电路板的形状和尺寸。根据电路原理图并考虑元器件外形尺寸和布局、布线要求，合理安排好元器件的位置。

（3）绘制排版设计草图。对照电路原理图，在方格纸上画出印制导线。一般先画出主要元器件的连线，然后画出其他元器件的连线，最后画地线。在排版和布线时应避免连线交叉，但可以在元器件处交叉（元器件跨距处可以通过印制导线），如图 4—1—12 所示。绘图工作不一定一次成功，常需要多次调整和修改。

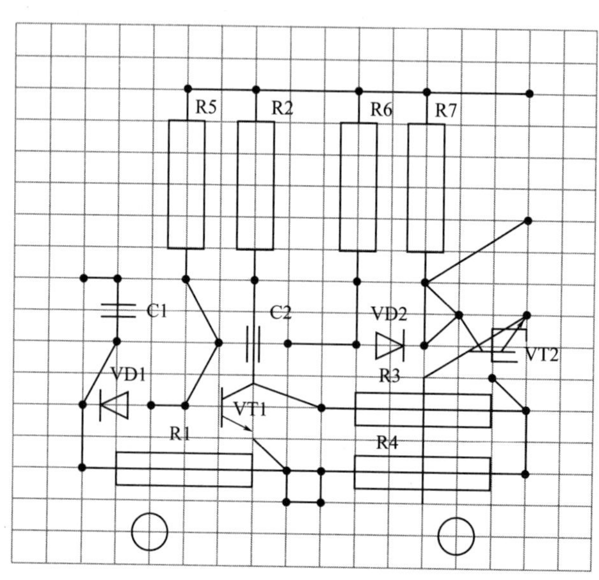

图 4—1—12　排版设计草图

读一读

印制电路不允许有交叉电路，对于可能交叉的线条，可以用“钻”与“绕”两种方法解决，即让某引线从别的电阻、电容、三极管等元器件引脚下的空隙处“钻”过去，或从可能交叉的某条引线的一端“绕”过去。特殊情况下，如果电路很复杂，为了简化设计，也允许采用导线跨接来解决交叉问题。

电阻、二极管、管状电容等元器件有“立式”“卧式”两种安装方式，对于这两种安装方式，对应的元器件孔距是不一样的。

（4）绘制印制电路板图。根据排版设计草图选择合适的焊盘和适当的印制导线形状，绘制印制电路板图，如图 4—1—13 所示。印制电路板图绘制完成后，即可绘制照相底图，进行批量生产。制作一块标准的印制电路板，根据不同的加工工序，还应提供不同的制版工艺图，如机械加工图、字符标记图、阻焊图等。

2. 印制电路板的设计要求

（1）印制电路板的布局结构设计

1）印制电路板的热设计。印制电路板的工作温度一般不能超过 85℃，过高的温度会导致印制电路板损坏和焊点开裂，降温的方法采用对流散热，根据情况采用自然通风冷却或强迫风冷。因此，元器件的排列方向和疏密要有利于空气对流，发热量大的元器件应放置在便于散热的位置，大功率元器件应加装散热器，热敏元器件应远离高温区域或采用热屏蔽结构。

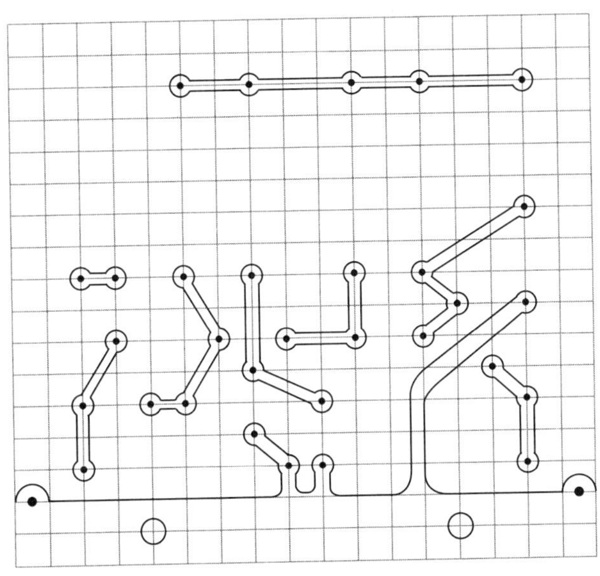

图 4—1—13 印制电路板图

2）印制电路板的减振与缓冲设计。为了提高印制电路板的抗振、抗冲击性能，印制电路板上的负荷应合理分布，以免产生过大的应力。较重的元器件应排布在靠近印制电路板的支撑点处。质量超过 15 g 的元器件，应当用支架加以固定，然后焊接。那些又大又重、发热量多的元器件，不宜装在印制电路板上，而应装在整机的机箱底板上，且应考虑散热问题。位于印制电路板边缘的元器件，距边缘的距离一般不小于 2 mm。在印制电路板上要留出固定支架、定位螺钉和连接插座的位置。

3）印制电路板的抗电磁干扰设计。为了减小印制电路板上元器件的相互影响和干扰，高、低频电路与高、低电位电路的元器件不能靠得太近。输入与输出端的元器件应尽量远离，高频元器件之间的连线尽可能短，以减少分布参数和相互的电磁干扰。元器件排列方向与相邻的印制导线应垂直，特别是电感元件的线圈轴线应垂直于印制电路板面，这样对其他元器件的干扰最小。

4）印制电路板的板面设计。对电路的全部元器件进行布局时，应按照电路的流程安排各个功能电路单元的位置，以便于信号流通，并使信号尽可能保持一致的方向。同时，以每个功能电路的核心元器件为中心，围绕它来进行布局。在保证电气性能要求的前提下，元器件应平行或垂直于印制电路板的板面，并和主要的印制电路板的板边平行或垂直。元器件在板面上分布应尽量均匀，密度一致。这样不但美观，而且容易装焊，易于批量生产。

（2）在印制电路板上布线的一般原则

1）电源线设计。根据印制电路板的电流大小，尽量加粗电源线的宽度，减小回路电阻。同时，电源线、地线的走向和数据传递的方向应一致，有助于增强抗干扰能力。

2）地线设计。公共地线应布置在板的最边缘，以便于印制电路板安装在机架上。数字地和模拟地尽量分开。低频电路的接地尽量采用单点并联接地，高频电路的接地采用多点串联就近接地，地线应短而粗，频率越高，地线应越宽，如图 4—1—14 所示。每级电路的地电流主要在本级地回路中流通，以减小级间地电流的耦合。

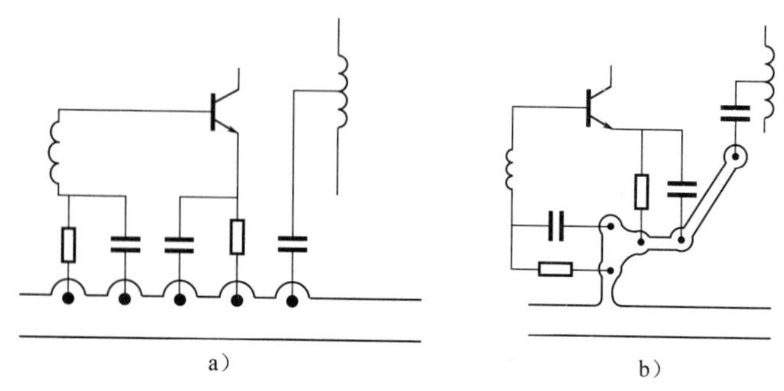

图 4—1—14　地线的设计

a）低频电路采用单点并联接地　b）高频电路采用多点串联接地

3）信号线设计。将高频线放在板面的中间，印制导线的长度和宽度宜小，导线间距要大，避免长距离平行走线。双面板两面的走线应垂直交叉，如图 4—1—15 所示。高频电路的输入与输出走线应分列于电路板的两边，如图 4—1—16 所示。

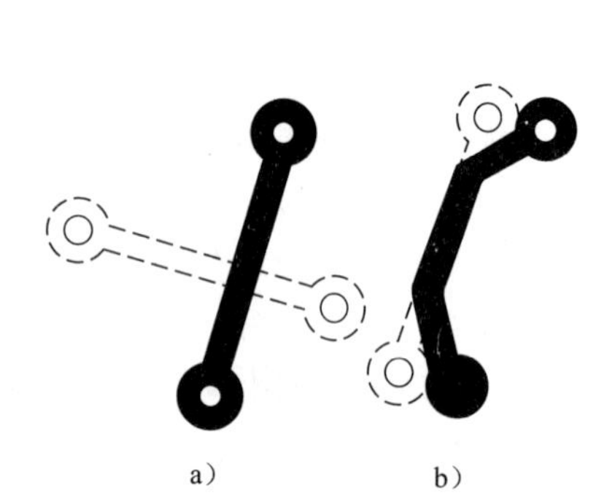

图 4—1—15　双面板两面的走线

a）正确　b）不正确

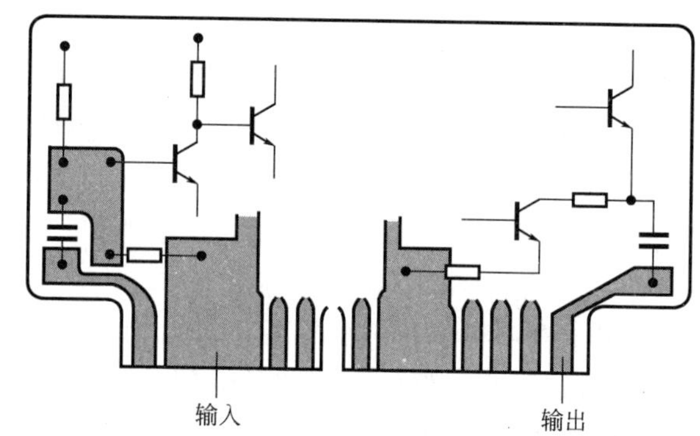

图 4—1—16　高频电路的输入、输出走线分列于电路板的两边

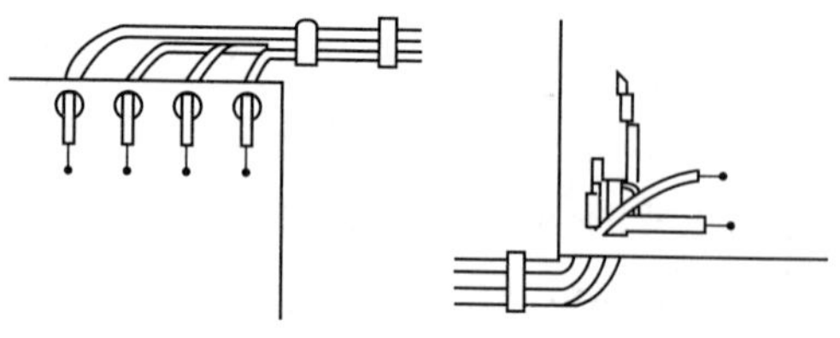

图 4—1—17　印制电路板的导线互连

4）印制导线的对外连接。印制电路板间的互连或印制电路板与其他部件的互连，可以采用插头座互连或导线互连。采用导线互连时，为了加强互连导线在印制电路板上的连接可靠性，印制电路板一般设有专用的穿线孔，导线从被焊点的背面穿入穿线孔，如图 4—1—17 所示。

（3）印制导线的尺寸和图形。当元器件的结构布局和布线方案确定后，就要具体设计绘制印制导线的尺寸和图形。

1）印制导线的宽度。印制导线的最小宽度取决于导线的载流量和允许温升（印制电路板的工作温度不能超过 85℃）。根据经验，印制导线的载流量可以按 20 A/mm^2 计算，即当铜箔厚度为 0.05 mm、线宽为 1 mm 时，印制导线允许通过 1 A 的电流（导线宽度的毫米数等于负载电流的安培数）。目前，印制导线的线宽已经标准化，建议采用 0.5 mm 的整数倍。对于集成电路，尤其是数字电路，通常选 0.2 ~ 0.3 mm 的导线宽度。用于表面贴装的印制电路板，导线宽度一般为 0.12 ~ 0.15 mm。

2）印制导线的间距。印制导线的间距将直接影响电路的电气性能，必须满足电气的安全要求，需要考虑导线之间的绝缘强度、相邻导线之间的峰值电压、电容耦合参数等。一般导线的间距等于导线宽度，但不小于 1 mm。对于微型设备，导线的间距不小于 0.4 mm。表面贴装板的间距为 0.12 ~ 0.2 mm，甚至可达 0.08 mm。为了便于操作和生产，导线间距应尽可能宽些。

3）印制导线的图形。印制导线的宽度应尽可能保持一致（电源线、地线除外），并避免出现分支。印制导线的走向应平直，不应有急拐弯和夹角。印制导线拐弯处一般用圆弧形（直角和夹角在高频电路中会影响电气性能）。具体如图 4—1—18 所示。

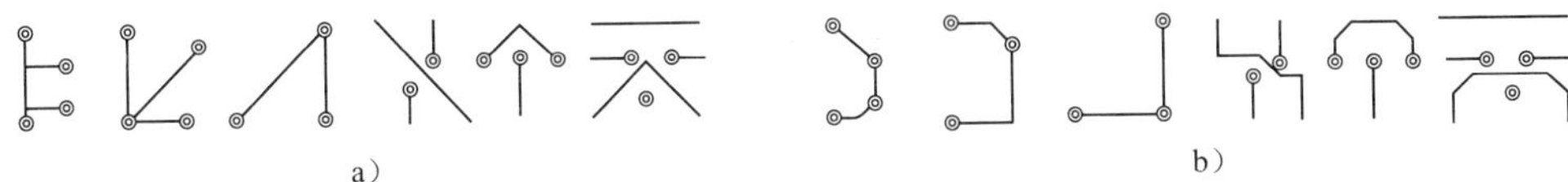

图 4—1—18　印制导线的图形

a）避免采用的印制图形　b）优先采用的印制图形

（4）焊盘。焊盘在印制电路中起固定元器件和连接印制导线的作用，焊盘线孔的直径一般比引线直径大 0.2 mm。常见的焊盘形状有岛形焊盘、圆形焊盘、方形焊盘、椭圆形焊盘、泪滴式焊盘、开口焊盘和多边形焊盘等，如图 4—1—19 所示。

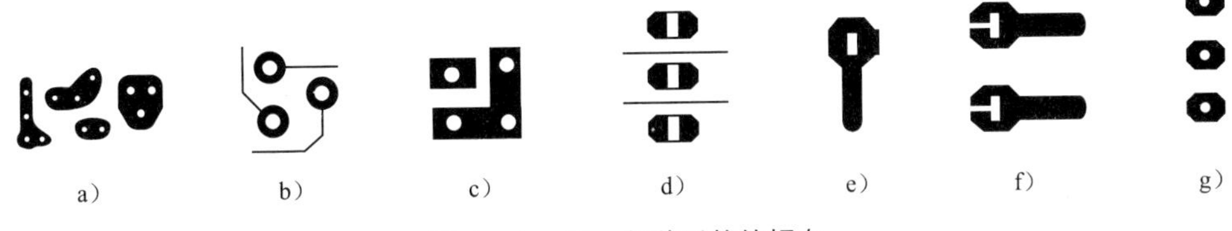

图 4—1—19　各种形状的焊盘

a）岛形　b）圆形　c）方形　d）椭圆形　e）泪滴式　f）开口　g）多边形

读一读

岛形焊盘常用于元器件密集固定的情况，当元器件采用立式安装时更为普遍；方形焊盘设计、制作简单，常用于手工制作；椭圆形焊盘常用于双列直插式元器件；泪滴式焊盘常用于高频电路。

思考与练习

1. 简述印制电路板的作用及分类。
2. 印制电路板在设计时应考虑哪些因素？
3. 简述印制电路板的设计步骤与要求。

§4—2　印制电路板的制作与检测

学习目标

1. 熟悉印制电路板的制造工艺。
2. 掌握手工制作印制电路板的方法。
3. 能进行印制电路板的质量检验。

印制电路板的设计和制造质量直接影响电子产品的成本和竞争能力，也直接影响电子产品的可靠性。本节主要介绍印制电路板的制造工艺、手工制作方法以及质量检验方法。

一、印制电路板的制造工艺

印制电路板的制造工艺可以分为减成法和加成法两种。减成法就是通过蚀刻除去不需要的铜箔部分，来获得导电图形的方法，如丝网漏印法、光化学法、胶印法、图形电镀蚀刻法等。加成法就是在没有覆铜箔的层压板基材上，用化学沉铜的方法形成电路图形。在生产中用得较多的是减成法。这里主要介绍减成法的工艺流程。

1. 印制电路板制造过程的基本环节

印制电路板的制造工艺发展很快，不同类型和不同要求的印制电路板要采用不同的制造工艺，但其基本环节是类似的。

（1）底图胶片制版。在印制电路板的生产过程中，无论采用什么方法，都需要使用符合质量要求的 1 ∶ 1 的底图胶片，并在生产时将它翻拍成生产底片。制作底图胶片的基本方法有以下两种。

1）照相制版法。这种方法是先绘制黑白底图，再经过照相制版得到底图胶片。照相制版法工艺现在已经被淘汰，仅在少数制版厂还保留着相应的设备，其工艺流程如图 4—2—1 所示。

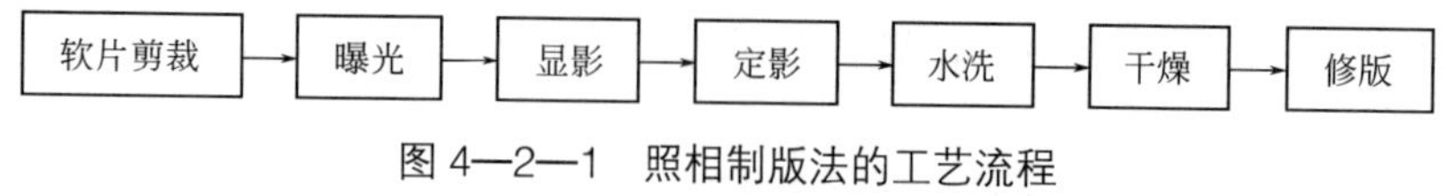

图 4—2—1　照相制版法的工艺流程

2）CAD 光绘法。这种方法是在应用 CAD 软件布线后，用获得的数据文件来驱动光学绘图机，使感光胶片曝光，再经过暗室操作制成原版底片。CAD 光绘法制作的底图胶片精度高、质量好，但需要比较昂贵、复杂的设备和一定水平的技术人员进行操作，所以成本较高，适合工业化大批量生产。

（2）图形转移。把相板上的印制电路图形转移到覆铜板上，称为图形转移，主要有丝网漏印法、直接感光法、光敏干膜法等。

1）丝网漏印法。丝网漏印法是在覆铜板上印制电路图形，与油印机在纸上印制文字类似。图4—2—2所示为手动丝网印刷机。在批量生产中多采用自动丝网印刷机。

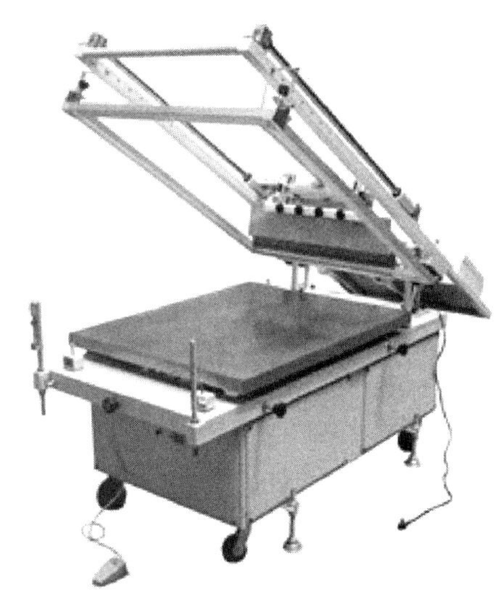

图4—2—2　手动丝网印刷机

在丝网上涂覆、黏附一层漆膜或胶膜，然后按照技术要求将印制电路图制成镂空图形（相当于油印机蜡纸上的字形）。现在，漆膜丝网已被感光膜丝网或感光胶丝网取代。经过贴膜（制膜）、曝光、显影、去膜等工艺过程，即可制成用于漏印的电路图形丝网。漏印时，只需将覆铜板在底座上定位，使丝网与覆铜板直接接触，将印料倒入固定丝网的框内，用橡胶刮板刮压印料，即可在覆铜板上形成由印料组成的图形。漏印后需要烘干、修版。丝网漏印多用于批量生产，如印制单面板的导线、焊盘和板面上的文字符号等。这种工艺的优点是设备简单、价格低廉、操作方便，缺点是精度不高。

2）直接感光法。直接感光法适用于多品种、小批量的印制电路板生产，其尺寸精度高，工艺简单，对单面板或双面板都能应用，其工艺流程如图4—2—3所示。

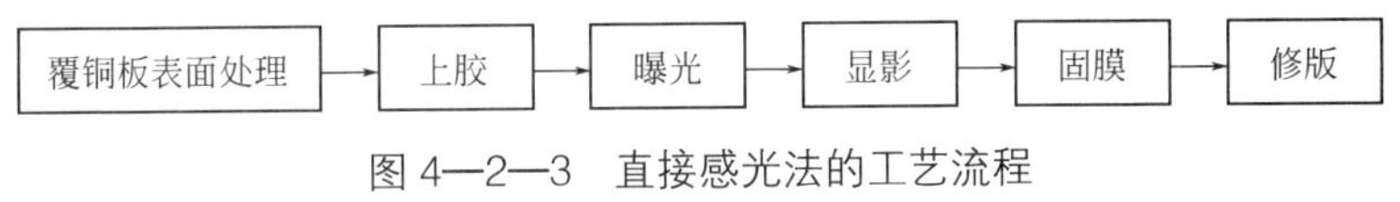

图4—2—3　直接感光法的工艺流程

3）光敏干膜法。光敏干膜法的感光材料不是液体感光胶，而是一种由聚酯薄膜、感光胶膜、聚乙烯薄膜三层材料组成的薄膜类光敏干膜，其工艺流程如图4—2—4所示。

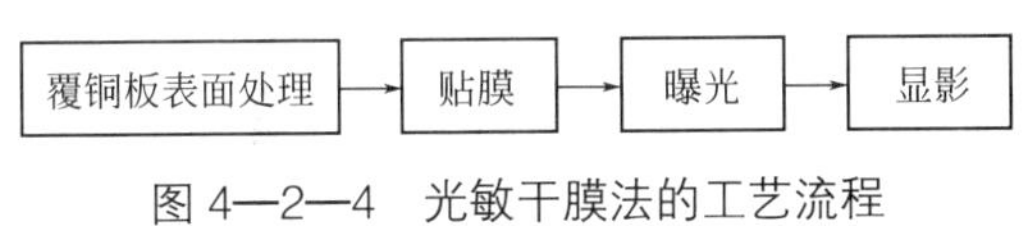

图4—2—4　光敏干膜法的工艺流程

（3）化学蚀刻。蚀刻在生产线上俗称烂板。它是利用化学方法去除板上不需要的铜箔，留下组成焊盘、印制导线及符号等的图形。为确保质量，蚀刻过程应严格按照操作步骤进行，在这一环节中造成的质量事故将无法挽救。

常用的蚀刻液主要有三氯化铁、酸性氯化铜、碱性氯化铜、过硫酸铵等。三氯化铁价格低廉，但因污染严重和废水处理烦琐而逐渐被淘汰，适用于在实验室中少量加工。碱性氯化铜腐蚀速度快，能蚀刻高精度、高密度印制电路板，目前广泛用于电镀铅锡合金的双面板和多层板的蚀刻加工。

蚀刻的方式主要有摇动槽法、浸蚀法和喷淋法三种。其中摇动槽法最简单，蚀刻设备仅是一个装有蚀刻液的槽，将其装在不断摇动的台面上进行蚀刻。浸蚀法是将印制电路板浸在放有蚀刻液且能保温的大槽中进行蚀刻。喷淋法是用泵将蚀刻液喷于印制电路板表面进行蚀刻，因而蚀刻速度较快，是目前技术比较先进的蚀刻方式。

（4）钻孔、孔金属化及金属涂覆

1）钻孔。除用台钻钻孔外，现在普遍采用数控钻床钻孔。

2）孔金属化。双面印制电路板两面的导线和焊盘要连通时，可以通过金属化孔实现，即把铜沉积在贯通两面导线或焊盘的孔壁上，使原来非金属的孔壁金属化（金属化了的孔称为金属化孔）。这在双面和多层印制电路板中是一道必不可少的工序。

孔金属化是利用化学镀技术，即利用氧化还原反应产生金属镀层，其基本步骤为：先使孔壁上沉淀一层催化剂金属（如钯）作为化学镀铜沉淀的结晶核心，然后将印制电路板浸入化学镀铜溶液中。化学镀铜可以使印制电路板表面和孔壁上产生一层很薄的铜，这层铜不仅薄，而且附着力差，一擦即掉，因而只能起到导电作用。化学镀铜后再进行电镀铜，使孔壁的铜层加厚并附着牢固。

孔金属化的方法很多，它与整个双面板的制作工艺相关，大体上有板面电镀法、图形电镀法、反镀漆膜法、堵孔法和漆膜法等。但无论采用哪种方法，在孔金属化的过程中，都需要钻孔、孔壁处理、化学沉铜、电镀铜加厚等环节。

3）金属涂覆。为了提高印制电路板的导电性、可焊性、耐磨性和装饰性，延长印制电路板的使用寿命，提高可靠性，在印制电路板的铜箔上涂覆一层金属便可以达到目的。金属镀层的材料可以是金、银、锡、铅锡合金等。

涂覆可以用电镀和化学镀两种方法。

① 电镀法可以使镀层致密、牢固，厚度均匀、可控，但设备复杂、成本高，一般用于要求较高的印制电路板和镀层，如插头部分的镀金等。

② 化学镀法虽然具有设备简单、操作方便、成本低等优点，但镀层厚度有限，且牢固性差，因而只适用于改善可焊性的表面涂覆，如板面镀银等。

印制电路板的可焊性镀层其传统制作方式是浸银。但由于银层发生硫化而发黑，降低了可焊性和外观质量。为了改善工艺，目前较多采用浸锡和镀铅锡合金的方法，特别是把铅锡合金镀层经热熔处理后更能显示其优越性。热熔处理后使铅锡合金与基层铜箔之间获得一个铜锡合金过渡界面，这就大大增强了界面间接合的可靠性，因而经热熔后的铅锡合金印制电路板具有可焊性好、抗腐蚀性好、长时间放置不变色等优点。目前，在高密度印制电路板中，大部分采用铅锡合金热熔板。

（5）涂助焊剂与阻焊剂。印制电路板经表面金属涂覆后，根据不同需要可以进行助焊或阻焊处理。通常，在镀银表面喷涂助焊剂（松香水），这样既可以保护银层不被氧化，又可以提高可焊性。在高密度铅锡合金板上，为了使板面得到保护，确保焊接的准确性，可以在板面上涂阻焊剂，使焊盘裸露，同时使其他部位均在阻焊层下。为避免桥接和保证焊接质量，高密度印制电路板和采用自动焊接工艺的印制电路板均需涂覆阻焊膜。常用的阻焊剂有热固化型和光固化型两种，色泽分别为深绿色和浅绿色，其中光固化型使用较广泛。

（6）印字与修边。为了装焊方便，印制电路板上印有表示各元器件位置、名称等的文字及符号。这种符号一般采用丝网漏印，固化方式与阻焊膜类似。印料色泽有白色、黑色、黄色、蓝色等。将制好的印制电路板轮廓按照尺寸进行加工称为修边，一般采用高速切割机或冲模机进行修边。

2. 印制电路板的工艺流程

在印制电路板的生产过程中，虽然都需要上述各个环节，但不同的印制电路板具有不同的工艺流程。专业生产单面印制电路板、双面印制电路板和多层印制电路板最常用的制作工艺流程分别如图 4—2—5 ～图 4—2—7 所示。

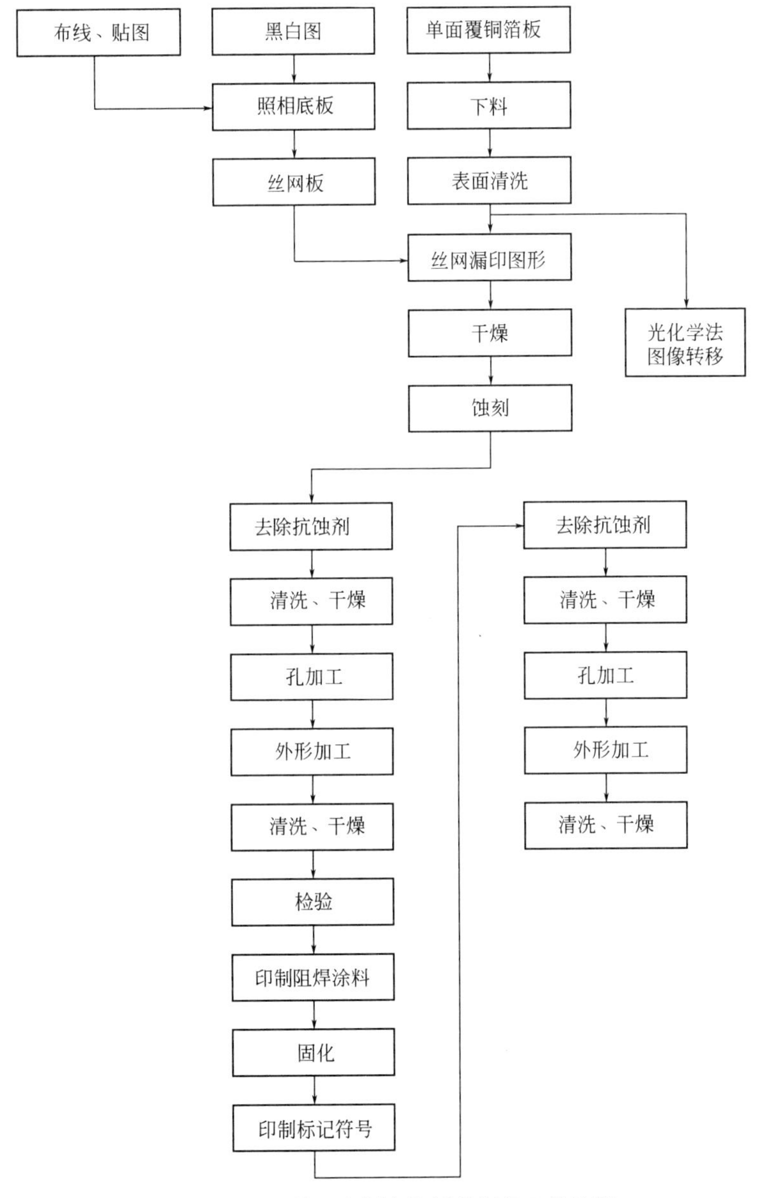

图 4—2—5　单面印制电路板的制作工艺流程

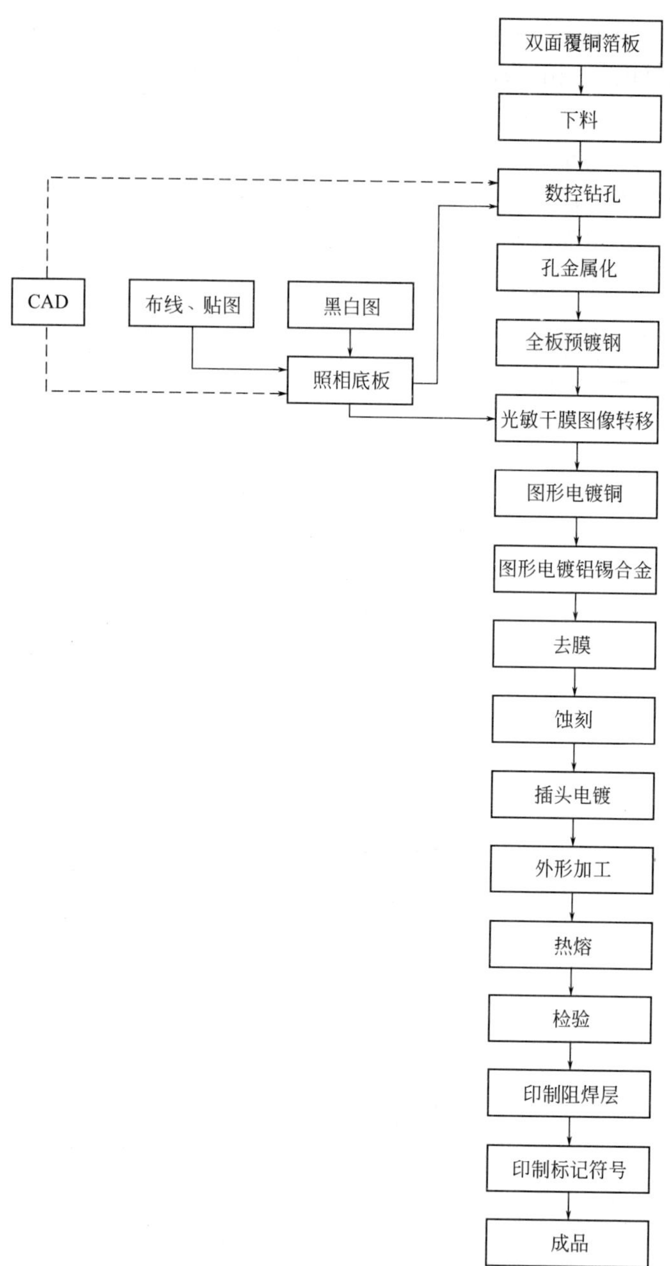

图 4—2—6　双面印制电路板的制作工艺流程

二、印制电路板的手工制作

在电子产品样机尚未设计定型的试验阶段，对于简单的印制电路板从经济性考虑可以采用手工制作。常用的手工制作方法有雕刻法、漆图法、油印法、贴图法、使用预涂布感光覆铜板和热转印法等。

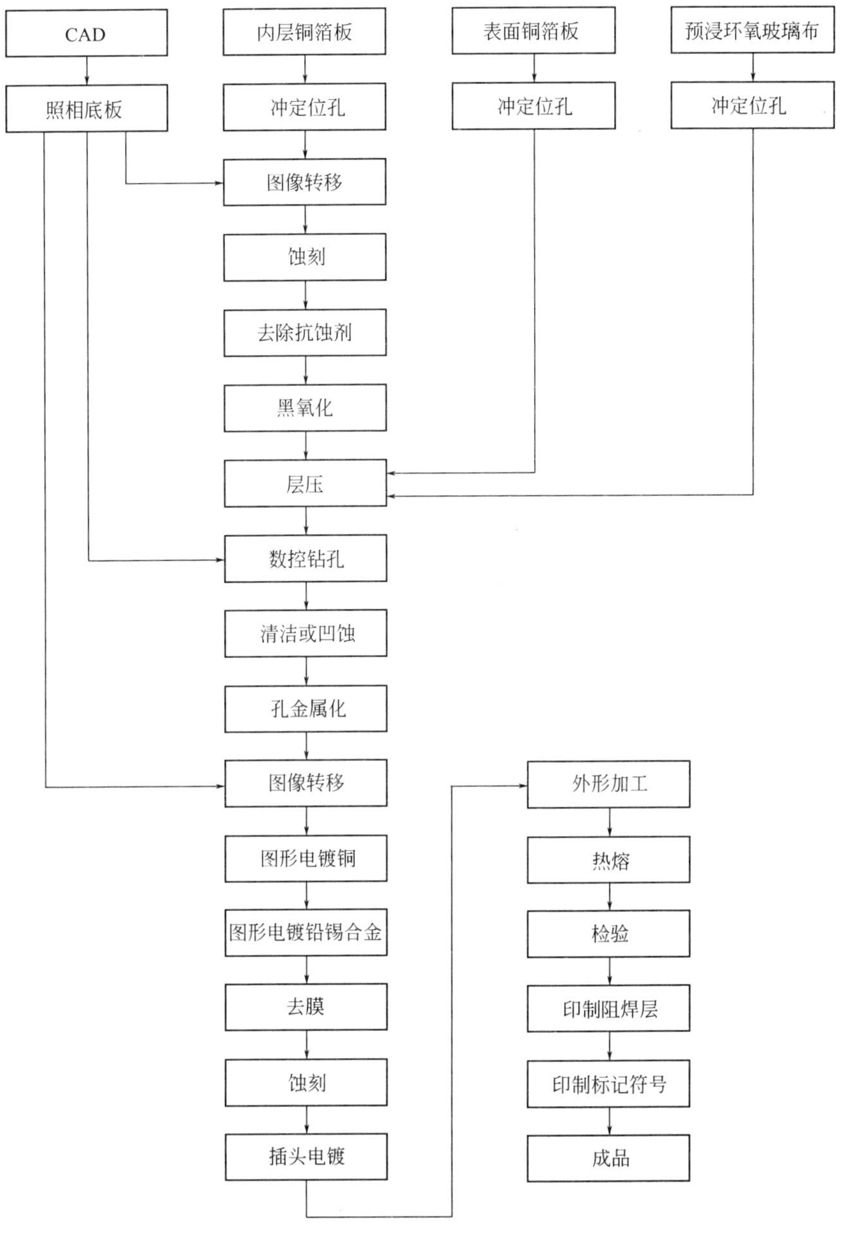

图 4—2—7　多层印制电路板的制作工艺流程

1. 雕刻法

对于一些线条较少的印制电路板，可以用雕刻法来制作。具体方法是，将印制电路板图用复写纸复写到覆铜板的铜箔面，使用如图 4—2—8a 和图 4—2—8b 所示的钢锯片磨制的特殊雕刻刀具或美工刀，直接在覆铜板上用力刻划，尽量切割到深处，然后再撕去图形以外不需要的铜箔，保留电路图的铜箔走线。此方法要求刻画的力度要够，容易手酸，适合制作一些铜箔走线比较平直、走线简单的小电路板，如图 4—2—8c 所示。

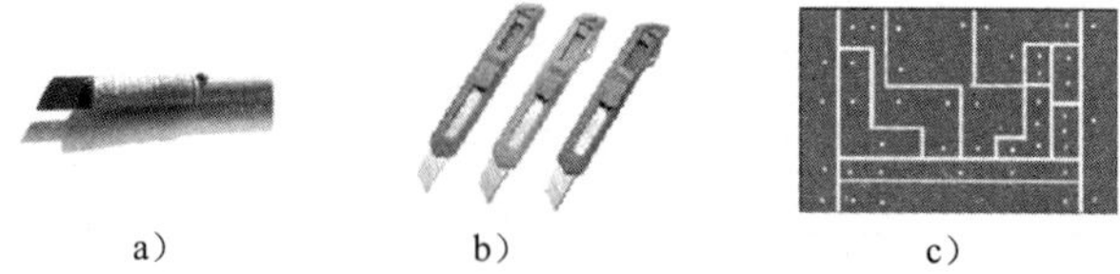

图 4—2—8　雕刻印制电路板的工具及电路板实物

a）雕刻刀具　b）美工刀　c）刀刻电路板

读一读

利用雕刻法制作印制电路板，在进行布局和排版设计时，要求导线尽量简单，一般反面焊盘与导线合为一体，形成多块矩形。制作出来的印制电路板铜箔走线比较平直、简单。

随着数控技术的发展，出现了印制电路板雕刻机（图 4—2—9）。可以用计算机辅助设计完成印制电路板图，再通过印制电路板雕刻机进行加工，这是目前小批量、快速制作 PCB 的首选方法。

2. 漆图法

与雕刻法一样，先将印制电路板图用复写纸复写到覆铜板的铜箔面，然后用鸭嘴笔（图 4—2—10）蘸虫胶酒精溶液在电路走线上涂上一层保护漆。电路板图绘好后即可放入三氯化铁溶液中进行腐蚀。腐蚀完成后，用酒精溶液洗去保护漆即可。此方法较简单，但铜箔走线的精度比较低，不适合制作走线密集的电路板。漆图法制作印制电路板的工艺流程如图 4—2—11 所示。

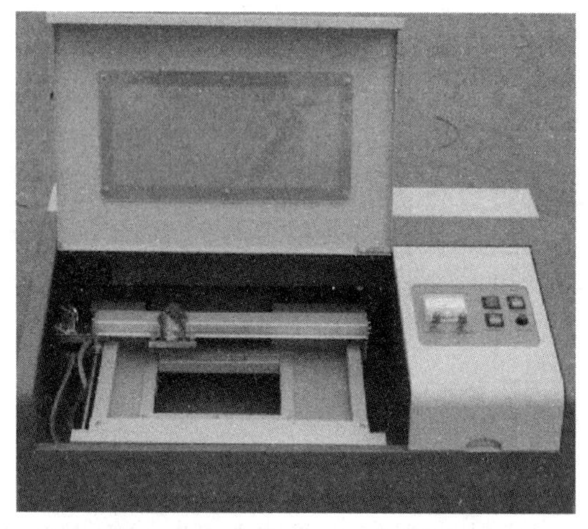

图 4—2—9　印制电路板雕刻机

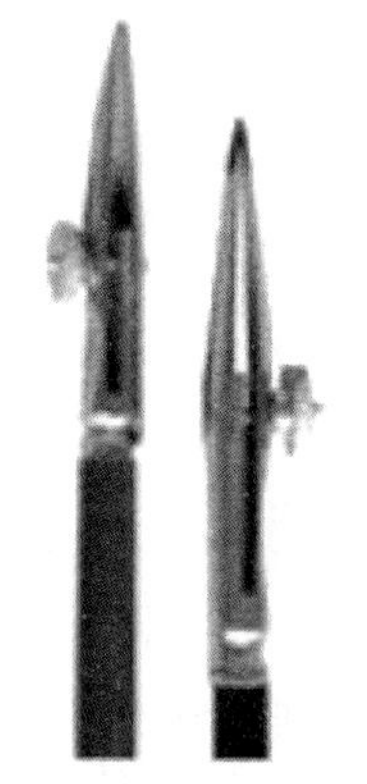

图 4—2—10　鸭嘴笔

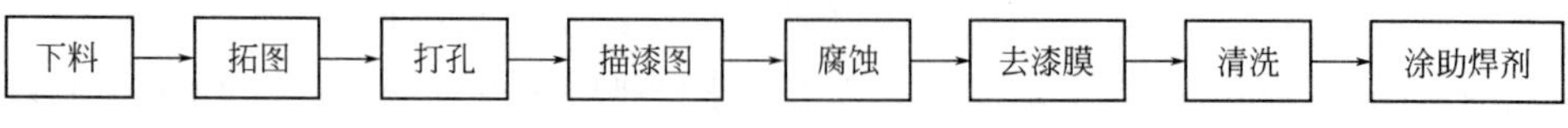

图 4—2—11　漆图法制作印制电路板的工艺流程

3. 油印法

此方法类似于工业上的丝网漏印法，如图4—2—12所示。制作方法是，将蜡纸放在钢板上，用笔将电路图按1 : 1刻在蜡纸上，并把刻在蜡纸上的电路图剪下，形成镂空母板；把母板蜡纸放在覆铜板上，用毛刷蘸取少量油墨，均匀地涂到蜡纸上，反复几遍，即可在覆铜板上印上电路板图；最后进行腐蚀工序和清洗钻孔。此方法适合小批量制作。

图 4—2—12 油印法

4. 贴图法

目前有一种“标准的预切符号及胶带”的产品，预切符号都是印制电路板上常见的图形，有各种焊盘、接插件、集成电路引线和各种符号等。先将印制电路板图复写到覆铜板的铜箔面，然后根据电路设计板图，选用对应的符号及胶带，粘贴到覆铜板的铜箔面上，粘贴好后就可以进行腐蚀工序了。此方法的关键是必须保证胶带与覆铜板的充分粘连。如果没有“标准的预切符号及胶带”，也可以先将电路图复写到双面胶或胶带上，然后剪下相应的电路图形，再粘贴到覆铜板的铜箔面上，效果等同。

5. 使用预涂布感光覆铜板

预涂布感光覆铜板是一种专用的覆铜板，其铜箔表面预先涂布了一层感光材料，也叫感光板。制作方法是，用打印机打印出1 : 1的黑白图纸；用玻璃板或塑料透明板把图纸与感光板压紧，在阳光下曝光5 ~ 10 min；用附带的显影药水1 : 20配水进行显影；当曝光部分（不需要的覆铜皮）完全裸露出来时，用水冲净，即可用三氯化铁进行腐蚀。此方法从原理上说是最简单、实用的方法，制作精度高，可以制作出精度达0.1 mm的走线。

6. 热转印法

这种方法工艺简单，制版速度快，制作精度高，便于使用计算机CAD设计。

热转印法制作印制电路板的工艺流程如图4—2—13所示。具体步骤如下。

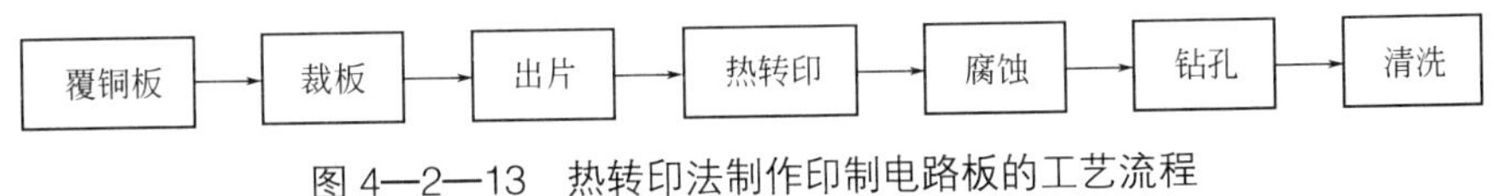

图 4—2—13 热转印法制作印制电路板的工艺流程

（1）裁板。裁板是指将覆铜板裁切成所需的尺寸。

（2）出片。出片是指将Protel软件画出的印制电路板图直接打印到热转印纸上，如图4—2—14所示。如果是现成的印制电路板图，可以通过复印机复印到热转印纸上。

（3）热转印。热转印是指将覆铜板表面的污垢和杂质清洗干净，以加强它对碳粉的附着性。利用热转印机将印制电路板图全部转印到覆铜板上，在覆铜板上形成高精度的抗腐层。如果没有热转印机，可以利用电熨斗实现热转印。

具体步骤是，将热转印纸平铺在覆铜板上，用胶带固定两边，然后将电熨斗的温度调到最高，用电熨斗在热转印纸上方加温、加压3 ~ 5 min，待覆铜板完全冷却后，再揭去热转印纸，如图4—2—15所示。如果部分转印不完全，可以再次加热热转印纸或者用记号笔进行修补。

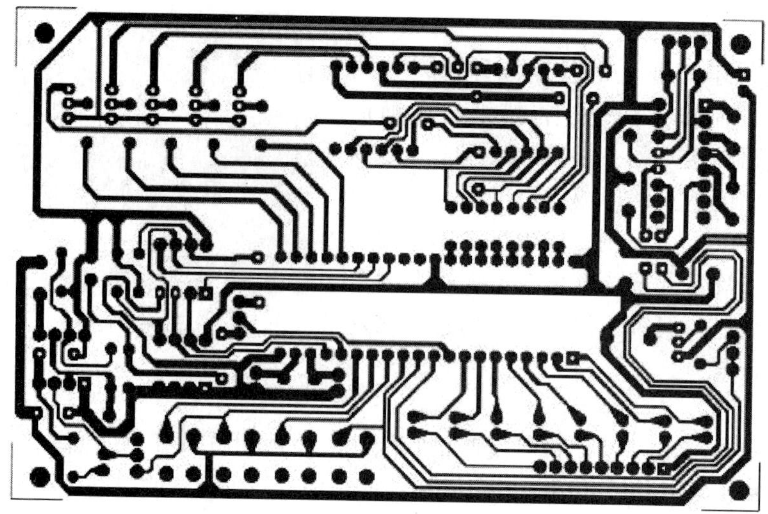

图 4—2—14　将印制电路板图打印到热转印纸上

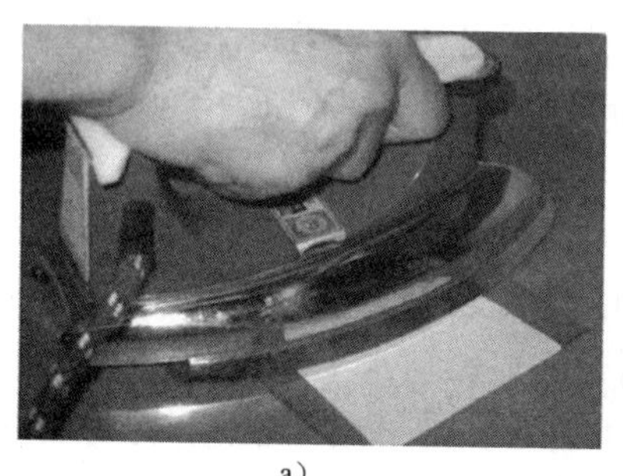

a）

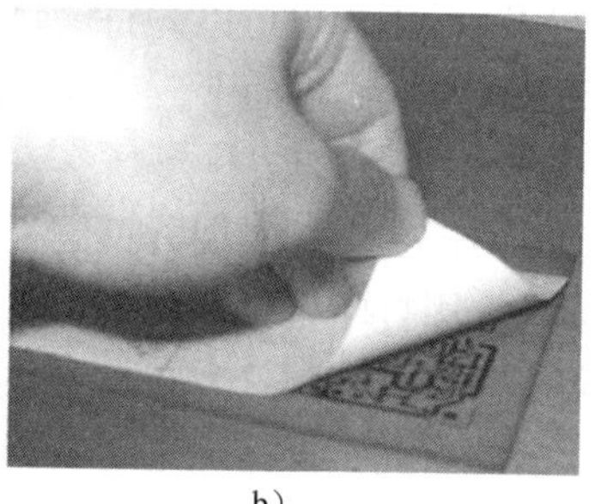

b）

图 4—2—15　电熨斗热转印法

a）加热热转印纸　b）揭去热转印纸

图 4—2—16　制作完成的印制电路板

（4）腐蚀。腐蚀是指将覆铜板放入三氯化铁腐蚀液中进行腐蚀，注意不要腐蚀过度。

（5）钻孔。利用小型台式钻床或小电钻钻出焊盘的通孔。钻孔过程中注意提高转速，钻头要刃磨锋利。

（6）清洗。用天那水（乙酸异戊酯，又叫香蕉水）将电路板上的黑色碳粉清洗干净后，一块高精度的印制电路板就制作完成了，如图 4—2—16 所示。

读一读

热转印纸使用前应将上层的保护贴纸揭去，然后将印制电路板图打印在光滑面上，千万不要弄错了，否则无法转印。热转印纸也可以采用不干胶的衬底，其热转印效果与热转印纸差不多，但价格更便宜，在一般的文具商店都可以买到。

打印机不能采用喷墨打印机，应采用激光打印机。因为激光打印机和复印机的碳粉是含磁性物质的塑料微粒，受热后容易转移，转印效果较好，而且对腐蚀液具有良好的抗腐蚀性。

为了保证良好的热转印效果，转印前应将覆铜板表面的污垢和杂质清洗干净，加强它对碳粉的附着性。

用电熨斗加热和加压时，应将热转印纸和覆铜板固定。电熨斗应朝同一方向运动，不可以来回运动，以防转印图形错位。

三、印制电路板的质量检验

无论设计、制造和使用什么种类的印制电路板，在生产过程中都不可避免地要对即将完成的印制电路板进行检验和测试。这是整个生产工艺中最重要的一个环节，批量生产中对印制电路板进行检验是产品质量和后续工序顺利进行的必要保证。

在进行 PCB 产品质量和可靠性评价时，一般采用整机所使用的 PCB 或测试样板进行下列项目的检验与测试。

1. 外观检查

采用目视或放大镜检查产品（原、辅材料与 PCB 等）表面有无异常，如损伤、污染物、残留物、明显的开路与短路等。

随着高密度化和精细化的发展，可以采用自动光学检查机来检查产品的外观情况，甚至可以采用扫描电镜来检查与测量铜箔表面的微腐蚀、内层表面的氧化处理和钻孔孔壁的粗糙度等情况。

2. 显微剖切断面检查

采用金相显微镜观察电镀通孔、导通孔内部和外层图形等有无异常，或对钻孔孔壁粗糙度的情况、去污的情况、镀层厚度分布与缺陷的情况、层间对位与结构的情况及各种老化试验后的情况等进行评价。在检测电镀通孔截面时可能遇到的镀铜缺陷有凹蚀、分层、钻孔偏位、孔壁剥落、柱分离、角部和孔壁裂纹等。

3. 尺寸检查

采用显微镜、坐标测量仪及各种测量工具进行外形、孔径、孔位置、导线宽度与间距、焊盘等的尺寸、位置关系和板面平整度（翘曲度、变形）的测量与评价。

4. 电气性能检查

（1）连通性能。一般可以借助万用表对导电图形的连通性能进行检验，重点是双面板的金属化多层板的连通性能。对于大批量生产的印制电路板，在出厂前采用专门的工具、仪器进行检验，甚至专门为这种印制电路板设计测试针床用于检验，如图 4—2—17 所示。

图 4—2—17　测试针床

（2）绝缘性能。检测同一层不同导线之间或不同层导线之间的绝缘电阻，以确认印制电路板的绝缘性能。检测应在一定温度和湿度下，按照印制电路板标准进行。

5. 工艺性能检查

（1）可焊性。检验焊料对导电图形的润湿性能。

（2）镀层附着力。检验镀层附着力，可以采用简单的胶带试验法。将质量良好的透明胶带贴到要测试的镀层上，按压均匀后快速掀起胶带一端并扯下，镀层无脱落为合格。

此外，还有铜箔抗剥离强度、镀层成分、金属化孔抗拉强度等多项指标，应根据对印制电路板的要求选择检测内容。

6. 老化（使用期可靠性）试验

采用各种试验装置进行耐高低温度循环性、耐热冲击性（气相 / 液相，如浮焊试验）、耐温湿度循环性、互连应力试验等的测试与评价。

7. 其他试验

采用各种试验装置进行耐燃烧性、耐溶剂性、清洁度、可焊性、焊接耐热性（回流焊、再流焊等）、耐迁移性等的测试与评价。

近几年来，由于电子产品迅速向信号高速传输和数字化、多功能化方向发展，使基材、PCB 产品的使用大环境和安装技术等发生了显著变化。因此，测试与评价的条件和方法也必须做相应的调整与变化。例如，近几年出现了精细图形（或精细线宽 / 间距）和微小电极（连接盘）的黏结强度与绝缘特性的测试、薄型多层板特性阻抗的控制与测量、耐迁移性试验、高频特性的试验与评价、使用无铅化焊料时其耐热性的试验与评价等。

思考与练习

1. 印制电路板制造过程有哪几个基本环节？
2. 单面印制电路板与双面印制电路板的制作工艺有何异同？
3. 手工制作印制电路板的方法有哪些？
4. 应从哪些方面进行印制电路板的质量检验？

实训 7　手工制作印制电路板

一、实训目的

1. 了解热转印法制作印制电路板的基本流程。
2. 掌握制作印制电路板各步骤的工艺技术。

二、实训所需器材

热转印机 1 台，快速腐蚀机 1 台，热转印纸若干，覆铜板 1 张，三氯化铁若干，激光打印机 1 台，计算机 1 台，微型电钻 1 个，手锯 1 把，锉刀 1 套，细砂纸若干。

三、实训内容

1. 将利用 Protel 设计好的 PCB 图用激光打印机打印到热转印纸上。

2. 覆铜板的下料与处理

（1）用手锯根据 PCB 规划设计时的尺寸对覆铜板进行下料，并用锉刀将四周边缘的毛刺去掉。

（2）用细砂纸或少量去污粉去掉表面的氧化物，用清水洗净后晾干或擦干。

3. 单面 PCB 图的转贴处理

（1）将热转印纸平铺于桌面，有图案的一面朝上。

（2）将单面板置于热转印纸上，有覆铜的一面朝下。

（3）将覆铜板的边缘与热转印纸上印制图的边缘对齐。

（4）将热转印纸左右和上下弯折 180°，然后在交接处用透明胶带黏结。

4. PCB 图的转印。利用热转印机将 PCB 图转印到 PCB 板上，转印后，待其温度下降后，将转印纸轻轻掀起一角进行观察，此时转印纸上的图形应完全被转印在覆铜板上。如果有较大缺陷，应将转印纸按原位置贴好，送入热转印机再转印一次。如果有较小缺陷，用油性记号笔进行修补即可。

5. 腐蚀。将三氯化铁和水按 3 ∶ 5 的比例配成溶液，倒入快速腐蚀机中，在操作过程中要戴好胶手套。然后将转印好的印制电路板按要求放入快速腐蚀机中进行腐蚀，待完全腐蚀后，取出印制电路板，用清水反复清洗后擦干。

6. 钻孔。腐蚀完后，对印制电路板进行钻孔和磨边处理，再用湿的细砂纸去掉表面的墨粉，在一些焊盘上用微型电钻钻孔，完成印制电路板的制作。

7. 撰写实训报告。

注意事项

1. 操作各种仪器时要注意其安全注意事项。

2. 腐蚀过程中要注意自身的防护。

第五章　电子产品的技术文件

§5—1　电子产品的设计文件

1. 了解电子产品技术文件的种类和作用。
2. 熟悉电子产品分级及设计文件的分类方法。
3. 熟悉电子产品设计文件的编制方法和文件格式。
4. 能识读电子产品设计文件。

技术文件是电子产品生产过程中的基本依据，为了使生产部门更为合理地组织生产，为了用最简化的工艺过程来实现产品的技术指标，每一个产品在投入生产前都要编制相应的技术文件。本节主要介绍技术文件的种类和作用、电子产品分级及设计文件的分类方法、设计文件的编制方法和文件格式、设计文件的识读。

一、技术文件的种类和作用

技术文件是组织生产和进行技术交流的依据，是根据国家相应标准制定出的“工程语言”，作为工程技术人员，必须能看懂并会编制这种“工程语言”。技术文件可以分为设计文件和工艺文件两大类，是整机生产过程中的基本依据。

电子产品技术文件按工作性质和要求不同，形成了专业制造和普通应用两类不同的应用领域。

专业制造是指专门从事电子产品规模生产的领域。在这里，电子产品技术文件具有生产的法律效力，必须执行统一的标准，实行严格的管理，生产部门完全按图纸进行加工。技术部门分工明确，各司其职，一张图纸一旦通过审核签署，便不能随便更改，即使发现错误，操作者也不能擅自改动。技术文件的完备性、权威性和一致性得以体现。

普通应用则是一个极为广泛的领域，它泛指除专业制造以外所有应用电子技术的领域，包括学生电子实验设计、业余电子科技活动、小制作等。普通应用技术文件的管理具有很大的随意性，文件的编号、图纸的格式很难规范和统一。

二、电子产品分级及设计文件的分类方法

1. 电子产品分级

产品是企业制造的任何制品或制品的组合，电子产品按其结构特征及用途，分为以下

等级。

（1）零件。零件是指不采用任何装配工序而由同一种名称和牌号的材料加工而成的产品，如由一块金属制成的销轴、铸件，印制电路板，无骨架线圈等。

零件可以有覆盖层且与覆盖层厚度、大小和用途（保护或装饰）无关，也可以采用局部熔焊、钎焊、黏结、缝合等工艺制成，如镀铬螺钉、镀银焊片及由一块板材经熔焊或钎焊制成的管子、由一块纸板黏结制成的盒子等。

（2）部件。部件是用装配工序将组成部分连接（螺纹连接、铰接、铆接、焊接、热压、扩口、黏结、缝合、布设等）而成的不具备独立功能的产品，如焊接壳体，有金属骨架的塑料手轮，变压器的线包，装有表头、开关的面板，焊接好导线的多层波段开关等。部件也可以是采用被覆工艺或在半导体材料上掺杂等方式形成的具有一定功能的产品，如高频线圈、半导体集成电路芯片、半导体管芯等。部件内也可以包含其他部件或整件，如装有变压器的底板、装有元器件（电阻器、电容器、电感器等）组合单元的装置。

（3）整件。整件是用装备工序把组成部分连接而成的具有独立功能的产品，如变压器、滤波器、放大器、半导体集成电路等。具有一定通用性的部件也可以作为整件，整件内可以包含其他整件，如收、发信机内的收信机、发信机、放大器等。

图样管理中的部件、整件，由于强调其功能，又称为“功能单元”，其含义是指由材料、零件、元器件和部件等经装配连接组成的具有独立结构和一定功能的产品。一般可以认为它是构成整机的基本单元。

功能单元的划分通常取决于产品的结构和电气要求，因此，同一类型的设备，其划分很可能不一样，或大或小，或简单或复杂。常见的功能单元有电源和电源模块，调制电路，放大电路，滤波电路，锁相环电路，变频器，线性、非线性校正电路，音、视频处理电路，解调器，数字信号处理电路等。

（4）成套设备。成套设备是由若干具备一定基本功能的整件直接相互连接构成的、能够完成某项完整功能的整套产品。直接构成成套设备的整件不需要在制造企业用装配工序连接在一起，但为实现成套设备的预定功能，必须在使用地点进行安装和连接。成套设备内可以包括其他比较简单的成套设备。

2. 设计文件分类编号

设计文件是产品在研制和生产过程中逐步形成的文字、图样及技术资料。它规定了产品的组成形式、结构尺寸、原理以及在制造、验收、使用和维修时所必需的技术数据和说明，是制定工艺文件、组织生产、产品使用与维修的依据。设计文件由设计部门负责完成。

为了便于开展产品标准化工作，对设计文件必须进行分类编号。电子产品设计文件编号（又称为图号）采用十进制分类编号。十进制分类编号方法就是把全部产品的设计文件，按产品的种类、功能、用途、结构、材料、制造工艺等技术特征，分为 10 级（0 ~ 9），每类又分为 10 型（0 ~ 9），每型又分为 10 种（0 ~ 9）。

下面以电视接收机设计文件的分类编号（图 5—1—1）为例说明产品设计文件编号的组成。

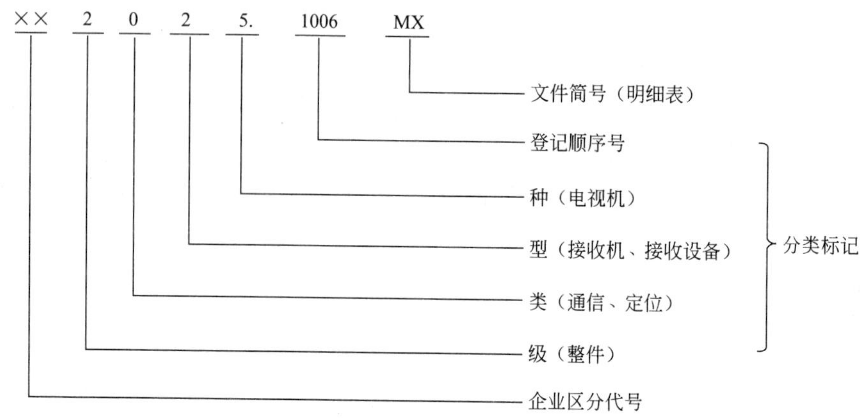

图 5—1—1　电视接收机设计文件的分类编号

示例中：

（1）企业区分代号由大写的汉语拼音字母组成，用以区别编制设计文件的单位。企业区分代号由企业上级主管部门给定。

（2）十进制分类特征标记（简称为分类标记）由四位阿拉伯数字组成，分别表示产品设计文件的级、类、型、种。级的代号规定见表 5—1—1。

表 5—1—1　级的代号规定

级的名称	文件	成套设备	整件	部件	零件
级的代号	0	1	2、3、4	5、6	7、8

另外，在十进制分类编号法中，产品除以上 8 级外，还规定 0 级为通用文件，9 级为以后需要补充时用。

（3）登记顺序号（简称为序号）可以由三位或四位阿拉伯数字（000 ~ 999 或 0 000 ~ 9 999）组成，用以区别分类标记相同的若干不同产品的设计文件。对于分类标记相同的同一系列的产品，也可以采用一个序号，在序号右边的“-”后面加阿拉伯数字予以区分。

例如，号牌 XX6.535.008-1、号牌 XX6.535.008-2、号牌 XX6.535.008-3。

（4）文件简号（简称为简号）由大写的汉语拼音字母组成，用以表示同一产品的不同种类的设计文件。设计文件的简号应符合有关规定。

3. 设计文件的分类

（1）按表达形式分类。设计文件按表达形式可以分为图样、略图、文字内容和表格。图样是以图形符号为主绘制，用以说明产品加工和装配要求的设计文件，如装配图、外形图、零件图等；略图是以图形符号为主绘制，用以说明产品电气装配连接、原理及其他示意性内容的设计文件；文字内容和表格是以文字和表格的方式说明产品技术要求和组成情况的设计文件，如说明书、明细表、汇总表等。

（2）按形成过程分类。设计文件按形成过程可以分为试制文件和生产文件两类。试制文件是指设计性试制过程中所编制的各种设计文件；生产文件是指设计性试制完成后，经整理、修改，为组织、指导生产（包括生产性试制）所用的设计文件。

（3）按绘制过程和使用特征分类。按绘制过程和使用特征可以分为草图、原图、底图、复印图和载有程序的媒体五类。草图是设计产品时绘制的原始图样，可徒手绘制；原图是供描绘底图用的设计文件；底图是指确定产品及其组成部分的基本凭证图样，是用来复制复印图的设计文件，可以分为基本底图和副底图；复印图是用底图晒制、照相等方法复制，供生产时使用的图样文件，可以分为晒制复印图（蓝图）、照相复印图等；载有程序的媒体包括计算机用的 U 盘、光盘等。

三、设计文件的编制方法和文件格式

1. 设计文件的编制要求

设计文件的编制、组成和内容应根据产品的复杂程度、生产批量、生产方式以及是试制还是正式生产等情况来确定。

（1）编制设计文件的基本要求

1）编制设计文件必须执行国家和信息产业有关的法律、法规、规章和方针政策以及企业中有关的标准规定，设计文件中不得存在违法、违规现象。

2）设计文件应遵守“一物一图一号”的原则（在简化编制的设计文件中，允许用一图表示多物，但必须有多个编号）。

3）在满足产品试制或生产要求以及使用和维修要求的前提下，应按照少而精的原则编制设计文件。例如，简单的界限关系或简单的电路原理可以直接绘入装配图，不必独立绘制接线图或电路图；简单的线缆连接关系可以直接绘入总布置图，不必独立绘制线缆连接图。

4）在保证图面布局清晰、紧凑和使用方便的前提下，应在有关标准规定的幅面范围内选用图纸。

5）设计文件应完整、成套，设计文件之间应协调一致，不应存在矛盾、抵触现象。

6）文字表示应准确、简明，操作性强，应避免产生歧义。

7）设计文件中的术语、符号、代号、计量单位、数值表述、图线、字体、比例、箭头和指引线、投影、简化汉字、标点符号等，均应符合有关法规和标准的规定；设计文件中的图形、表格、数值、公式、化学分子式和其他技术内容均应正确无误。

（2）设计文件的成套性。产品设计文件由基本设计文件和其他设计文件组成。所谓基本设计文件是指能够标识该产品的设计文件。

各种产品的基本设计文件如下。

1）零件（7、8 级）——零件图。

2）部件（5、6 级）——装配图。

3）整件（2、3、4 级）——整件明细表（MX）。

4）成套设备（1 级）——成套设备明细表（MX）。

基本设计文件以外的设计文件称为其他设计文件。

产品设计文件的成套性是指以产品为单位，根据需要所编制的设计文件的总和。产品设计性试制完成后，设计文件必须成套。电子产品设计文件成套性要求见表 5—1—2。

表 5—1—2　　电子产品设计文件成套性要求

序号	文件	文件简号	产品		产品的组成部分		
			元器件	零件	整件	部件	零件
			2、3、4 级	7、8 级	2、3、4 级	5、6 级	7、8 级
1	产品标准	—	●	●	—	—	—
2	零件图	—	—	●	—	—	●
3	装配图（或芯片图）	—	●	—	●	●	—
4	外形图	WX	○	—	—	—	—
5	逻辑图	LJL	○	—	—	—	—
6	电路原理图	DL	○	—	○	—	—
7	接线图	JL	○	—	○	○	—
8	其他图	T	○	—	○	○	—
9	技术条件	JT	—	—	○	○	○
10	使用说明书	SS	○	—	●	—	—
11	说明	S	○	○	○	○	—
12	表格	B	○	○	○	○	—
13	明细表	MX	●	—	●	—	—
14	其他文件	W	○	○	○	○	—

注：表中“●”表示必须编制的文件，“○”表示这些文件的编制应根据产品的性质、生产和需要而定。

2. 设计文件的格式

电子行业标准 SJ/T 207.2《设计文件管理制度　第二部分：设计文件的格式》对电子产品设计文件的格式、幅面、标题栏、明细栏、镀涂栏、倒号栏等做了详细的规定。设计文件的格式分为格式（1）~ 格式（11）、格式（3a）~ 格式（8a）。不同文件采用不同的格式，格式（*X*a）是格式（*X*）的续页（*X* 取 3~8）。具体规定见表 5—1—3。

表 5—1—3　　设计文件的格式

序号	文件名称	文件简号	格式	
			主页	续页
1	产品标准	—	按GB/T 1.2的规定	
2	零件图	—	格式（1）	与主页相同
3	装配图	—	格式（2）	与主页相同
4	外形图	WX	格式（1）	与主页相同
5	安装图	AZ	格式（2）	与主页相同
6	总布置图	BL	格式（3）	格式（3a）
7	频率搬移图	PL	格式（3）	格式（3a）

续表

序号	文件名称	文件简号	格式	
			主页	续页
8	方框图	FL	格式（3）	格式（3a）
9	信息处理流程图	XL	格式（3）	格式（3a）
10	逻辑图	LJL	格式（3）	格式（3a）
11	电路原理图	DL	格式（3）	格式（3a）
12	线缆连线图	LL	格式（3）	格式（3a）
13	接线图	JL	格式（3）	格式（3a）
14	机械传动图	CL	格式（3）	格式（3a）
15	其他图	T	根据图种确定	
16	技术条件	JT	格式（4）	格式（4a）
17	技术说明书	JS	格式（4）	格式（4a）
18	使用说明书	SS	格式（4）	格式（4a）
19	说明	S	格式（4）	格式（4a）
20	表格	B	格式（4）	格式（4a）
21	整件明细表	MX	格式（5）	格式（5a）
22	整套设备明细表	MX	格式（6）	格式（6a）
23	整件汇总表	ZH	格式（5）	格式（5a）
24	备附件及工具汇总表	BH	格式（7）	格式（7a）
25	成套运用文件清单	YQ	格式（8）	格式（8a）
26	其他文件	W	格式（4）	格式（4a）
27	副封面	—	格式（9）	—

此外，手册、说明书等多采用格式（10），签署页多采用格式（11），且采用格式（10）时，其前必须有采用格式（11）的签署页。

四、设计文件的识读

整机总装时必须使用各种装配图或略图，其中，最常使用的有方框图、电路图、印制电路板装配图、安装图、接线图、逻辑图、线扎连接图等。

1. 方框图

方框图用来反映成套设备、整件和各个组成部分及它们在电气性能方面的基本作用、原理和顺序。方框图是用符号或带注释的框概括地表示系统或分系统的基本组成、相互关系及其主要特征的一种简图。方框图的具体要求和规定如下。

（1）每一个能完成独立作用的分机、整件或元器件组合以及在结构上独立的整件，在图上应以矩形、正方形或图形符号表示。

（2）分机、整机或构件按其所起作用和相互联系的先后次序，在图上一般应自左至右、自上而下排成一列或数列。在矩形、正方形内或图形符号上应按其主要作用标出它们的名称、代号、主要特性参数或主要元器件的型号等。

（3）各分机、整件或构件间的连接用实线表示，机械连接用虚线表示，并在连接线上用箭头表示其作用过程和作用方向。

（4）必要时，可以在连接线上方标注该处的基本特性参数，例如，信号电平、阻抗、频率、传送脉冲的形状和数值、各种波形等。当作用波形需要详细表示时，可以在波形所在位置标上序号，将波形按位置顺序集中画在图上空白处，以清楚地表明各点波形相互之间的时间关系。方框图示例如图 5—1—2 所示。

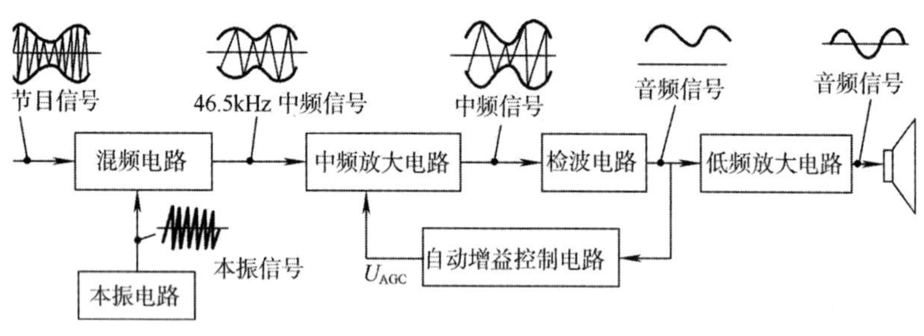

图 5—1—2　方框图示例

2. 电路图

电路图又称为电路原理图、电子线路图，它是利用各种图形符号，按其工作顺序排列，而不考虑其实际位置，来详细说明产品各元器件或各单元之间电路工作原理及其相互之间连接关系的简图，是设计、编制接线图和研究产品性能的原始资料。在装接、检查、试验、调整和使用产品时，电路图与接线图一起使用。

电路图主要由图形符号和连线组成，有时为了清晰、方便，也可以用方框表示某些单元，但应另外单独给出其电路图。在电路图中各元器件的图形符号的左方或上方应标出该元器件的位置符号，一般由元器件的文字符号及脚注序号组成。

电路图的绘制要求为：各符号在图上的配置可以根据产品的基本工作原理，自左至右、自上而下地排成一列或数列，并应以图面紧凑、清晰，便于看图，顺序合理，电连接线最短和交叉最少为原则。

电路图中的连线有实线和虚线两种，在电路图中，元器件之间的电气连线是通过图形符号之间的实线表达的，而虚线一般是作为一种辅助线，没有实际电气连接的意义。

3. 印制电路板装配图

印制电路板装配图（简称为装配图）是将有关的各种元器件或结构件连接并安装到印制电路板上的指导性图样，是供焊接安装工人加工印制电路板的工艺图。在无线电产品的装配和维修过程中，装配图是必不可少的技术文件。因此，在实际工作中应熟悉装配图的绘制要求，并能识读装配图。装配图有两类，一类是将印制电路板上的导线图形按板图画出，然后在安装位置加上元器件，如图 5—1—3 所示；另一类是印制电路板装配图不画出印制导线，只是将元器件作为正面，画出元器件外形及位置，指导装配焊接，如图 5—1—4 所示。

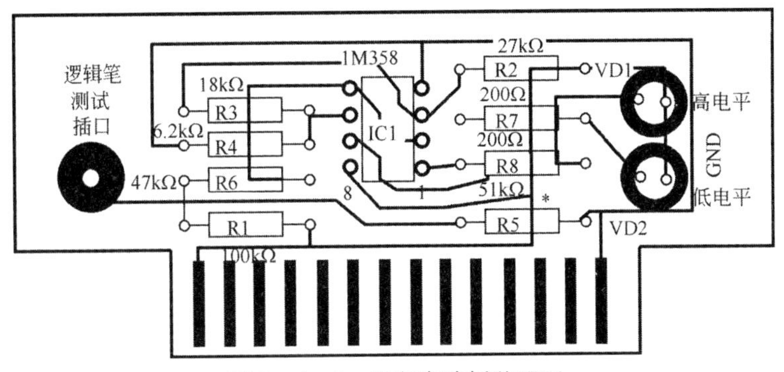

图 5—1—3　印制电路板装配图

（1）装配图的绘制要求

1）装配图上的元器件一般用图形符号表示，或用实物表示，但不必画出细节，有时只用简化的外形轮廓表示，如图 5—1—5 所示。

2）仅在一面有元器件的装配图，只需画一个视图。若两面均装有元器件，一般应画两个视图，并以较多元器件的一面为主视图，另一面为后视图。如两面中一面的元器件很少，也可以只画一个视图。此时，反面上的元器件用符号表示时，元器件符号用实线画，引线用虚线画；用外形轮廓表示时，应用虚线画轮廓。两面装有元器件的印制电路板用一个视图表示时，两面上的元器件在视图上不应重叠，以正面上的元器件排列为主，可以将反面上的元器件引线迂回画出，如图 5—1—6 所示。

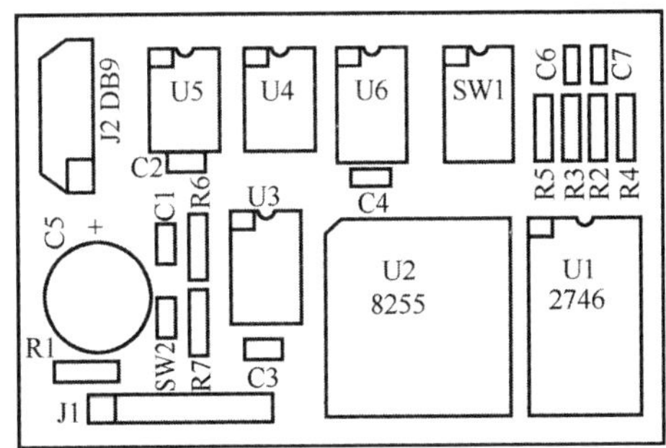

图 5—1—4　双面印制电路板装配图

3）装配图中一般可以不画印制导线，如果要求表示出元器件的位置与印制导线的连线关系，应画出印制导线；反面上的印制导线应按实际形状用虚线或彩色线画出，如图 5—1—7 所示。

4）有极性的元件，如电解电容的极性、晶体管的极性等一定要标记清楚。

5）对于变压器等元器件，除在装配图上表示位置外，还应标明引线的编号或引线套管的颜色，集成电路要画出管脚顺序标志，且大小和实物成比例，如图 5—1—8 所示。

6）需焊接的穿线孔用实心圆点画出，不需焊接的孔用空心圆画出。

（2）装配图的识读方法。为了迅速识读印制电路板装配图，应首先看懂电路图，熟悉整机的方框图、各单元电路原理图的结构特点及信号变换过程、主要元器件的作用等，然后便可识读整机印制电路板装配图。其识读方法与步骤如下。

1）直观入手，选好入口。读印制电路板装配图时应采取外围色标的方法，由外向内，由易到难，分步突破。首先可以找最直观、最易识别的元器件、部件，然后逐件深入。印制电路板装配图中最直观、最易识别的元器件与电路原理图中的相同，一般有电源插头、扬声器等，可以把这些元器件作为识读印制电路板装配图的外围入口，然后沿其实际连线找到与它们相连接的电路。确定各部分电路的大致位置后，再找该部分电路信号的出、入口，按照信号传输的通路便能比较容易地读懂装配图。总之，通过印制电路板上最直观、最易识别的元器件、部件，可以初步了解印制电路板上各部分电路的大致布局，某些电路的界限也可以初步确定。

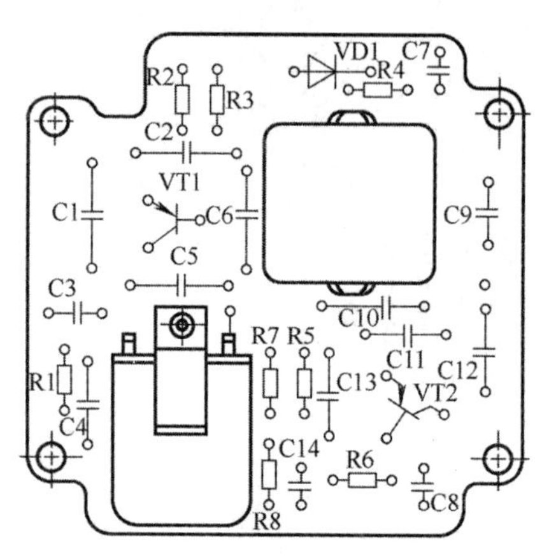

图 5—1—5　印制电路板装配图

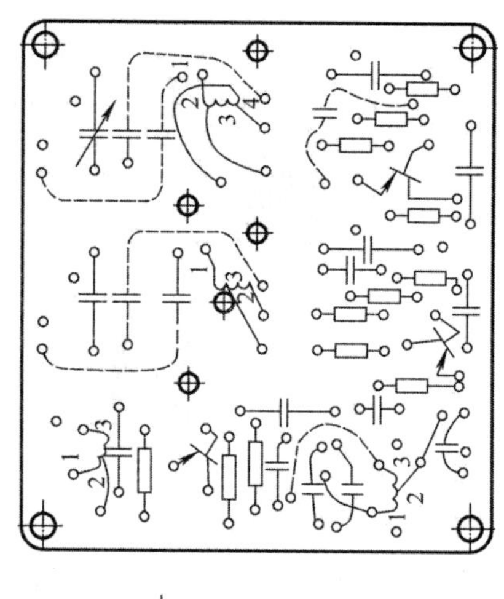

图 5—1—6　双面印制电路板装配图

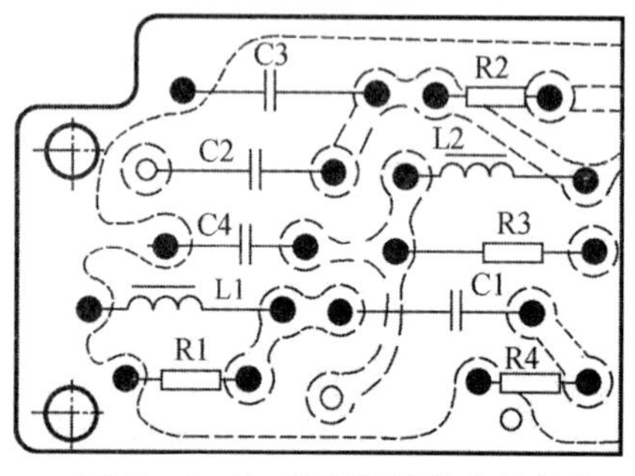

图 5—1—7　印制导线的表示方法

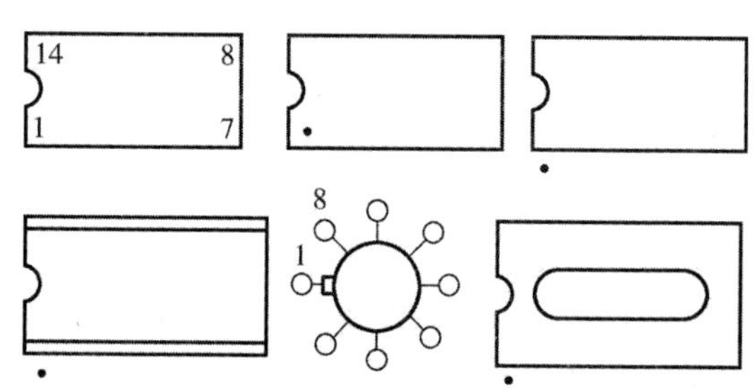

图 5—1—8　在装配图中标出定位特征

2）寻找易读元器件和易读环节，确定界限。在印制电路板装配图中，各区域电路的难易、繁简程度不同。许多元器件都具有其特殊的外形，一些元器件上还有名称、特征等，还有的元器件在装配图上画有特殊符号，这些都是装配图上的易读环节，可以作为装配图内部的入口，与第一步方法相配合，逐步向外扩大，确定各个单元电路，以及它们在印制电路板装配图上的范围及其相互界限。在装配图上，最直观的元器件之一就是集成电路块，可以此作为识别装配图的重要内部入口，然后对其周围相应的电路进行扩大，就可以找到相应的电路。再如，大功率晶体管也比较容易识读，以此为中心，同样可以找到相应的电路。此外，装配图上的调整元器件、延迟线、石英晶体、声表面波滤波器等元器件均可以作为易读环节来对待。装配图上的接线柱也是读图的重要线索，这些接线柱与多种连接线相接，又连接到各个元器件形成单元电路。

3）四方协作，突破难点。在读装配图时，有时会遗留下一些局部电路图，成为识图的难点。出现这种情况，可能是印制电路板装配图上没有特殊、易识别的元器件，也可能是与多个单元电路联系的电路，或者是印制电路板装配图上分布较分散的电路。对于难点电路，应按照前后联系、分析对照、信息综合、难点集中突破的原则进行识读。识读时应做好以下工作：无论是对照局部图还是对照网络图，都应当将对照过的部分做上记号，以便记忆和识别。对于晶体管电路，务必找准该电路的电源线和地线，找准单元电路或局部之间的连接点。此外还要注意，印制电路板装配图上元器件的实际数据或结构可能与电路原理图上略有不同，这是经常发生的。此时，可以根据装配图来修订电路原理图。

4. 安装图

安装图是指导产品及其组成部分在使用地点进行安装的完整图样。安装图上应包括以下内容。

（1）产品的安装用件（包括材料的轮廓图形）。

（2）产品尺寸及和其他产品连接的位置与尺寸。

（3）安装说明（对安装需用的元器件、材料和安装要求等加以说明）。

只有当产品规模较大、安装复杂或有特殊要求时才需要安装图。

5. 接线图

接线图是表示各零部件的相对位置关系和相互连接情况的简图，供产品的整件或部件内部布线和检查故障时使用。在制造、调整、检查和使用产品时，接线图应与电路原理图一起使用。常用的接线图有直连型接线图、简化型接线图和接线表等。

（1）直连型接线图。直连型接线图类似于实物图，是将各个零部件之间的接线用连线直接画出来，这对较简单的产品而言既方便又实用。

1）由于接线图所要表示的是接线关系，因此，图中各零件主要画出接线板、接线端子等与连接线有关的部位，其他部分可以简化或省略。同时，也不必拘泥于实物比例，但各零部件的位置、方向等一定要和实际所处的位置、方向对应。

2）连线可以用直线表示，也可以用任意线表示，但为了图形整齐，大多数情况下都采用直线。

3）图中应标出各导线的规格、颜色及特殊要求。如果不标注就意味着由制作者任选。图 5—1—9 所示是一个仪器面板的实体接线图。

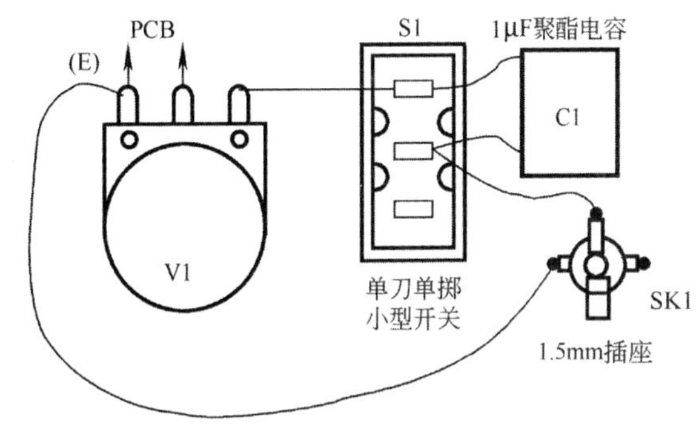

图 5—1—9　一个仪器面板的实体接线图

（2）简化型接线图。直连型接线图虽有读图方便、使用简明的优点，但对复杂产品来说不仅绘图非常费时，而且连接线太多且相互交错，阅图也不方便。这种情况下可以使用简化型接线图，其主要特点如下：

1）装接零部件以结构形式画出，即只画简单轮廓，不必画出实物。元器件用符号表示，导线用单线表示。与接线无关的零部件无须画出。

2）导线汇集成束时可以用单线表示，结合部位以 45° 圆弧表示。表示线束的线可以用粗线，其形状和实际线束形状相似。

3）每根导线两端应标明端子号码，如果采用接线表，还应该给每条线编号。简单图也可以直接在图中标出导线的规格、颜色等要求。图 5—1—10 所示为某控制实验装置的简化型接线图。

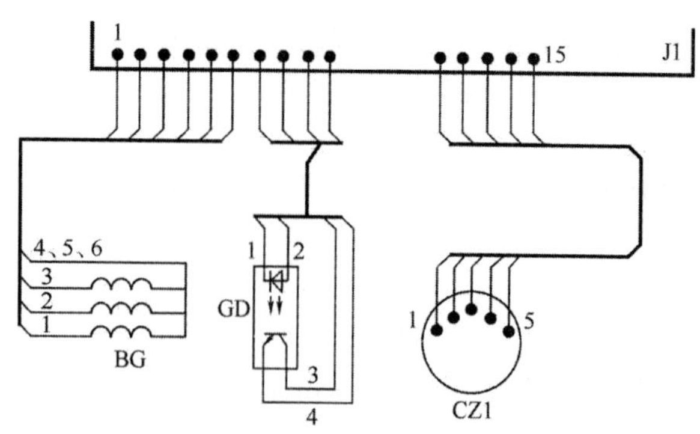

图 5—1—10　某控制实验装置的简化型接线图

（3）接线表。上述接线图也可以用接线表来表示。即先将各零部件标以代号或序号，再编出各零部件接线端子的序号，然后将编好号码的线依次填入。这种方法在较大批量生产中使用较多。

对于较复杂的产品，若一个接线面不能清楚地表达全部接线关系，可以将几个接线面分别给出。绘制时，应以主接线面为基础，若个别元器件的接线关系不能表达清楚，可以采用辅助视图（剖视图、局部视图、向视图等）来说明，并在视图旁注明是何种辅助视图。

在看接线图时同样应看标题栏、明细表。然后参照电路原理图，看懂接线图，再按工艺文件的要求将导线接到规定的位置上。

6. 逻辑图

在数字电路中，常用逻辑符号表示各种有逻辑功能的单元电路。在表达逻辑关系时，我们采用逻辑符号（不考虑内部电路）连接成逻辑图。

逻辑图有理论逻辑图（又称为纯逻辑图）和工程逻辑图（又称为逻辑详图）之分。前者只考虑逻辑功能，不考虑具体元器件和电平，用于培训教学等说明性领域；后者则涉及电路元器件和电平，属于工程用图。

由于集成电路的飞速发展，特别是大规模集成电路的应用，绘制详细的电路原理图不仅非常烦琐，而且没有必要。逻辑图实际取代了数字电路中的原理图。通常将数字逻辑占主要部分的数字模拟混合电路称为逻辑图。

7. 线扎连接图

复杂电子产品的连接导线多，走线复杂。为了便于接线，并使走线整齐易查，可以将导线按规定和要求绘制成线扎连接图，供绑扎线扎和接线时使用。线扎连接图有两种画法，一种是结构式画法，即反映出线扎的实际粗细；另一种是图例式画法，即线扎全部用单线表示。不论用哪一种画法，均采用 1 ∶ 1 的比例绘制。图 5—1—11 所示的线扎是结构式画法。图中符号“⊙”表示走向出图面折弯 90°；符号“⊗”表示走向进图面折弯 90°；符号“→”表示走向出图面折弯后的方向。当导线过长、线扎图无法按实长绘制时，可以采用断开画法，但必须标出实际尺寸。在装配时，应将线扎固定在设备底板上，按导线表的规定，将导线接到相应的位置上。

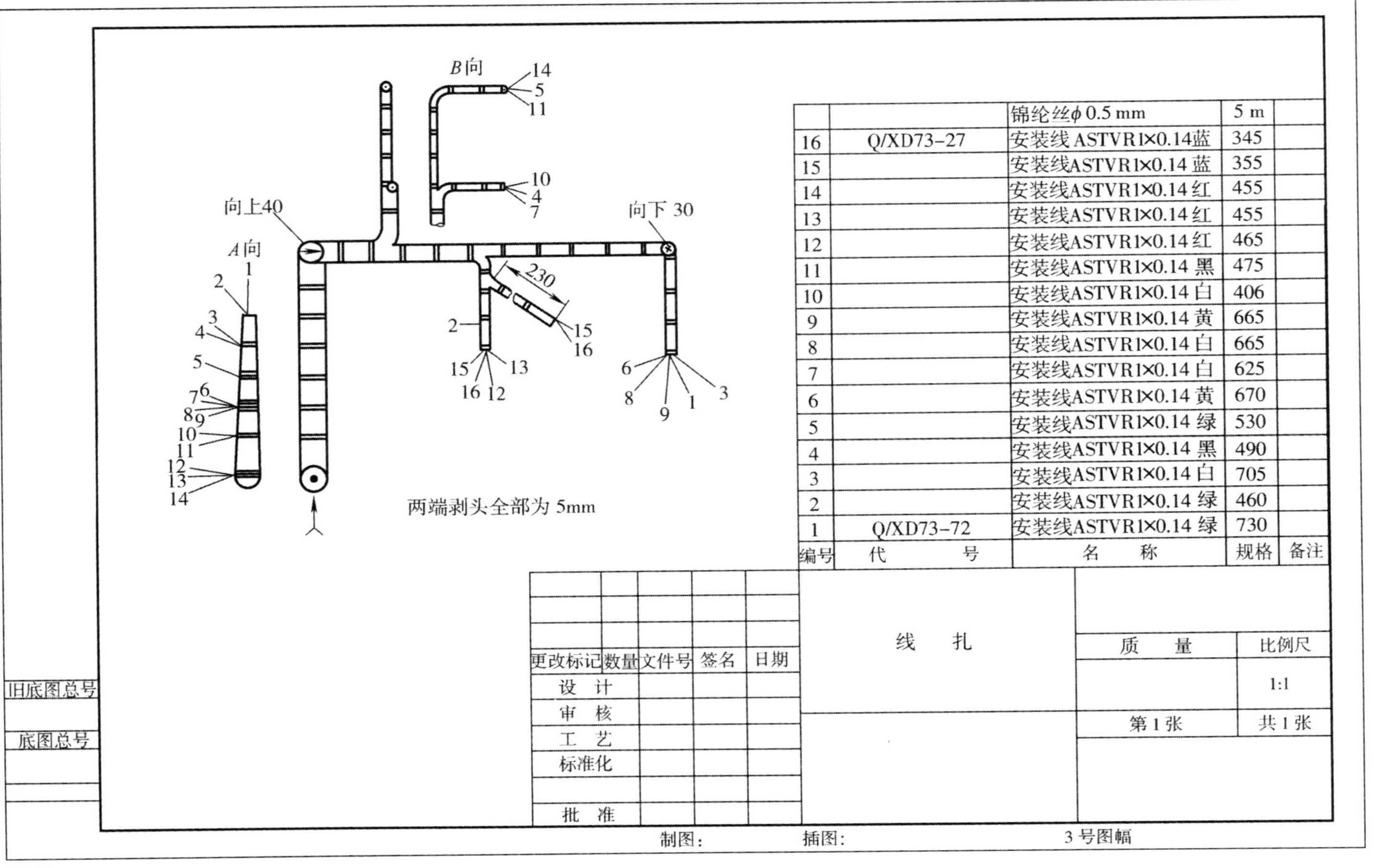

编号	代　　号	名　　称	规格	备注
		锦纶丝ϕ 0.5 mm	5 m	
16	Q/XD73-27	安装线 ASTVR1×0.14蓝	345	
15		安装线ASTVR1×0.14 蓝	355	
14		安装线ASTVR1×0.14 红	455	
13		安装线ASTVR1×0.14 红	455	
12		安装线ASTVR1×0.14 红	465	
11		安装线ASTVR1×0.14 黑	475	
10		安装线ASTVR1×0.14 白	406	
9		安装线ASTVR1×0.14 黄	665	
8		安装线ASTVR1×0.14 白	665	
7		安装线ASTVR1×0.14 白	625	
6		安装线ASTVR1×0.14 黄	670	
5		安装线ASTVR1×0.14 绿	530	
4		安装线ASTVR1×0.14 黑	490	
3		安装线ASTVR1×0.14 白	705	
2		安装线ASTVR1×0.14 绿	460	
1	Q/XD73-72	安装线ASTVR1×0.14 绿	730	

图 5—1—11　线扎连接图

思考与练习

1. 简述电子产品技术文件的种类和作用。
2. 设计文件的特征是什么？设计文件是如何分类的？
3. 简述设计文件的编制要求。
4. 什么是零件、部件、整件和成套设备？功能单元与其有何区别？
5. 设计文件编号由哪几部分构成？其分类标记是如何规定的？
6. 如何识读框图？如何识读电路原理图？

§5—2　电子产品的生产工艺文件

学习目标

1. 了解电子产品生产工艺文件的分类和作用。
2. 熟悉电子产品生产工艺文件的编制方法。
3. 熟悉电子产品生产工艺文件的文件格式和填写方法。

工艺文件是企业工艺工作的载体，是组织生产、指导操作和进行质量管理必备的技术文件。只有建立一套完整、合理的工艺文件体系，企业才能生产出优质且低成本的产品，获取最佳的经济效益。本节主要介绍工艺文件的分类和作用、编制方法、文件格式和填写方法。

工艺文件是指导工人操作和用于生产、工艺管理等的各种技术文件的总称。工艺文件与设计文件都是指导生产的文件，两者从不同角度对生产提出要求。设计文件是原始文件，是生产的依据，而工艺文件是根据设计文件提出的加工方法，用以实现设计图样上的要求，并以工艺规程和整机工艺文件指导生产，以保证生产任务顺利完成。

目前，我国信息产业工艺文件系列标准包括《工艺文件格式》《工艺文件用基本术语》《工艺文件的成套性》《工艺文件的编号方法》《工艺标准化审查》《工艺文件的更改》《专业工艺规程的编号》《工艺管理常用图形符号》及《工艺管理》等，基本满足了生产的需要。

一、工艺文件的分类和作用

1. 工艺文件的分类

工艺工作的内容可以分为工艺管理和工艺技术两方面，工艺文件大体可以分为工艺管理文件和工艺规程两类。

（1）工艺管理文件。工艺管理文件是企业组织生产和控制工艺工作的技术文件，如工艺文件目录、工艺路线表、材料消耗定额明细表、重要零部件明细表等都属于工艺管理文件。

（2）工艺规程。工艺规程是规定产品或零件制造工艺过程和操作方法等的工艺文件。工艺规程按使用性质可以分为通用工艺规程、专用工艺规程、标准工艺规程；按加工专业可以分为电气装配工艺卡片、机械加工工艺卡片、扎线工艺卡片和涂覆工艺卡片等。

2. 工艺文件的作用

（1）工艺文件为生产准备提供必要的资料。

（2）工艺文件为生产部门提供工艺方法和流程，便于有序地组织生产。

（3）在工艺文件中提出了各工序和岗位的技术要求和操作方法。

（4）使用工艺文件便于生产部门对工艺纪律进行管理和对员工进行管理。

（5）工艺文件是建立和调整生产环境、保证安全生产的指导文件。

（6）使用工艺文件便于控制产品的制造成本和生产效率。

（7）工艺文件为企业操作人员的培训提供依据，以满足生产的需要。

二、工艺文件的编制

编制工艺文件的主要依据是产品设计文件、工艺方案及有关专业标准。编制的工艺文件应符合成套性等要求，做到完整、正确、统一、清晰且合理，能有效指导生产。

1. 工艺文件的编制原则

工艺文件的编制应以优质、低耗、高产为宗旨，结合企业的实际情况，做到以下几点。

（1）根据产品的批量大小、性能指标的复杂程度编制相应的工艺文件。

（2）根据车间的组织形式、装配工艺以及工人的技能水平等情况编制工艺文件，确保工艺文件切实可行。

（3）对未定型的产品，编写临时工艺文件或编写部分必要的工艺文件。

（4）工艺文件应以图为主，力求做到通俗易懂、便于操作，必要时可以加注简要说明。

（5）凡是属于装调工应会的基本工艺规程内容，可以不编入工艺文件。

2. 工艺文件的编制要求

（1）工艺文件要有统一的格式和图幅，图幅大小符合有关规定，并装订成册。

（2）工艺文件的字体要规范，书写应清楚，图形要正确。

（3）工艺文件中使用的名称、编号、图号、符号、材料和元器件代号等，应与设计文件保持一致。

（4）工艺附图应按比例准确绘制。

（5）装配接线图中的接线部位要清楚，连接图中的接线要准确。

（6）工序安装图可以不完全按照实样绘制，但基本轮廓应相似，安装层次应表示清楚。

（7）工艺文件应执行审核、会签、批准等手续。

3. 工艺文件的成套性

工艺文件是企业组织生产、指导操作、保证产品质量的重要手段和规定，必须做到正确、完整、统一、清晰且合理，但在产品的不同阶段，对工艺文件的要求也不同，因此，编制工艺文件时，应根据电子产品的具体情况，按照一定的规范和格式要求进行。同时，为了保证产品顺利生产，还需要有完整的成套工艺文件，并将其汇编成册。

对工艺文件的完整性要求见表5—2—1。

表 5—2—1　　对工艺文件的完整性要求

序号	工艺文件名称	模样阶段	初样阶段	试样阶段	定型阶段
1	工艺总方案		△	△	△
2	工艺路线表	+	○	△	△
3	工艺装配明细表		○	△	△
4	非标准仪器、仪表、设备明细表		○	△	△
5	材料消耗工艺定额明细表	+	○	○	△
6	辅助定额表		+	+	△
7	外协件明细表		+	+	+
8	关键、重要零部件明细表		○	△	△
9	关键工序明细表	○	○	△	△
10	生产说明书		+	△	△
11	各类工艺过程卡片	+	○	△	△
12	各类工艺卡片		○	△	△
13	各类工序卡片		○	△	△
14	各类典型工艺（工序）卡片		+	+	+
15	毛坯下料卡片		+	+	+
16	检验卡片		○	△	△
17	产品工艺性分析报告		△	△	
18	专题技术总结报告		△	△	△
19	工艺评审结论		△	△	△
20	专用工艺总结报告				△
21	专用工艺装备设计文件	+	△	△	△
22	非标准设备设计文件		△	△	△
23	工艺文件目录		+	△	△

注：△—必须具备，+—酌情自定，○—可代替或补充相应的工艺卡片（与生产类型无关）。

工艺文件的成册是指一项产品工艺文件的装订成册要求，可以按设计文件所划分的整件为单元进行成册，也可以按工艺文件中所划分的工艺类型为单元进行成册，同时也可以根据其实际情况按上述两种方法进行混合交叉成册。成册的册数根据产品的复杂程度可以为一册或若干册，但成册应有利于查阅、检查、更改和归档。总册应有总封面及总目录，每一分册也应具有其单独的封面和目录，以便于查阅。

工艺文件的完整性和成册的具体要求应在工艺总方案中予以明确。

4. 工艺文件的编号及简号

工艺文件的编号是指工艺文件的代号，简称为文件代号，由企业区分代号、设计文件的十进制分类编号和工艺文件简号三部分组成，必要时对工艺文件简号可以加区分号进行说明。

工艺文件的编号示例如图 5—2—1 所示。

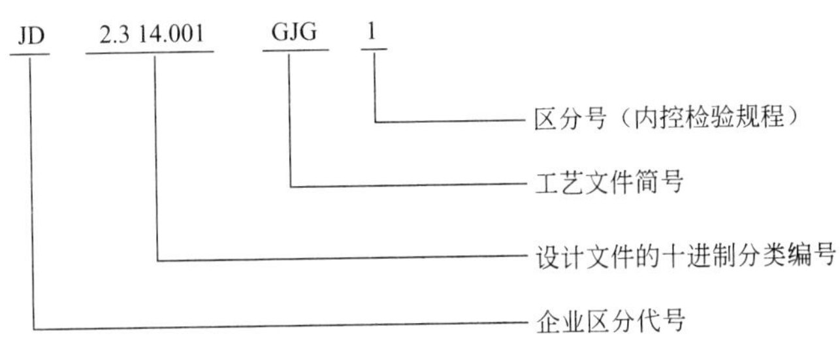

图 5—2—1　工艺文件的编号示例

第一部分是企业区分代号，由大写的汉语拼音字母组成，用以区分编制文件的单位。

第二部分是设计文件的十进制分类编号。

第三部分是工艺文件简号，由大写的汉语拼音字母组成，用以区分编制同一产品的不同种类的工艺文件，编号中的“GJG”即为工艺文件检验规范的简号。

常用的工艺文件简号规定见表 5—2—2。

表 5—2—2　　常用的工艺文件简号规定

序号	工艺文件名称	简号	字母含义
1	工艺文件目录	GML	工目录
2	工艺路线表	GLB	工路表
3	工艺过程卡	GYK	工艺卡
4	元器件工艺表	GYB	工元表
5	导线及扎线加工表	GZB	工扎表
6	各类明细表	GMB	工明表
7	装配工艺过程卡	GZP	工装配
8	工艺说明及简图	GSM	工说明
9	塑料压制件工艺卡	GSK	工塑卡
10	电镀及化学镀工艺卡	GDK	工镀卡
11	电化涂覆工艺卡	GTK	工涂卡
12	热处理工艺卡	GRK	工热卡
13	包装工艺卡	GBZ	工包装
14	调试工艺	GTS	工调试
15	检验规范	GJG	工检规
16	测试工艺	GCS	工测试

第四部分是区分号。当同一简号的工艺文件有两种或两种以上时，可以用标注脚号（数字）的方法来区分不同份数的工艺文件，此时使用的标注脚号即为区分号。

对于填有相同工艺文件名称及简号的各张工艺文件，不管其使用何种格式，都应认为属于同一份独立的工艺文件，应放在一起计算其张数。

5. 工艺文件的签署规定

（1）签署栏的填写。工艺文件上的“签署”栏供有关责任者签署用。归档的产品工艺文件签署栏的签署负责人应按表5—2—3中的规定执行。表中序号1～3的签署顺序是拟制→审核→标准化检查→批准；序号4～9的签署顺序是拟制→审核→批准→标准化检查。

表5—2—3　工艺文件的签署规定

<table>
<tr><th>序号</th><th>签名范围
工艺文件名称</th><th>拟制</th><th>审核</th><th>标准化检查</th><th>批准</th></tr>
<tr><td>1</td><td>工艺文件总封面</td><td rowspan="3"></td><td rowspan="3"></td><td rowspan="3"></td><td rowspan="3">总（副）工艺师或总（副）工程师</td></tr>
<tr><td>2</td><td>工艺方案</td></tr>
<tr><td>3</td><td>关键工艺试设工艺检验规范</td></tr>
<tr><td>4</td><td>工艺文件总目录、分目录</td><td rowspan="6">工艺文件拟制者</td><td rowspan="6">实际审核者</td><td rowspan="6">标准化检查者</td><td rowspan="6">生产技术科负责人</td></tr>
<tr><td>5</td><td>工艺文件封面</td></tr>
<tr><td>6</td><td>各类工艺表、加工表、工艺卡</td></tr>
<tr><td>7</td><td>各类明细表</td></tr>
<tr><td>8</td><td>专用工装设计文件</td></tr>
<tr><td>9</td><td>其他</td></tr>
<tr><td>10</td><td>工艺文件更改通知单</td><td colspan="4"></td></tr>
</table>

（2）签署者的责任

1）“拟制”栏签署者的责任：保证编制依据、原始数据、公式、符号、术语等的贯彻及选用正确、无误；保证工艺方案、工艺路线、工艺设备、加工方法、加工余量等的选择合理；使工艺方案、典型工艺、工艺装备等具有继承性；材料的毛坯类型、尺寸、加工总余量和精度、加工方法和手段、工艺装备等的选用，在满足产品要求的前提下，应提高经济效益和降低成本；保证工艺文件的完整性，使生产出的产品符合设计要求，质量稳定、可靠；保证按工艺文件生产时，各生产单位之间的工艺相协调；保证按工艺文件生产时，工人操作的安全性；保证在工艺编制中遵循相关工艺标准的要求。

2）“审核”栏签署者的责任：保证编制依据的正确性、工艺方案的合理性、专用工艺装备选用的必要性和符合工艺方案的原则；保证操作的安全性，质量控制的可靠性，材料毛坯类型、尺寸、加工总余量和精度的合理性及经济性；保证工艺文件的完整性和协调性；保证工艺文件编制贯彻了相关标准和有关规定。

3）“批准”栏签署者的责任：保证工艺方案的选择能生产出质量稳定的产品；保证工艺文件的完整性、正确性、合理性及协调性；保证质量控制的可靠性；保证安全、环境保护符合现行规定；保证工艺文件编制贯彻了相关标准和有关规定。

4）“标准化检查”栏签署者的责任：保证工艺文件编制贯彻了相关标准和有关规定；保证工艺文件的完整性和签署符合规定；保证工艺文件最大限度地采用典型工艺；保

证工艺说明尽可能采用已有的通用工艺说明；保证工艺文件采用的材料、工具符合现行标准。

（3）签署的要求。工艺文件的签署必须完整，签署人要在规定的签署栏中签署，一人只允许在一个签署栏中签署。各级签署人员应严肃认真，按签署的技术责任履行其职责。签署人书写要清楚并用真实姓名，要写明日期，不允许代签或冒名签署。

6. 工艺文件的更改

为了保证产品质量和不断提高生产效率，必须保证工艺文件得到合理、正确、及时的更改和使用。

（1）工艺文件的更改应遵循的原则有保证生产的顺利进行；保证更改后能更加合理；保证底图、复印图相一致；更改要有记录，便于在必要时查明更改原因。

（2）拟发工艺文件更改通知单。更改通知单由工艺部门拟发，并按规定的签署手续进行更改。其内容若涉及其他技术文件，应同时拟发相应更改通知单，进行齐套更改。如果更改期、使用性、处理意见和分发单位中的某项不相同，则应在更改通知单中进行齐套更改。

拟发工艺文件更改通知单主要有以下几种方式。

1）更换底图。更改通知单应附更换的底图。新底图用原来底图的图号，并给予新的底图总号，原底图总号填入新底图“旧底图总号”栏内。

2）作废底图。终止文件的使用，只发一张更改通知单。

3）局部更改底图。局部更改底图又分为划改及刮改两种方式。

工艺文件更改通知单格式见表 5—2—4。

表 5—2—4　　工艺文件更改通知单格式

<table>
<tr><td colspan="2">更改单号</td><td colspan="6" rowspan="2">工艺文件更改通知单</td><td colspan="2">产品名称或型号</td><td colspan="3">零件、部件、整件名称</td><td>图 号</td><td colspan="2">第　页</td></tr>
<tr><td colspan="2"></td><td colspan="2"></td><td colspan="3"></td><td></td><td colspan="2"></td></tr>
<tr><td colspan="2">生产日期</td><td colspan="4">更改原因</td><td colspan="2" rowspan="2">通知单的分发</td><td colspan="3" rowspan="2"></td><td colspan="2" rowspan="2">处理意见</td><td colspan="3" rowspan="2"></td></tr>
<tr><td colspan="2"></td><td colspan="4"></td></tr>
<tr><td colspan="2">更改标记</td><td colspan="6">更改前</td><td colspan="3">更改标记</td><td colspan="5">更改后</td></tr>
<tr><td colspan="2"></td><td colspan="6"></td><td colspan="3"></td><td colspan="5"></td></tr>
<tr><td>拟制</td><td></td><td>日期</td><td></td><td>审核</td><td></td><td>日期</td><td></td><td>标准化</td><td></td><td>日期</td><td></td><td>批准</td><td></td><td>日期</td><td></td></tr>
</table>

三、工艺文件的格式和填写方法

工艺文件的格式按照工艺技术和管理要求规定的工艺文件栏目编排形式执行。

1. 封面

封面是指产品全套工艺文件装订成册的封面。“第 册”栏填写本册内容在全套工艺文件中的序数；“共 册”栏填写全套工艺文件的册数；“共 页”栏填写本册内容总的页数；“产品型号”“产品名称”“产品图号”栏填写对应产品的型号、名称及图号；“本册内容”栏填写

电子工业

工　艺　文　件

共　册
第　册
共　页

产品型号
产品名称
产品图号
本册内容

批准
年　月　日

图 5—2—2　工艺文件封面

主要工艺内容的名称；“批准”栏填写批准手续的相关信息，并填写批准日期，如图 5—2—2 所示。

2. 目录

工艺文件目录供装订成册的工艺文件编写目录时使用，以反映产品工艺文件的全套性，填写的“产品名称或型号”“产品图号”应与封面的内容保持一致；“文件代号”栏填写文件的简号，“更改标记”栏填写更改事项；“拟制”“审核”栏由有关人员签署；其余栏目按相关标题填写，见表 5—2—5。

表 5—2—5　　工艺文件目录

使用性	工艺文件目录			产品名称或型号		产品图号
	序号	文件代号	零件、部件、整件图号	零件、部件、整件名称	页数	备注
旧底图总号						
底图总号	更改标记	数量	文件号	签名	日期	签名
				拟制		
				审核		

3. 工艺路线表

工艺路线表用于产品生产的安排和调度，反映产品由毛坯准备到成品包装的整个工艺路线，供企业有关部门作为组织生产的依据。填写时，“装入关系”栏用方向指示线显示产品零件、部件、整件的装配关系；“部件用量”和“整件用量”栏填写与本产品明细表相对应的数量；“工艺路线及内容”栏填写零件、部件、整件加工过程中各部门（车间）及其工序的名称和代号；其余栏目按相关标题填写，见表 5—2—6。

表 5—2—6　　　　　　　　　　　　　　**工艺路线表**

使用性	工艺路线表				产品名称或型号		产品图号
	序号	图号	名称	装入关系	部件用量	整件用量	工艺路线及内容
旧底图总号							

底图总号		更改标记	数量	文件号	签名	日期	签名		日期	第　页	
							拟制				
										共　页	
日期	签名						审核				
										第　册	第　页

4. 元器件工艺表

为了提高装配效率和适应流水线生产的需要，购进的元器件应进行预加工（将元器件加工成所需尺寸），因此，必须编制元器件工艺表。元器件工艺表是整机、分机、部件内部电气连接的准备性工艺文件，见表 5—2—7。

表 5—2—7　　　　　　　　　　　　　　**元器件工艺表**

使用性	元器件工艺表		产品名称或型号					产品图号		
	编号	名称、牌号及规格	长度				产品数量	设备	工时定额	备注
			端	端	端	端				
旧底图总号										

续表

底图总号										
		更改标记	文件号	签名	日期	签名		日期	第　页	
						拟制				
						审核			共　页	
日期	签名					标准化				
									第　册	第　页

5. 导线及线扎加工表

导线及线扎加工表用于导线和线扎的加工准备及排线等。填写时，“编号”栏填写导线的编号；“材料”栏填写导线所用材料的名称、规格、颜色和数量；“L 全长”“A 剥头”“B 剥头”填写导线的开线尺寸和导线端头的修剥长度；其余栏目按相关标题填写，见表 5—2—8。

表 5—2—8　　导线与线扎加工表

使用性	导线及线扎加工表										产品名称或型号		产品图号	
	编号	材料			长度					去向、焊接处		设备	工时定额	备注
		名称、规格	颜色	数量	L全长	A端	B端	A剥头	B剥头	A端	B端			
旧底图总号	（简图）													

底图总号		更改标记	数量	文件号	签名	日期	签名		日期	第　页
							拟制			
							审核			
日期	签名									共　页
										第　册
										第　页

6. 配套明细表

配套明细表供有关部门在配套及领、发材料时使用，它反映部件、整件装配时所需要的各种材料及其数量。填写时，“图号”“名称”“数量”栏填写相应设计文件明细表的内容或外购件的标准号、名称和数量；“来自何处”栏填写材料的来源；“备注”栏填写相关的辅助材料；其余栏目按相关标题填写，见表 5—2—9。

表 5—2—9　　配套明细表

<table>
<tr><td colspan="2" rowspan="2">使用性</td><td colspan="5" rowspan="2">配套明细表</td><td colspan="3">装配件名称</td><td colspan="2">装配件图号</td></tr>
<tr><td colspan="3"></td><td colspan="2"></td></tr>
<tr><td colspan="2" rowspan="6"></td><td>序号</td><td>图号</td><td colspan="3">名称</td><td colspan="2">数量</td><td>来自何处</td><td colspan="2">备注</td></tr>
<tr><td></td><td></td><td colspan="3"></td><td colspan="2"></td><td></td><td colspan="2"></td></tr>
<tr><td></td><td></td><td colspan="3"></td><td colspan="2"></td><td></td><td colspan="2"></td></tr>
<tr><td></td><td></td><td colspan="3"></td><td colspan="2"></td><td></td><td colspan="2"></td></tr>
<tr><td></td><td></td><td colspan="3"></td><td colspan="2"></td><td></td><td colspan="2"></td></tr>
<tr><td></td><td></td><td colspan="3"></td><td colspan="2"></td><td></td><td colspan="2"></td></tr>
<tr><td colspan="2" rowspan="2">旧底图总号</td><td></td><td></td><td colspan="3"></td><td colspan="2"></td><td></td><td colspan="2"></td></tr>
<tr><td></td><td></td><td colspan="3"></td><td colspan="2"></td><td></td><td colspan="2"></td></tr>
<tr><td colspan="2" rowspan="2"></td><td></td><td></td><td colspan="3"></td><td colspan="2"></td><td></td><td colspan="2"></td></tr>
<tr><td></td><td></td><td colspan="3"></td><td colspan="2"></td><td></td><td colspan="2"></td></tr>
<tr><td colspan="2">底图总号</td><td>更改标记</td><td>数量</td><td>文件号</td><td>签名</td><td>日期</td><td colspan="2">签名</td><td>日期</td><td colspan="2" rowspan="2">第　页</td></tr>
<tr><td colspan="2" rowspan="2"></td><td></td><td></td><td></td><td></td><td></td><td>拟制</td><td></td><td></td></tr>
<tr><td></td><td></td><td></td><td></td><td></td><td>审核</td><td></td><td></td><td colspan="2" rowspan="2">共　页</td></tr>
<tr><td>日期</td><td>签名</td><td></td><td></td><td></td><td></td><td></td><td></td><td></td><td></td></tr>
<tr><td rowspan="2"></td><td rowspan="2"></td><td></td><td></td><td></td><td></td><td></td><td></td><td></td><td></td><td rowspan="2">第　册</td><td rowspan="2">第　页</td></tr>
<tr><td></td><td></td><td></td><td></td><td></td><td></td><td></td><td></td></tr>
</table>

7. 装配工艺过程卡

装配工艺过程卡（又称为工艺作业指导卡）用于整机装配的准备、装连、调试、检验、包装与入库等装配全过程，一般直接用在流水线上，以指导工人的操作。填写时，“装入件及辅助材料”栏填写本工序所使用的图号、名称和数量；“工序内容及要求”栏填写本工序加工的内容和要求；“旧底图总号”右侧的空白栏供画装配工序图；其余栏目按相关标题填写，见表 5—2—10。

表 5—2—10　　装配工艺过程卡

<table>
<tr><td rowspan="2">使用性</td><td colspan="7" rowspan="2">装配工艺过程卡</td><td colspan="2">装配件名称</td><td>装配件图号</td></tr>
<tr><td colspan="2"></td><td></td></tr>
<tr><td rowspan="4"></td><td rowspan="2">序号</td><td colspan="3">装入件及辅助材料</td><td rowspan="2">车间</td><td rowspan="2">序号</td><td rowspan="2">工种</td><td rowspan="2">工序内容及要求</td><td rowspan="2">设备及安装</td><td rowspan="2">工时定额</td></tr>
<tr><td>图号</td><td>名称</td><td>数量</td></tr>
<tr><td></td><td></td><td></td><td></td><td></td><td></td><td></td><td></td><td></td><td></td></tr>
<tr><td></td><td></td><td></td><td></td><td></td><td></td><td></td><td></td><td></td><td></td></tr>
<tr><td>旧底图总号</td><td colspan="10" rowspan="2">（简图）</td></tr>
<tr><td></td></tr>
</table>

<table>
<tr><td colspan="2">底图总号</td><td>更改标记</td><td>数量</td><td>文件号</td><td>签名</td><td>日期</td><td colspan="2">签名</td><td>日期</td><td colspan="2" rowspan="2">第　页</td></tr>
<tr><td colspan="2" rowspan="2"></td><td></td><td></td><td></td><td></td><td></td><td>拟制</td><td></td><td></td></tr>
<tr><td></td><td></td><td></td><td></td><td></td><td>审核</td><td></td><td></td><td colspan="2" rowspan="2">共　页</td></tr>
<tr><td>日期</td><td>签名</td><td></td><td></td><td></td><td></td><td></td><td></td><td></td><td></td></tr>
<tr><td rowspan="2"></td><td rowspan="2"></td><td></td><td></td><td></td><td></td><td></td><td></td><td></td><td></td><td rowspan="2">第　册</td><td rowspan="2">第　页</td></tr>
<tr><td></td><td></td><td></td><td></td><td></td><td></td><td></td><td></td></tr>
</table>

8. 工艺说明及简图

工艺说明及简图可以作为一种工艺过程的续卡，供绘制图、表及进行文字说明用，也可供编制规定格式以外的其他工艺过程用，如调试说明、检验要求、各种典型工艺文件等。具体见表 5—2—11。

表 5—2—11　　工艺说明及简图

<table>
<tr><td rowspan="4">使用性</td><td rowspan="4">工艺说明及简图</td><td>名　称</td><td>编号或图号</td></tr>
<tr><td></td><td></td></tr>
<tr><td>工序名称</td><td>工序编号</td></tr>
<tr><td></td><td></td></tr>
<tr><td></td><td colspan="3" rowspan="3">（简图）</td></tr>
<tr><td>旧底图总号</td></tr>
<tr><td></td></tr>
</table>

<table>
<tr><td colspan="2">底图总号</td><td>更改标记</td><td>数量</td><td>文件号</td><td>签名</td><td>日期</td><td colspan="2">签名</td><td>日期</td><td colspan="2" rowspan="2">第　页</td></tr>
<tr><td colspan="2" rowspan="2"></td><td></td><td></td><td></td><td></td><td></td><td>拟制</td><td></td><td></td></tr>
<tr><td></td><td></td><td></td><td></td><td></td><td>审核</td><td></td><td></td><td colspan="2" rowspan="2">共　页</td></tr>
<tr><td>日期</td><td>签名</td><td></td><td></td><td></td><td></td><td></td><td></td><td></td><td></td></tr>
<tr><td rowspan="2"></td><td rowspan="2"></td><td></td><td></td><td></td><td></td><td></td><td></td><td></td><td></td><td rowspan="2">第　册</td><td rowspan="2">第　页</td></tr>
<tr><td></td><td></td><td></td><td></td><td></td><td></td><td></td><td></td></tr>
</table>

9. 材料消耗定额表

材料消耗定额表列出了生产产品所需的所有原材料（包括外购件、外协件、辅助材料）的定额，一般以一千套为一个单位，并留有一定的余量作为生产中的损耗。它是供应部门采购原料和财务部门核算成本的依据。

10. 检验卡片

检验卡片供检验工序用，其反映了对检验的要求，主要有“检验内容及技术要求”“检验方法”“检验器具”等栏目，具体见表 5—2—12。

表 5—2—12　　检验卡片

<table>
<tr><td colspan="5" rowspan="2">检验卡片</td><td colspan="2">产品名称</td><td colspan="2" rowspan="2"></td><td>名称</td><td colspan="3" rowspan="2"></td></tr>
<tr><td colspan="2">产品图号</td><td>图号</td></tr>
<tr><td>工作地</td><td></td><td colspan="2">工序号</td><td></td><td colspan="2">来自何处</td><td colspan="2"></td><td colspan="3">去往何处</td><td></td></tr>
<tr><td rowspan="2">序号</td><td colspan="4" rowspan="2">检测内容及技术要求</td><td colspan="2" rowspan="2">检测方法</td><td colspan="2">检验器具</td><td rowspan="2">全检</td><td colspan="2">抽检</td><td rowspan="2">备　注</td></tr>
<tr><td>名称</td><td>规格及精度</td><td></td><td></td></tr>
<tr><td></td><td colspan="4"></td><td></td><td></td><td></td><td></td><td></td><td></td><td></td><td></td></tr>
<tr><td></td><td colspan="4"></td><td></td><td></td><td></td><td></td><td></td><td></td><td></td><td></td></tr>
<tr><td></td><td colspan="4"></td><td></td><td></td><td></td><td></td><td></td><td></td><td></td><td></td></tr>
<tr><td></td><td colspan="4"></td><td></td><td></td><td></td><td></td><td></td><td></td><td></td><td></td></tr>
<tr><td>设计审核</td><td colspan="4"></td><td colspan="2">标准化</td><td colspan="2"></td><td colspan="3" rowspan="4">第　页</td><td rowspan="4">共　页</td></tr>
<tr><td>更改标记</td><td>数量</td><td>更改单号</td><td colspan="2">签名</td><td>日期</td><td rowspan="3">批准</td><td colspan="2" rowspan="3"></td></tr>
<tr><td></td><td></td><td></td><td colspan="2"></td><td></td></tr>
<tr><td></td><td></td><td></td><td colspan="2"></td><td></td></tr>
<tr><td colspan="3">描图</td><td colspan="4"></td><td colspan="2">描校</td><td colspan="4"></td></tr>
</table>

思考与练习

1. 什么是工艺文件？工艺文件如何分类？
2. 简述工艺文件的作用。
3. 工艺文件的编制原则是什么？
4. 简述工艺文件常见的格式。
5. 工艺文件的更改是如何进行的？

实训 8　编制彩色电视机的工艺文件

一、实训目的

1. 熟悉基本的识图方法，提高识图能力。
2. 掌握工艺文件的编制方法。

二、实训所需器材

康佳 32E330C 电视机说明书。

三、实训内容

1. 分析电路原理图。
2. 按照工艺文件格式列出元器件清单，说明元器件的型号。
3. 根据彩色电视机的电路原理，编制其调试工艺文件。
4. 撰写实训报告。

注意事项

1. 编制元器件清单时，不要遗漏元器件。元器件清单中要注明特殊元器件的型号及规格。

2. 编制彩色电视机调试文件时，可以上网收集相关资料。

第六章　电子产品整机的装配与调试

§6—1　电子产品的整机结构

学习目标

1. 了解电子产品整机的结构要素和特点。
2. 了解微型化产品的结构和组装特点。
3. 熟悉机箱的内部结构。
4. 熟悉面板与底座的常见类型。

随着电子技术的发展，电子产品的整机结构趋于微型化，操作面板趋于便捷化。本节主要介绍电子产品整机的结构要素和特点、微型化产品的结构和组装特点，以及机箱的内部结构及面板与底座的常见类型。

一、整机的结构要素和特点

电子产品的整机是将印制电路板组件、电路单元、各种显示器、控制器及相关机械零部件组装成具有实用功能的完整产品，其品种繁多，结构形式多样，按其外形结构可以分为箱（盒）式、机柜式和屏幕式三种基本形式。电子产品的整机机械结构一般是由机箱（插箱），机柜，底板和前、后面板组成，有时还包括一些附件，如把手、导轨、铰链、锁紧装置等。

由于电子产品的应用领域不同，复杂程度各异，工作原理也是千差万别，并且大多是机电一体化的整机结构，制造过程要涉及多学科、多工种的工艺技术。进行电子产品整机结构的设计具有以下特点。

1. 保证电子产品工作稳定、可靠

必须按实际工作环境和使用条件，采取相应的措施，以提高设备的可靠性和使用寿命，保证产品技术指标的实现。例如，设计机箱时，必须考虑机箱内部元器件相互间的电磁干扰、散热的影响，以提高电气性能的稳定性；必须注意机箱的强度、刚度问题，以免发生变形，引起电气接触不良，使接插件卡滞，甚至使电子产品整机受振后损坏。

2. 便于电子产品的操作、使用、安装与维修

例如，为了能有效地操作和使用电子产品，必须使机箱的结构设计符合人的心理和生理特点，同时还要求其结构简单、拆装方便。此外，面板上的控制器、显示装置必须进行合理选择与布局，并考虑操作人员的人身安全等。

3. 保证电子产品具有良好的结构工艺性

电子产品整机的结构与工艺是密不可分的，采用不同的结构就相应有不同的工艺，而且结构设计质量必须有良好的工艺措施来保证。因此，电子产品整机结构必须结合生产实际考虑其结构工艺性。

4. 贯彻执行标准化、模块化

标准化是国家的一项重要技术经济政策和管理措施，它对于提高产品质量和生产效率、便于使用维修、加强企业管理、降低生产成本等都具有重要作用。结构设计中必须尽量减少特殊零部件的数量，增加通用件的数量，尽可能多地采用标准化、规格化的零部件和尺寸系列（即尽量采用标准库中的国标零部件）。例如，采用模块化设计方法，所有尺寸均采用标准尺寸系列，并符合公差配合标准及有关通用标准，以确保电子产品机箱的互换性。这样，在研制类似电子产品或电子产品改型时，可以少改动甚至不改动电子产品的机箱尺寸，即可完成新研制或改型电子产品的机箱设计。

图 6—1—1　扫地机器人

5. 使电子产品更轻巧

现代电子产品通常具有体积小、质量轻等特点，使用、携带和运输方便，因而应用较广泛。图 6—1—1 所示的扫地机器人就具有这样的特点。

6. 使电子产品外形更美观、大方

现代电子产品不仅要求其具有使用功能，而且还追求外形美观、大方。因此，越来越多的电子产品生产厂家将电子产品的新颖外形设计作为市场竞争力的一个重要方面。图 6—1—2 和图 6—1—3 所示的运动手环及立得拍相机由于其具有美观、新颖的外形，备受广大消费者欢迎。

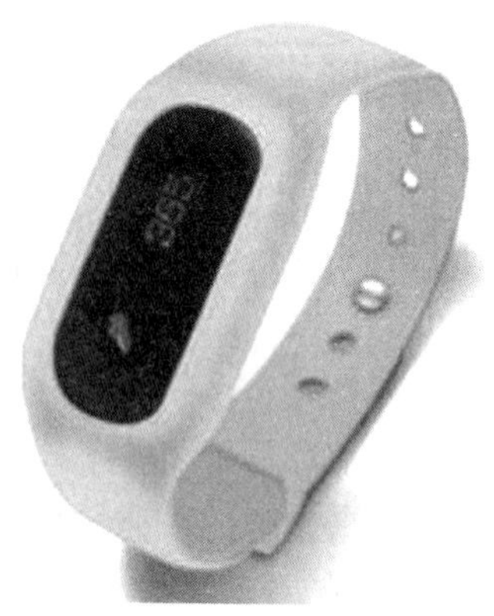

图 6—1—2　运动手环

图 6—1—3　立得拍相机

二、微型化产品的结构和组装特点

随着电子产品功能范围的不断扩大，其结构日趋复杂，结果是产品的组件数目、体积、质量、耗电量和成本增加，而可靠性却在下降。解决这个问题的主要方法就是在设备中大量使用集成电路和功能集成件，这就导致了电子产品结构的变革，即使产品组装电路的结构微型化，产品结构进一步组合化。

1. 电子产品结构的微型化发展

从电子产品发展的历史角度来看，电子产品结构的微型化是随着电子元器件更新换代、组装技术的发展而不断发展的。当然，现在大规模、超大规模集成电路的不断涌现将使微型化结构更进一步发展。目前，纳米技术也在电子技术领域得到了飞速发展。IBM 的研究人员已经能在一个分子（由碳原子组成的管形分子）内集成逻辑电路，其大小只有一根头发直径的十万分之一。可想而知，在不久的将来，电子产品的微型化结构将会有更大的发展。

读一读

电子产品的发展趋向微型化

随着电子产业的迅速发展，对电子产品的生产也提出了更高的要求。为了便于人们携带，更轻、更小巧、更薄的电子产品成为人们的向往，同时也是电子信息工业设计所坚持的信念。

如何能够满足人们对电子产品微型化的需求，是电子行业研究的重要内容。当下，缩小电子产品的芯片体积是一种重要方法，但随着集成化的发展，芯片的规模不断扩大，只有在芯片制造中合理控制封装大小和封装密度，才能控制芯片的体积；封装技术也在不断发展，封装的密度得到了一定的提高，封装尺寸也有所缩小，进而有利于提高封装空间的利用率，提高电气性能和稳定性，这也是在保证电子产品性能的条件下，有效缩小芯片体积的保障。例如，胜创公司推出的超棒系列闪存盘，采用的是 PIP 封装，具有防水、防尘、耐高低温等性能，其体积也极为轻薄和小巧，但内存可达 8 GB。三星公司也在为电子产品的体积缩小而进行不断的研究和实践，如改进手机等产品的闪存芯片封装技术，将圆片的切割工艺进行改善，提高闪存容量，使电子产品更小、更轻薄，但却拥有更大的内存。苹果公司在电子产品工业设计上具有重要的地位，该公司生产的消费类电子产品可称为微型化之作，如它们生产的世界上最薄的笔记本电脑，其最薄处仅为 4 mm，创造了当时的世界纪录。工程师们将机器内部的元器件进行了最优化布局，为该款笔记本电脑定制了特殊的处理器芯片，采用的 CPU 是小型化版本的酷睿 2 处理器，并采用了特殊的封装方式，使其 CPU 比传统的版本减少了约 30% 的体积。

2. 电子产品微型化结构的主要特点

微型化结构是由于集成电路生产的完善，以及新型结构工艺方案的拟制而产生的结果，具有以下特点。

（1）电阻器、电容器、导线大都是在介质衬底表面上制成薄膜形式，二极管、三极管等晶体管则是在半导体衬底的表面层上制成扩散形式。

（2）把很多组件结合（集成）到一块衬底上，便得到结构上完整的功能部件，但难以满足电磁兼容性和热电容性的要求，也难以提高成品率。

（3）使用小型分立组件、接头、滤波组件、匹配组件、指示组件、转接元件等。

（4）采用新的特殊方法来保证对热、机械力及潮湿进行保护。

（5）设备的尺寸在很大程度上取决于集成元件。

（6）材料用量少。

（7）在大批量生产时成本有可能很低。

三、机箱

机箱是电子产品的重要组成部分。它的外形是箱形，由机箱框架，上、下盖板，前、后面板，左、右侧板组成，也可以不用框架，直接由薄板经弯折而成。机箱一般用于尺寸较小、结构简单的电子产品，其具有结构紧凑、体积小、质量小、使用方便等特点。

a）

b）

图 6—1—4　机箱

a）便携式机箱　b）台式机箱

机箱根据应用情况可以分为便携式机箱和台式机箱等，如图 6—1—4 所示。台式机箱内部采用整块镀锌钢板冲压折边而成，只有一处接口，增强了机箱的抗变形能力。机箱的前面板，左、右侧板都采用插卡式结构。扳开前面板底部的卡簧，轻轻一拉就可以将前面板取下；在左、右两侧面板的后面，各有一个手动固定螺钉，用手将其轻轻拧下，向前方一推就可以将这两块面板取下。与传统机箱相比，其安装、拆卸较简单、快捷，甚至可以不用工具。

机箱根据取材和加工方法的不同可以分为钣金结构机箱、铝型材结构机箱、压铸结构机箱和非金属材料机箱。

1. 钣金结构机箱

薄钢板（厚 1 ~ 1.5 mm）经过弯折，再用焊接或螺钉连接即可构成一个完整的机箱，如图 6—1—5 所示。这种结构的优点是机箱有一定的强度和刚度，形式及尺寸可以灵活多样，用料少，生产周期短；缺点是机箱的外形尺寸公差大，不宜用于大批量生产，对操作人员的要求较高，且必须要有一定的工装模具。

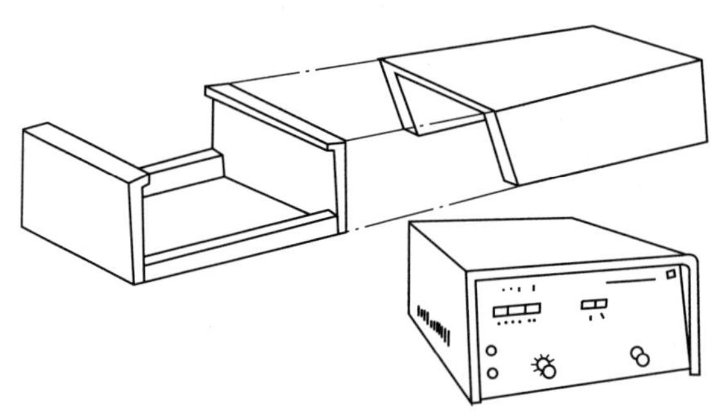

图 6—1—5　钣金结构机箱

2. 铝型材结构机箱

铝型材结构机箱是指用螺钉将各种不同截面形状的铝型材组成框架后，外加盖板构成的机箱。它有以下几种结构。

（1）铝型材围框结构机箱。它是采用弯折方式，先把型材做成两个围框，再用螺钉与铝型材腰带（杆件）等辅助型材组成整机的机箱框架。这种结构形式又可以分为前后围框和左右围框两种结构。前后围框结构机箱是指用铝型材弯制成前、后两个围框，再用铝型材腰带（两根或四根）将两个围框用螺钉连接组成框架后，外加盖板构成的机箱，如图 6—1—6 所示；左右围框结构机箱是指用铝型材弯制成左、右两个围框，再将铝型材横梁用螺钉与围框连接组成框架后，外加盖板构成的机箱，如图 6—1—7 所示。

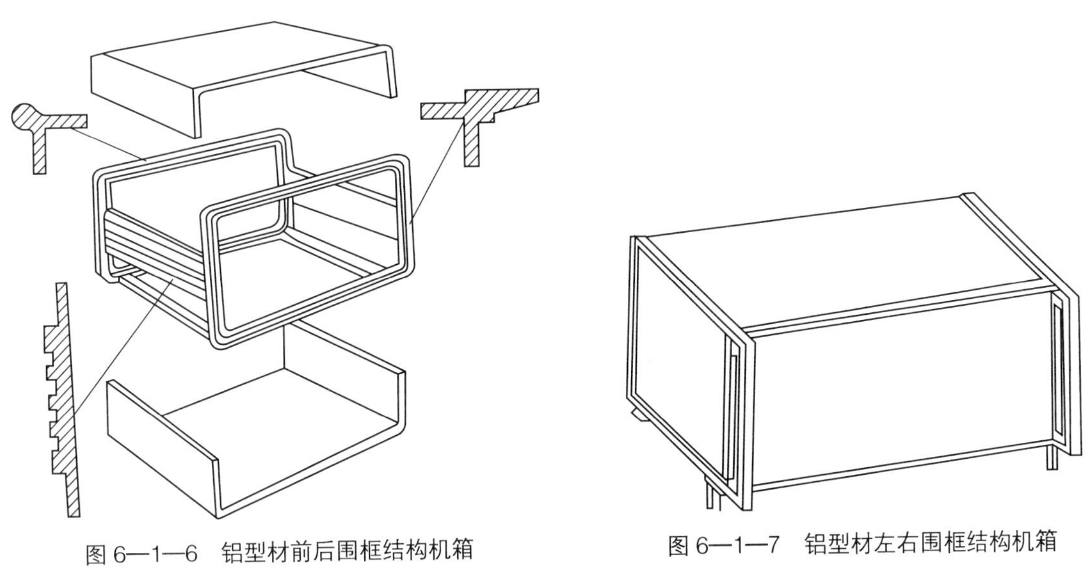

图 6—1—6　铝型材前后围框结构机箱

图 6—1—7　铝型材左右围框结构机箱

铝型材围框机箱有一定的强度，结构上变化灵活，工艺简单，便于批量生产，上、下盖板拆卸方便，便于装配、调试与维修；缺点是围框与盖板、面板的配合不易做到紧密接合。

（2）型板结构机箱。型板是具有板状特征的铝型材。型板结构机箱是指利用型板作为机箱框架侧面（或前、后面），再将铝型材横梁与侧面板连接组成框架后，外加盖板构成的机箱，其上、下盖板可以采用插入式，如图 6—1—8 所示。这种机箱结构形式新颖，强度、刚度高，机械加工量少，便于装配；缺点是机箱高度方向尺寸受型板尺寸控制，机箱多为扁平形状。

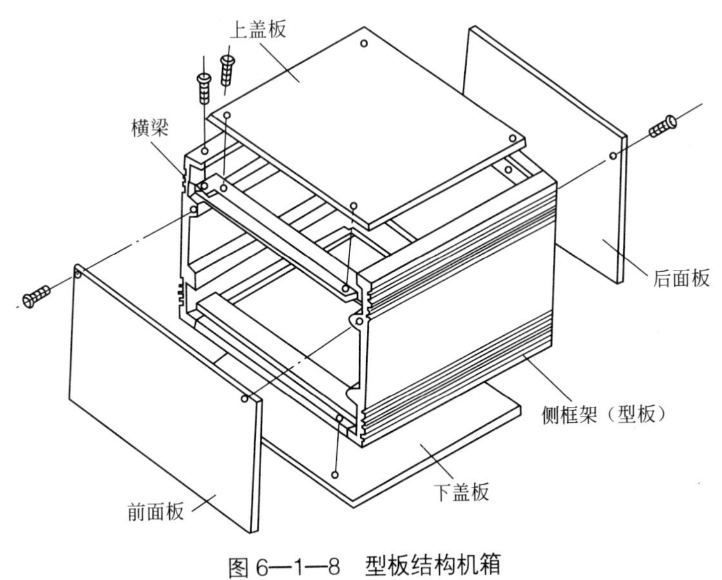

图 6—1—8　型板结构机箱

（3）型材组合结构机箱。型材组合结构机箱是指根据机箱的结构尺寸要求，用多种不同截面形状的铝型材拼装组合成框架后，外加盖板构成的机箱，如图6—1—9所示。图中机箱横梁、侧梁和立柱采用三种不同截面的铝型材组装而成，每种铝型材内都有T形槽，内装方螺母，用以固定机箱内各个构件（如底板、搁架等）。这种机箱组合尺寸变化灵活，装备简单，易于标准化和系列化，多用于品种多、批量小、生产周期短的产品；缺点是切削加工量较大，精度要求高，不适于大批量生产。

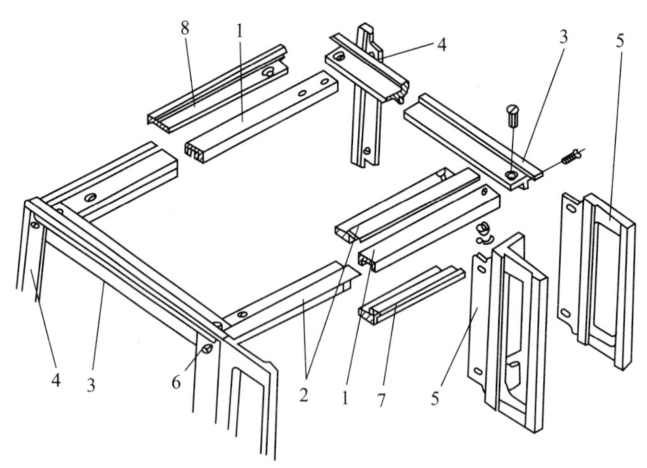

图6—1—9　型材组合结构机箱

1—前后横梁支撑　2—前横梁（台式机箱）　3—侧梁　4—后立柱　5—前立柱（台式机箱）

6—前立柱（装架式机箱）　7—前横梁（装架式机箱）　8—后横梁

3. 压铸结构机箱

将机箱框架及其连接部分制成铝压铸件，即为压铸结构机箱（图6—1—10）。由于采用压铸工艺，故机箱尺寸精度高，强度与刚度较好，装配简单，生产效率高，适用于大批量生产；缺点是制造成本高，且需要专门的压铸机。

4. 非金属材料机箱

一些家电产品或小型电子仪器多采用非金属材料机箱，常用的有以下两种。

（1）木料机箱。木料机箱音响效果好，易于加工成各种形状，但木材受潮易变形，可以在表面涂各种颜色的涂料防潮并装饰外观。木料机箱适宜制作各种音响设备，其外形如图6—1—11所示。

图6—1—10　压铸结构机箱

图6—1—11　木料机箱

（2）工程塑料机箱。工程塑料机箱是指用模具注塑制成的各种形状、各种颜色、外形美观的机箱，多用于电视机、计算机、小型测量仪表和手机等小型无线电通信设备。为了屏蔽电磁干扰，可以在工程塑料机箱内喷镀一层金属。此类机箱分为四种结构。

1）全塑结构机箱（图 6—1—12）。这种机箱仅适用于某些部件的壳体，如带印制导轨的插件箱等。其箱体为注塑的矩形筒体，内有 PCB 导轨，三块 PCB 用支柱连成一体并与后盖板连接后插入机壳。

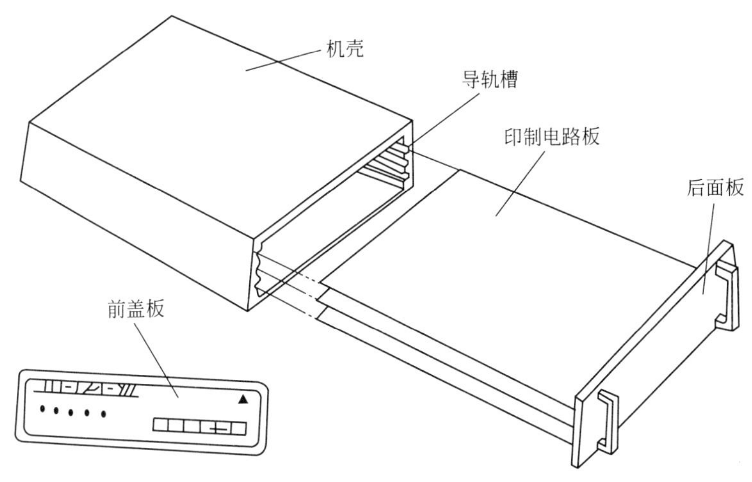

图 6—1—12　全塑结构机箱

2）对开式塑料机箱。这种机箱由两个盒形结构相互连接，构成封闭的产品外壳。如计算器、键盘、手机等小、扁形产品，大多采用上下对开嵌合结构。垂直状态下使用的小、扁形产品则多采用前后对开结构，如收录机、手提式仪表等。图 6—1—13 所示为对开式塑料机箱的对接结构。

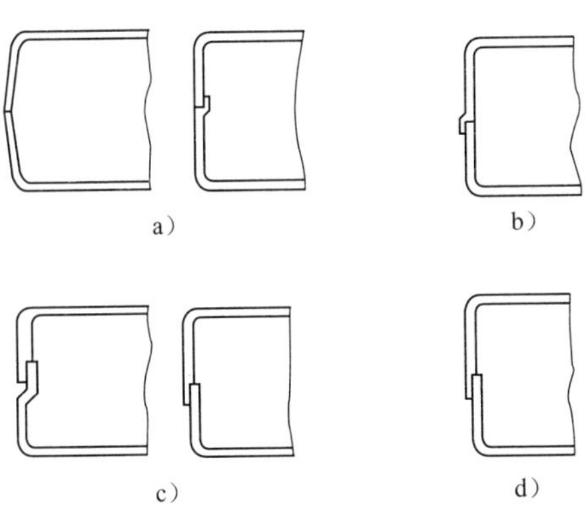

图 6—1—13　对开式塑料机箱的对接结构

a）对接连接　b）凸线装饰式连接　c）套接连接　d）凹线装饰式连接

3）组合式塑料机箱（图 6—1—14）。这种机箱由塑料制件、钣金件和型材混合制成，其前后围框与面板采用塑料制件，其他部分采用钣金件和型材。

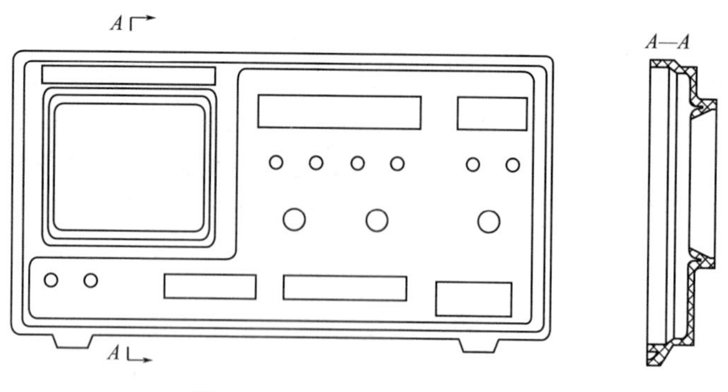

图 6—1—14　组合式塑料机箱

4）复壁结构塑料机箱。这种机箱由两层壁板组成中空结构，两层壁板各厚约 1.5 mm，板间空气夹层约 8 mm，空气夹层内部用来固定仪器。该结构质量轻、刚度和强度高，且空气夹层具有缓冲作用，一般用吹塑工艺成形。

四、面板与底座

1. 面板

面板是电子产品控制和显示装置的安装板，通常分为前面板和后面板。前面板上主要安装操作和指示器件，如电源开关、调节按钮、指示灯、电表、数码管、示波管、显示屏、输入 / 输出插座和接线柱等。后面板上主要安装和外部连接的器件，如电源插座、与其他设备连接的输入 / 输出设备、熔断器、接地端子等，后面板上还可以开通风散热的窗孔。合理的结构布局不仅能提高显示、控制效率，而且能起到装饰与美化的作用。图 6—1—15 所示为某示波器的面板。

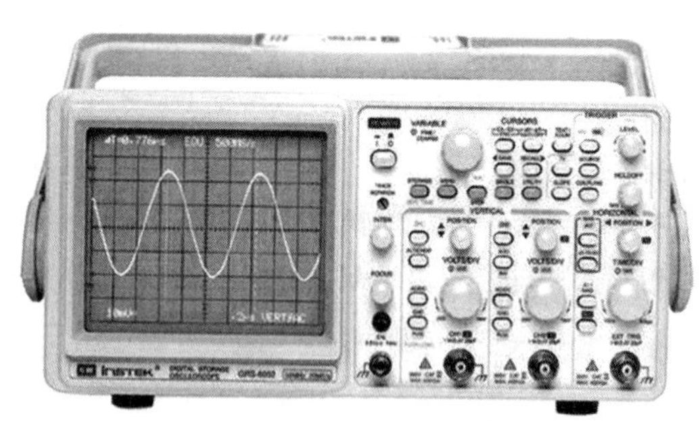

图 6—1—15　某示波器的面板

（1）面板的结构设计原则。面板的结构设计一般遵循以下原则。

1）面板布局必须满足操作使用要求和内部结构要求，做到内外循环。

2）显示器应布置在面板上最醒目的区域，以便于观察和读数。

3）为了使操作者能长时间工作而不疲劳，控制器应安装在最佳控制区。

4）为了便于操作、观察和读数，控制器与显示器的位置布置应相对应。

5）控制器和显示器在面板上可以按系统分区排列装置。

6）控制器、显示器和面板接线柱、开关等装置的附近应有标记（文字或图形），用来说明其用途和控制方向。

7）面板的色彩要和机箱柜相协调，装饰要美观、大方。

8）面板和框体多为螺钉连接。一般来说，为了提高屏蔽效能，对于工作频率较高的电子产品，螺钉间距以不大于 40 mm 为宜，且框体上的螺钉孔应尽量为盲孔。面板上用于进行数据传输的接插件，由于其极易泄漏电磁波，故开孔尺寸应尽量小，并保证接插件安装处与屏蔽体之间有良好的电接触。

（2）面板的结构。面板根据制造方法不同可以分为板料冲制面板、型板面板、铸造面板和塑料面板四种。

1）板料冲制面板。板料冲制面板一般用厚度为 3 ～ 5 mm 的铝合金板制成，其加工性能好，表面便于装饰处理；也可以用厚度为 1 ～ 3 mm 的低碳钢薄板制成，其刚度较高。板料冲制面板可以分为单一面板和组合面板两类。元器件的安装孔和文字符号在单一面板中位于同一块板上，而在组合面板中则分属于安装板和装饰板。

2）型板面板。型板面板常由铝型板和附加板组成，多用于型板结构机箱，如图 6—1—16 所示。

3）铸造面板。铸造面板常用于大中型设备或要求较高、承受较大负荷的电子产品（如雷达显示柜等），材料多采用铸铝合金，如图 6—1—17 所示。

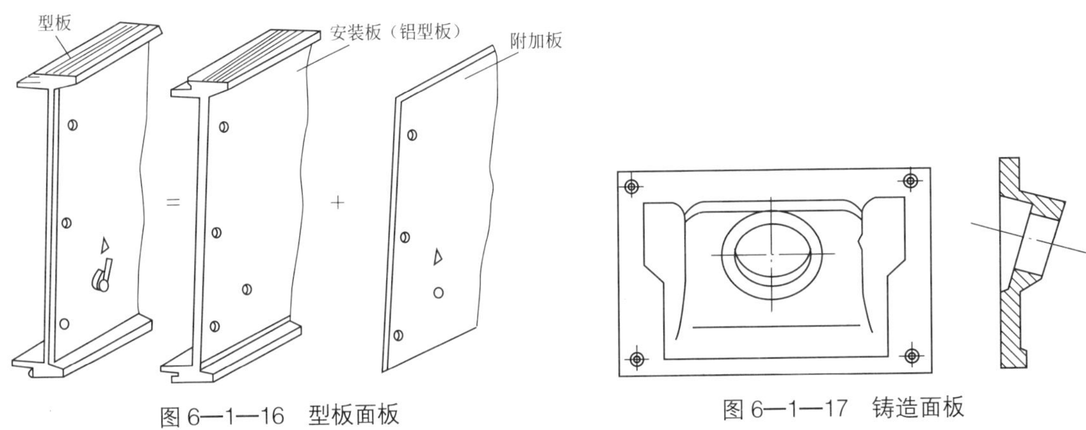

图 6—1—16　型板面板　　图 6—1—17　铸造面板

4）塑料面板。塑料面板是一种用工程塑料压塑或注塑成形的面板。其色彩、造型灵活，成本低，便于批量生产，但刚度和强度较低，多用于小型电子产品。图 6—1—18 所示为电子琴的塑料面板。

图 6—1—18　电子琴的塑料面板

2. 底座

底座在电子产品中是安装、固定和支撑设备内部各种电子元器件和机械零部件的基础。对底座的要求是，机械强度、刚度高，耐振动和缓冲，加工工艺性好；作为电路连接的公共接地点，应具有良好的导电性能；孔径尺寸和种类应尽可能少，尽量采用标准结构。另外，底座上的零部件在布局时，要留出装配工具的操作空间。

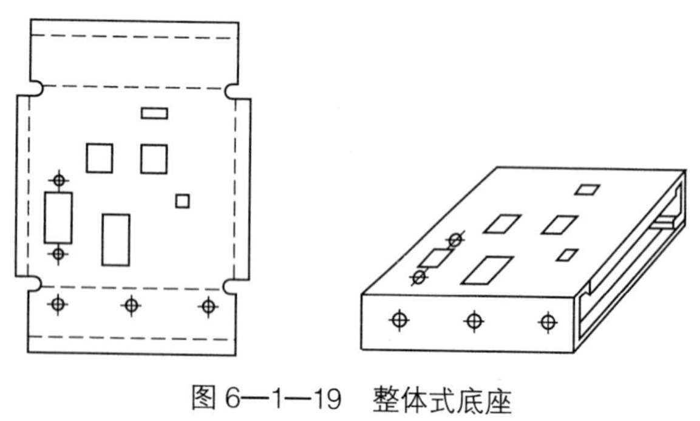

图 6—1—19　整体式底座

在电子产品中，底座的结构形式通常有冲压底座、铸造底座和塑料底座三种。

（1）冲压底座。这种底座是用金属薄板经下料、冲孔和压弯而成形，结构上可以分为整体式底座（图 6—1—19）和组合式底座（图 6—1—20）。它具有质量轻、强度较好、成本低等优点，适宜批量生产，故应用广泛；缺点是由于工艺条件限制，结构不能太复杂，承重能力不大，精度一般。

（2）铸造底座。在底座上安装质量较大、数量较多的零件，特别是在底座上安装有较高精度要求的机械传动装置时，用铸造底座（图 6—1—21）可以提供足够的强度和刚度，并能保证底座在受到振动、冲击时不变形，零部件间不发生相对位移。这种底座的优点是可以将底座和机架一起铸造，具有立体结构，机械强度高，刚度好，表面光洁度较好，可以铸造复杂形状，尺寸精度高；缺点是质量大，生产成本高。

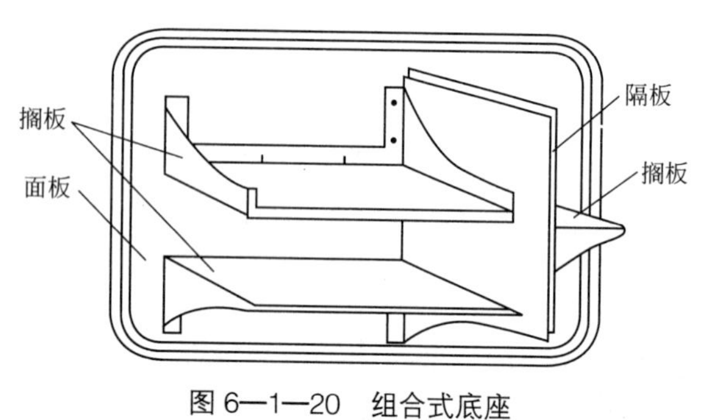

图 6—1—20　组合式底座

图 6—1—21　铸造底座

（3）塑料底座。塑料底座多用于中小型电子产品中作为某些功能部件的底座，这种底座的特点是质量轻，绝缘性好，有良好的机械强度，可以承受一定的负荷。

思考与练习

1. 简述电子产品整机的结构要素与特点。
2. 简述电子产品结构微型化组装的特点。
3. 简述机箱的内部结构组成与分类。
4. 简述电子产品面板的结构设计原则。
5. 底座有哪几种结构形式？

实训 9　拆装计算机主机

一、实训目的

通过对计算机主机的拆装，熟悉电子产品的结构及组装特点。

二、实训所需器材

台式计算机主机 1 台，常用拆装工具 1 套。

三、实训内容

1. 用旋具拧下机箱后侧的螺钉，取下机箱盖后，观察机箱内部的结构。

2. 将主机卧放，使主板向下，用旋具拧下条形窗口上沿固定插卡的螺钉，然后用双手捏紧接口卡的上边缘，竖直向上拔下接口卡。

3. 将硬盘、光驱和软驱的电源插头沿水平方向向外拔出，数据线的拔出方式与拔电源线相同（注意记住它们的位置），然后用十字旋具拧下驱动器支架两侧固定驱动器的螺钉，取下驱动器。

4. 拧下机箱后面用于固定电源的四个螺钉，取下电源。

5. 拔下插在主板上的各种接线插头（注意记住它们的位置）。在拆卸电源的双排 20 针插头时，要注意插头上有一个小塑料卡，捏住它然后向上拉即可拔下电源插头。

6. 将内存插槽两头的塑胶夹脚向外扳动，使内存条能够跳出，取下内存条。

7. 在拆卸 CPU 散热器时，需先按下远端的弹片，让弹片脱离 CPU 插座的卡槽，取出 CPU 散热器。

8. 拧下主板与机箱的固定螺钉，将主板从机箱中取出。

9. 将拆卸完的计算机主机重新进行组装还原。

10. 撰写实训报告。

注意事项

1. 拆装计算机主机前，应先洗手，触摸金属或墙体释放静电。

2. 拆卸过程中要注意对机壳和面板进行保护。

3. 重新组装时要注意组装规范，不得损坏零部件。

§6—2　简单电子产品的装配与调试

学习目标

1. 了解电子产品装配的一般方法。

2. 了解总装操作对整机性能的影响。

3. 熟悉常用装配工具。

电子产品的组装质量依靠人工进行控制，这就要求操作人员具备一定的电子产品组装质量方面的基本知识。此外，在整机装配和调试过程中离不开工具和仪器仪表，能否正确地选择和使用工具、仪器仪表，将影响电子产品的装配质量和工作效率，甚至影响到人身安全。本节主要介绍电子产品装配的一般方法、总装操作对整机性能的影响以及常用装配工具。

一、电子产品装配的一般方法

电子产品整机装配过程中，需要把相关的元器件、零部件等按设计要求安装在规定的位置上，实现电气连接和机械连接。其连接方式是多样的，有焊接、压接、绕接与胶接等。在这些连接中有的是可拆的（拆散时不会损伤任何零部件），有的是不可拆的。

1. 焊接装配

焊接装配方法主要应用于元器件和印制电路板之间的连接、导线和印制电路板之间的连接以及印制电路板与印制电路板之间的连接。其优点是电气性能良好，力学强度较高，结构紧凑；缺点是可拆性较差。

2. 压接装配

压接分为冷压接与热压接两种，目前以冷压接使用较多。压接是借助较高的挤压力和金属位移，使连接器触脚或端子与导线实现连接。压接使用的工具是压接钳，将导线端头放入压接触脚或端头焊片中用力压紧，即可获得可靠的连接。

压接触脚和焊片是专门用来连接导线的器件，有多种规格可供选择，相应的也有多种专用的压接钳。

压接技术的优点是操作简便，适应各种环境场合，成本低，无任何污染；缺点是压接点的接触电阻较大，因操作者施力不同，质量不够稳定，因此，很多连接点不能用压接法。

3. 绕接装配

绕接是将单股芯线用绕接枪高速绕到带棱角（棱形、方形或矩形）接线柱上的电气连接方法。由于绕接枪的转速很高（约 3 000 r/min），对导线的拉力强，使导线左接线柱的棱角上产生强压力和摩擦，并能破坏其几何形状，出现表面高温而使金属表面原子相互扩散产生化合物结晶。

绕接用的导线一般采用单股硬绝缘线，芯线直径为 0.25 ～ 1.3 mm。为了保证连接性能良好，接线柱最好镀金或镀银，绕接的匝数应不少于 5 圈（一般为 5 ～ 8 圈）。

4. 胶接装配

用胶粘剂将零部件粘在一起的安装方法称为胶接。胶接属于不可拆卸连接。其优点是工艺简单，不需要专用的工艺设备，生产效率高，成本低。它能取代机械紧固方法，从而减轻质量。胶接广泛用于小型元器件的固定和不便于螺纹装配、铆接装配的零件装配，以及防止螺纹松动和有气密性要求的场合。

胶接质量的好坏主要取决于工艺操作规程和胶粘剂的性能。

（1）胶接的一般工艺过程。胶接一般要经过表面处理、胶粘剂的调配、涂胶、固化、清理和胶缝检查几个工艺过程。为了保证胶接质量，应严格按照各步工艺过程的要求去做。

（2）常用的胶粘剂

1）聚氯乙烯胶。聚氯乙烯胶是用四氢呋喃作为溶剂，加聚氯乙烯材料配制而成的，它有毒、易燃，常用于塑料与金属、塑料与木材、塑料与塑料的胶接。聚氯乙烯胶在电子产品生产中，主要用于将塑料绝缘导线黏结成线扎和黏结产品包装铝内的泡沫塑料。其胶接工艺特点是固化快，不需加压、加热。

2）环氧树脂胶。环氧树脂胶是以环氧树脂为主，加入填充剂配制而成的胶粘剂。

3）222 厌氧性密封胶。222 厌氧性密封胶是以甲基丙烯酯为主的胶粘剂，是低强度胶，用于需拆卸零部件的锁紧和密封。它具有定位与固连速度快、渗透性好、有一定的胶接力和密封性、拆除后不影响胶接件原有性能等特点。

此外，还有许多具有各种性能的胶粘剂，如导电胶、导磁胶、导热胶、热熔胶、压敏胶等。

二、总装操作对整机性能的影响

总装包括各部件、单元功能板的总装配、调试、检验和包装等，这些工艺都有其特定的操作过程和要求。若总装操作不正确，整机性能就不能达到预定的技术指标，从而影响整机质量。总装操作中要注意以下几个方面的问题。

1. 初调、初检应合格

总装前各功能单元电路板初调、初检必须合格，这是整机总装质量的重要保证。

2. 遵守总装原则

严格遵守总装操作的工艺原则。严格执行自检和专职检验人员检验制度，及时反馈质量信息，对影响产品质量的关键工位、薄弱环节等采取强化管理措施，使总装操作过程处于良好的控制状态，以保证产品质量达到规定的指标要求。

3. 正确装配

装配时应按照工艺指导卡进行操作，每个操作人员都要熟悉本工位的操作内容和要求，熟悉所用材料的型号、规格和数量，发现问题及时解决。若将容量不足、耐压不够的电解电容安装上去，通电时就会出现电容器爆裂、烧毁或留下故障隐患。CMOS 集成块、场效应管等特殊元件在手工焊接时，操作人员要戴接地手环，电烙铁要接地，以防止元器件被静电或漏电击穿。操作时不能破坏零件的精度、镀覆层，且应保持表面光洁。安装的元器件、零部件应端正、牢固，注意保护产品外观。高频信号线要屏蔽。连接导线两端的焊接要牢靠，若使用接线插头，则要插接牢靠，不松脱。操作螺钉旋具应使工件垂直、不偏斜，力矩大小要合适、稳定，装配质量才能良好。安装完成后机内异物要清除干净，不能将焊锡、线头、螺钉、垫圈等异物遗留在整机中，造成电路故障的隐患。同时，装配过程中应注意前后工序合理衔接。

三、常用装配工具

在电子产品整机装配过程中离不开工具，能否正确地选择和使用工具将影响电子产品整机的装配质量和工作效率，甚至影响到人身安全。

1. 紧固工具

紧固工具是用于拧紧或拧松螺钉、螺栓或螺母等的工具，包括螺钉旋具、螺帽旋具、扳手等。

2. 剪切工具

剪切工具用于剪断导线、元器件引脚、金属丝等，常用的有斜口钳、剪刀、尖嘴钳等。

3. 专用工具

专用工具是指专门用于电子产品整机装配的工具，如剥线钳、绕线器、压接钳、热熔胶枪等。

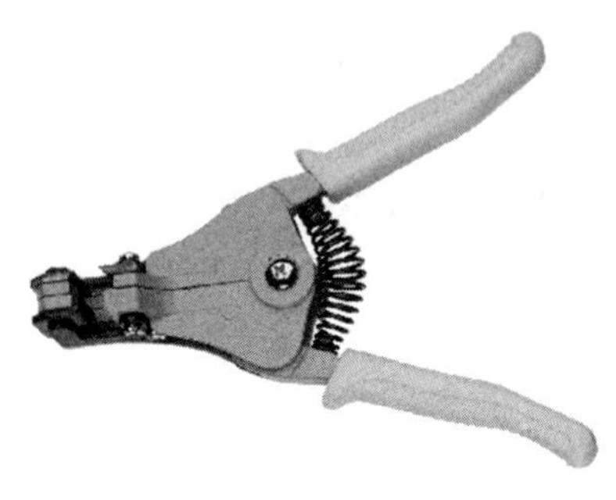

图 6—2—1　剥线钳

（1）剥线钳。剥线钳主要由钳头和手柄组成，如图 6—2—1 所示，用于剥削直径在 3 mm 以下电线线头的塑料、橡皮绝缘层。它的钳口工作部分有多个不同孔径（直径为 0.5 ~ 3 mm）的切口，以便剥削不同规格的芯线绝缘层。

（2）绕线器。绕线器又称为绕线枪，是将导线按规定圈数紧密地缠绕在带有棱边的接线柱上，使之成为牢固的接点的工具，是无锡焊接技术中进行绕接操作的专用工具，如图 6—2—2 所示。其具有高可靠性、高效率、无污染等优点。

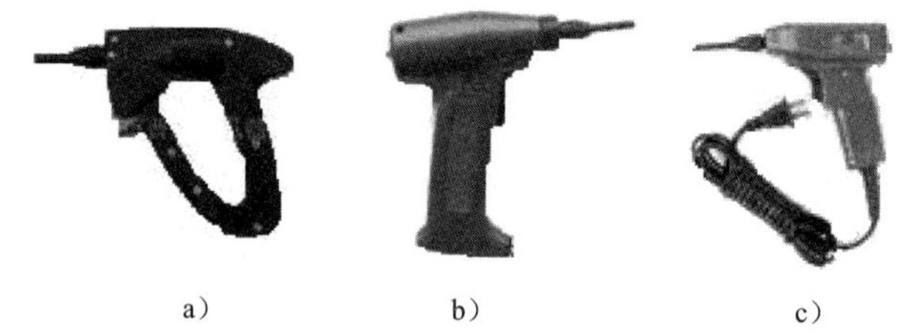

a）　b）　c）

图 6—2—2　绕线器

a）手动式　b）充电电动式　c）电动式

（3）压接钳。压接钳是无锡焊接技术中进行压接操作的专用工具，用于压接接线鼻等。压接钳有快速液压压接钳和普通压接钳两种，如图 6—2—3 所示。

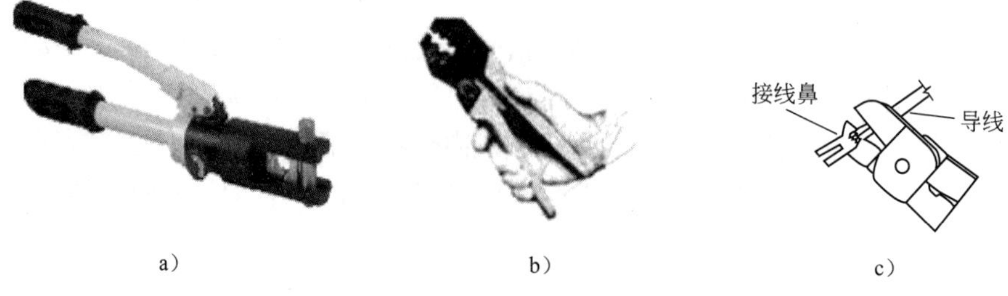

a）　b）　c）

图 6—2—3　压接钳和压接过程

a）快速液压压接钳　b）普通压接钳　c）压接过程

（4）热熔胶枪。热熔胶枪是专门用于胶棒式热熔胶的熔化、胶接的工具，其外形如图 6—2—4 所示。

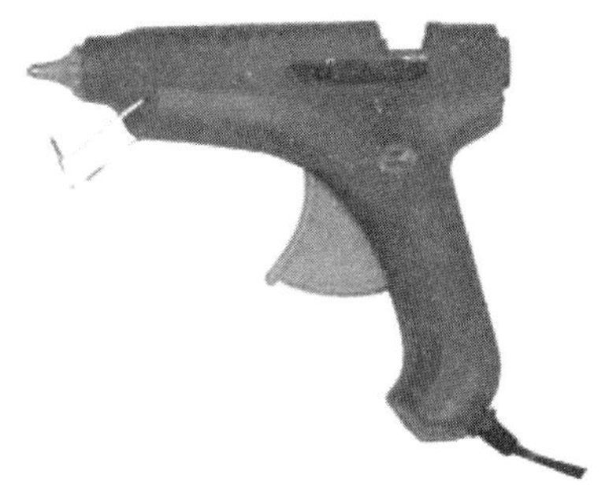

图 6—2—4　热熔胶枪

4. 钳工工具

（1）游标卡尺。游标卡尺是用于测量长度、外径、内径和深度的工具，是一种中等精度的量具，常用的测量精度有 0.05 mm、0.02 mm 和 0.1 mm，其外形如图 6—2—5 所示。

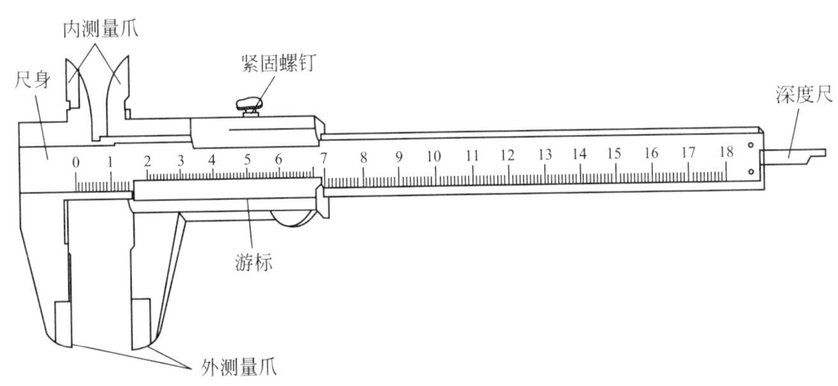

图 6—2—5　游标卡尺

（2）锉刀。锉刀是锉削的主要工具，锉削是用锉刀对工件表面进行切削加工，使其达到图纸要求的形状、尺寸和表面粗糙度。常用的锉刀外形如图 6—2—6 所示。

（3）台钻。台式钻床简称为台钻，是一种体积小巧、操作简便、通常安装在专用工作台上使用的小型加工孔的机床。台钻的钻孔直径一般在 13 mm 以下，最大不超过 16 mm。其外形如图 6—2—7 所示。

图 6—2—6　锉刀

图 6—2—7　台钻

（4）手电钻。手电钻是一种手持式的电动钻孔工具。在装配、修理工作中，经常要在工件上指定的位置钻孔，在用钻床不方便的场合，就可以使用手电钻钻孔。常用的手电钻外形如图 6—2—8 所示。

图 6—2—8　手电钻

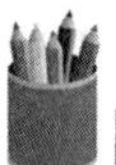

思考与练习

1. 电子产品的装配方法有哪几种？如何进行选择？
2. 结合实践，谈谈总装操作对整机性能有何影响。
3. 常用的装配工具有哪些？

§6—3　较复杂电子产品的装配与调试

学习目标

1. 掌握电子产品整机总装的原则、工艺和质量检验。
2. 掌握电子产品整机的调试工艺。
3. 掌握较复杂电子产品整机的调试内容与调试方案。
4. 了解电子产品调试过程中一般故障的排除方法。

电子产品的组装质量决定了产品的性能和可靠性。为了保证产品的性能和可靠性，生产厂家都有其严格的产品装配工艺，用来控制产品的装配质量。一个设计精良的产品可能因为装配工艺方法不当而无法实现预定的技术指标。因此，掌握装配技术工艺知识对电子产品的设计、制造、使用和维修都很重要。本节主要介绍电子产品整机总装的原则、工艺和质量检验，电子产品整机的调试工艺，较复杂电子产品整机的调试内容与调试方案，电子产品调试过程中一般故障的排除方法。

一、电子产品整机总装的原则、工艺和质量检验

1. 总装的工艺原则

电子产品的整机装配一般比较复杂，在流水线上要经过多道工序，采用不同的装接方式

和安装顺序。安装顺序的合理与否直接影响到整机的装配质量、生产效率和操作人员的劳动强度。装配时一般按先小后大、先轻后重、先铆后装、先装后焊、先里后外、先低后高、上道工序不影响下道工序、下道工序不改变上道工序的总装工艺原则进行安装。同时，装配过程中应注意前后工序的合理衔接。

2. 电子产品整机总装工艺

（1）整机装配流程。整机装配的工序因设备的种类、规模不同，其构成也有所不同，但其基本工序类似。一般整机的装配流程如图 6—3—1 所示。由于产品的复杂程度、设备与场地条件、生产数量、技术力量及操作人员技术水平等情况的不同，生产的组织形式和工序也要根据实际情况有所变化。

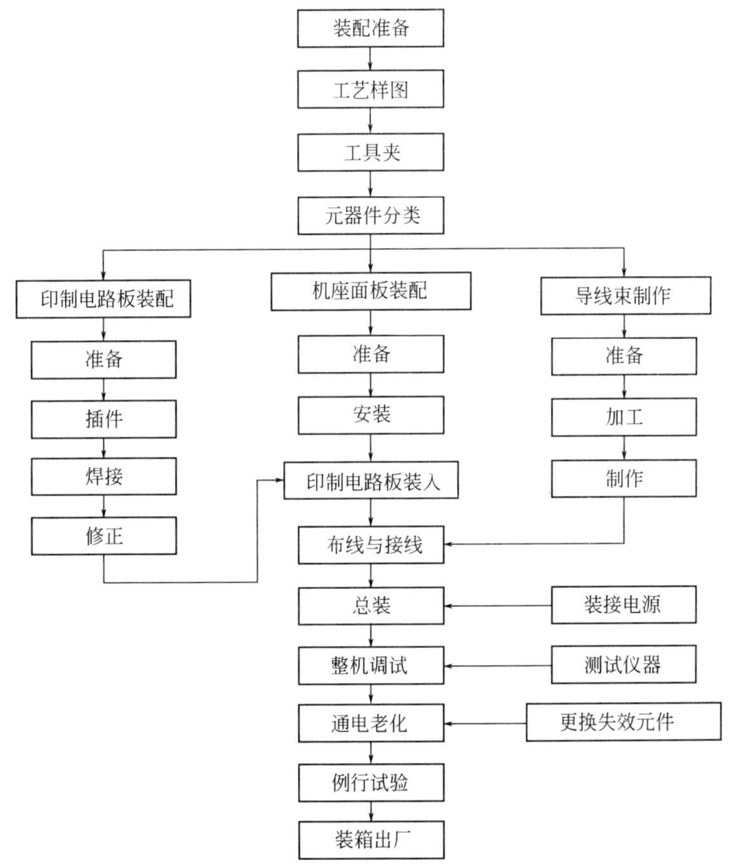

图 6—3—1　整机的装配流程

（2）整机总装的要求。电子产品整机的总装就是将组成整机的各部分装配件经检验合格后，连接成完整的电子产品的过程。

1）装配件的质量要求。整机装配总的质量与各组成部分装配件的装配质量是相关联的。因此，在总装之前应对所有装配件、紧固件等按技术要求进行配套和检查，经检查合格的装配件应进行清洁处理，保证表面无灰尘、油污、金属屑等。

2）整机总装的基本要求

① 未经检验合格的装配件（零件、部件、整件）不得安装。已检验合格的装配件必须

保持清洁。

② 要认真阅读安装工艺文件和设计文件，严格遵守工艺规程。总装完成后的整机应符合图纸和工艺文件的要求。

③ 严格遵守总装的一般顺序，防止前后顺序颠倒，注意前后工序的合理衔接。

④ 总装过程中不要损伤元器件，不要碰坏机箱及元器件上的涂覆层，以免影响绝缘性能。

⑤ 熟练掌握操作技能，保证质量，严格执行三检（自检、互检、专职检验）制度。

3）整机总装的工艺过程。电子产品整机总装是生产过程中极为重要的环节，如果安装工艺、工序不正确，就可能达不到产品的功能要求或预定的技术指标。因此，为了保证整机的总装质量，必须合理安排总装的工艺过程和流水线。

产品的总装工艺过程会因产品的复杂程度、产量大小等方面的不同而有所区别，但总体来看，主要有以下几个环节。

① 准备。装配前对所有装配件、紧固件等从数量的配套和质量的合格两个方面进行检查和准备，同时做好整机装配及调试的准备工作。

② 装配与连接。该环节包括各部件的安装、焊接等内容。前面介绍的各种连接工艺都应在该环节中加以实施与应用。

③ 调试。整机调试包括调整和测试两部分工作，即对整机内可调部分（如可调元器件及机械传动部分）进行调整，并对整机的电气性能进行测试。各类电子产品整机在总装完成后，都要经过调试才能达到规定的技术指标要求。

④ 检验。整机检验应按照产品标准（或技术条件）规定的内容进行，通常有以下三类试验，即生产过程中生产车间的交收试验、新产品的定型试验及定型产品的定期试验（又称为例行试验，例行试验的主要目的是考核产品质量和性能是否稳定、正常）。

⑤包装。包装是电子产品整机总装过程中保护和美化产品及促进销售的环节。电子产品整机的包装通常着重于方便运输和存储两个方面。

⑥入库或出厂。合格的电子产品整机经过合格的包装就可以入库存储或直接出厂运往需求部门，从而完成整个总装过程。

（3）整机总装质量的检验。整机总装完成后，按质量检验的内容进行检验，检验工作要始终坚持自检、互检和专职检验的制度。通常，整机质量的检验主要有以下几个方面。

1）外观检查。主要检查装配好的整机表面有无损伤，涂层有无划痕、脱落，金属结构件有无开焊、开裂，元器件安装是否牢固，导线有无损伤，元器件和端子套管的代号是否符合产品设计文件的规定，整机的活动部分是否活动自如，机内有无残留物（如焊料渣、多余的零件、金属屑等）。

2）装配与连接的正确性检查。装配与连接的正确性检查又称为电路检查，目的是检查电气连接是否符合电路原理图和接线图的要求，导电性能是否良好。

通常用万用表的 $R\times100$ 挡对各检查点进行检查。批量生产时，可以根据预先编制的电路检查程序表，对照电路图进行检查。

3）出厂试验和型式试验

① 出厂试验。出厂试验是产品在完成装配、调试后，在出厂前按国家标准逐个进行试验。一般都是检验一些最重要的性能指标，并且这种试验都是既对产品无破坏性，又能迅速

完成的项目。不同的产品有不同的国家标准。试验项目除上述的外观检查外，还有电气性能指标测试、绝缘电阻测试、绝缘强度测试、抗干扰测试等。

② 型式试验。型式试验对产品的考核是全面的，包括产品的性能指标、对环境条件的适应度、工作的稳定性等。国家对各种不同的产品都有严格的标准。试验项目有高低温、高湿度循环使用和存放试验、振动试验、跌落试验、运输试验等。由于型式试验对产品有一定的破坏性，一般都是在新产品试制定型、设计工艺和关键材料更改以及客户认为有必要时才进行抽样试验。

二、电子产品整机的调试工艺

由于电子产品电路设计的近似性、元器件的离散性和装配工艺的局限性，装配完的整机一般都要进行不同程度的调试，所以在电子产品的生产过程中，调试是一个非常重要的环节。调试工艺水平在很大程度上决定了整机的质量。

1. 调试工艺过程

电子产品调试包括研制阶段调试、调试工艺方案设计、生产阶段调试三个阶段的内容。

（1）研制阶段调试。研制阶段的调试步骤与生产阶段的调试步骤大致相同，但是研制阶段调试由于参考数据很少、电路不成熟，且需要调整的元器件较多，给调试带来一定困难。在研制阶段调试需要做的工作有确定哪些元件需要更改参数，哪些元件需要用可调元件来代替，并且要确定调试的具体内容、步骤、方法、测试点及使用的仪器。研制阶段调试除了对电路设计方案进行试验和调整外，还为下一阶段的调试工艺方案设计和生产阶段调试提供确切的标准数据。根据研制阶段的调试步骤、方法和过程，找出重点和难点，才能设计出合理、科学、高质、高效的调试工艺方案，用于后续的生产调试。

（2）调试工艺方案设计。调试工艺方案是指一整套适用于调试某产品的具体内容与项目（如工作特性、测试点、电路参数等）、步骤与方法、测试条件与测试仪表、有关注意事项与安全操作规程等。调试工艺方案的优劣直接影响到下一阶段生产调试的效率和产品的质量，所以制订调试工艺方案时的调试内容要具体、切实、可行，测试条件必须具体、清楚，测试仪器选择要合理，测试数据尽量表格化（以便从数据中寻找规律）。调试工艺方案设计一般有以下五方面的内容。

1）确定调试项目及每个项目的调试步骤与要求。

2）合理地安排调试工艺流程。调试工艺流程的安排原则是先外后内；先调试结构部分，后调试电气部分；先调试独立项目，后调试有相互影响的项目；先调试基本指标，后调试对质量影响较大的指标。整个调试过程是循序渐进的。例如，电视机各个部件（高频头、中放、行/场扫描、视放、伴音、电源等电路）都调试好后，才能进行整机调试。

3）合理地安排调试工序之间的衔接。在工厂流水作业式生产中对调试工序之间的衔接要求很高，否则整条生产线会出现混乱甚至瘫痪。为了避免重复或调乱可调元件，要求调试人员除了完成本工序调试任务外，不得调整与本工序无关的部分，调试完后还要做好标记，并协调好各个调试工序的进度。在本工序调试项目中，若遇到有故障的部分且在短时间内较难排除时，应做好故障记录，再转到维修线上修理，以防止影响调试生产线的正常运行。

4）选择调试手段

① 要营造一个优良的调试环境，尽量减小电磁场、噪声、湿度、温度等环境因素的

影响。

② 根据每个调试工序的内容和特性要求配置一套精度合适的仪器。

③ 熟悉仪器仪表的正确使用方法，根据调试内容选择出一个合适、快捷的调试操作方法。

5）编制调试工艺文件。调试工艺文件主要包括调试工艺卡、操作规程、质量分析表等。

（3）生产阶段调试。生产阶段的调试质量和效率取决于操作人员对调试工艺的掌握程度和调试工艺过程是否制订得合理。

对调试人员的技能要求如下。

1）理解被调试产品整机电路的工作原理，了解其性能指标的要求和测试的条件。

2）熟悉各种仪器仪表的性能指标及其使用环境要求，并能熟练地操作使用。调试人员必须熟悉有关仪器仪表的原理及其使用方法。

3）掌握电路多个项目的测量与调试方法并具有一定的数据处理能力。

4）能总结调试过程中常见的故障，并能设法排除。

5）严格遵守安全操作规程。

生产阶段调试工艺的大致过程如下。

1）通电前的检查工作。在通电前应先检查底板插件是否正确，是否有虚焊和短路，各仪器连接及工作状态是否正确。只有通过这样的检查，才能有效地减少元器件损坏，提高调试效率。首次调试还要检查各仪器能否正常工作，验证其精确度。

2）测量电源的工作情况。若调试单元是外加电源，则先测量其供电电压是否合适。若由自身底板供电，应先断开负载，检测其在空载和接入假定负载时的电压是否正常，若电压正常，再接通原电路。

3）通电观察。对电路通电，但暂不加入信号，也不要急于调试。首先观察有无异常现象，如冒烟、异味、元器件发烫等。若有异常现象，则应立即断开电路的电源，再次检查底板。

4）单元电路测试与调整。测试是指在安装后对电路的参数及工作状态进行测量。调整是指在测试的基础上对电路的参数进行修正，使之满足设计要求。

若整机电路是由分开的多块功能电路板组成的，可以先对各功能电路分别调试完后再组装在一起调试。

对于单块电路板，先不接各功能电路的连接线，待各功能电路调试完后再接上。分块调试比较理想的调试程序是按信号的流向进行，这样可以把前面调试过的输出信号作为后一级的输入信号，为最后联机调试创造条件。

分块调试包括静态调试和动态调试两种。静态调试一般是指在没有外加信号的条件下测试电路各点的电位，将测出的数据与设计数据相比，若超出规定的范围，则应分析其原因，并做适当调整。动态调试一般是指在加入信号（或自身产生信号）后，测量三极管、集成电路等的动态工作电压，以及有关的波形、频率、相位、电路放大倍数，并通过调整相应的可调元件，使其多项指标符合设计要求。若经过动、静态调试后仍不能达到原设计要求，则应深入分析其测量数据，并做出修正。

5）整机性能测试与调整。由于使用了分块调试方法，有较多调试内容已在分块调试中完成，整机调试只需测试整机性能技术指标是否与设计指标相符，若不符，再做出适当调整即可。

6）对产品进行老化和环境试验。

2. 静态测试与调整

晶体管、集成电路等有源器件必须在一定的静态工作点上工作，才能表现出更好的动态特性，所以在动态调试与整机调试之前必须对各功能电路的静态工作点进行测量与调整，使其符合原设计要求，这样才可以大大降低动态调试与整机调试时的故障率，提高调试效率。

（1）静态测试的内容

1）供电电源静态电压测试。电源电压是各级电路静态工作点是否正常的前提，电源电压偏高或偏低都不能测量出准确的静态工作点。电源电压若有较大波动（如彩色电视机的开关电源），最好先不要接入电路，应先测量其空载和接入假定负载时的电压，待电压输出正常后再接入电路。

2）单元电路静态工作总电流测试。通过测量分块电路静态工作电流，可以提前预测单元电路的工作状态。若电流偏大，说明电路有短路或漏电；若电流偏小，说明电路供电有可能出现开路。只有提前测量该电流，才能减少元器件的损坏。此时的电流只能作为参考，单元电路各静态工作点调试完后，还要再测量一次。

3）三极管静态电压、电流测试。首先要测量三极管三个电极对地的电压，即 U_b、U_c、U_e，或测量 U_{be}、U_{ce} 的电压，判断三极管是否在规定的状态（放大、饱和、截止）内工作。例如，若测出 $U_c = 0$ V、$U_b = 0.68$ V、$U_e = 0$ V，说明三极管处于饱和导通状态。观察该状态是否与设计相同，若不相同，则要分析这些数据，并对基极偏置进行适当的调整。然后再测量三极管集电极的静态电流，测量方法有以下两种。

① 直接测量法。把集电极焊接铜皮断开，然后串入万用表，用电流挡测量其电流。

② 间接测量法。通过测量三极管集电极电阻或发射极电阻的电压，然后根据欧姆定律 $I = U/R$，计算出集电极的静态电流。

4）集成电路静态工作点测试

① 集成电路各引脚静态对地电压的测量。集成电路内的晶体管、电阻、电容都封装在一起，无法进行调整。一般情况下，集成电路各引脚对地电压基本上反映了内部工作状态是否正常。在排除外围元器件损坏（或插错元器件、短路）的情况下，只要将所测得的电压与正常电压进行比较，即可做出正确的判断。

② 集成电路静态工作电流的测量。有时集成电路虽然正常工作，但发热严重，说明其功耗偏大，是静态工作电流不正常的表现，所以要测量其静态工作电流。测量时可以断开集成电路供电引脚铜皮，串入万用表，使用电流挡来测量。若是双电源供电（正负电源），则必须分别测量。

5）数字电路静态逻辑电平的测量。一般情况下，数字电路只有两种电平，以 TTL 与非门电路为例，0.8 V 以下为低电平，1.8 V 以上为高电平。电压在 0.8 ~ 1.8 V 时电路的状态是不稳定的，所以该电压范围是不允许的。不同数字电路高低电平界限都有所不同，但相差不远。

在测量数字电路的静态逻辑电平时，先在输入端加入高电平或低电平，然后测量各输出端的电压是高电平还是低电平，并做好记录。测量完毕后分析其状态电平，判断是否符合该数字电路的逻辑关系。若不符合，则要对电路引线进行一次详细的检查，或者更换该集成电路。

（2）电路调整方法。进行测试时，可能需要对某些元器件的参数加以调整，一般有以下两种方法。

1）选择法。通过替换元件来选择合适的电路参数（性能或技术指标）。在电路原理图中，在这种元件的参数旁边通常标注有“*”号，表示需要在调整中才能准确地选定。由于反复替换元件很不方便，一般总是先接入可调元件，待调整确定了合适的元件参数后，再换上与选定参数值相同的固定元件。

2）调节可调元件法。在电路中已经装有调整元件，如电位器、微调电容或微调电感等。其优点是调节方便，且电路工作一段时间以后，如果状态发生变化，也可以随时调整；缺点是可调元件的可靠性差，体积也比固定元件大。

上述两种方法都适用于静态调整和动态调整。

静态测试与调整时内容较多，适用于产品研制阶段调试或初学者试制电路时使用。在生产阶段调试，为了提高生产效率，通常只做简单针对性的调试，主要以调节可调元件为主。对于故障电路，也只做简单检查，如观察有无短路或断线等。若不能发现故障，则应立即在底板上标明故障现象，再转向维修生产线进行维修，这样才不会耽误调试生产线的运行。

3. 动态测试与调整

动态测试与调整是保证电路各项参数、性能指标优良的重要步骤，其测试与调整的项目内容包括动态工作电压、波形的形状及其幅值和频率、动态输出功率、相位关系、频带、放大倍数、动态范围等。对于数字电路来说，只要元器件选择合适、直流工作点正常，其逻辑关系就不会有太大问题，一般测试电平的转换和工作速度即可。

（1）测量电路动态工作电压。测试内容包括三极管 b、c、e 极和集成电路各引脚对地的动态工作电压。动态电压与静态电压一样，都是判断电路是否正常工作的重要依据。如有些振荡电路，当电路起振时测量 U_{be}，万用表指针会出现反偏现象，利用这一点可以判断振荡电路是否起振。

（2）测量电路重要波形的幅度和频率。无论是在调试还是在排除故障的过程中，波形的测试与调整都是相当重要的。各种整机电路中都可能有波形产生或波形处理与变换的电路。为了判断电路的工作过程是否正常，是否符合技术要求，常需要检测各被测电路的输入、输出波形，并加以分析。对不符合技术要求的，要通过调整电路元器件的参数，使之达到预定的技术要求。在脉冲电路的波形变换中，这种测试更为重要。

大多数情况下观察的是电压波形，有时为了观察电流波形，可以通过测量其限流电阻的电压，再转换成电流的方法来测量。用示波器观测波形时，上限频率应高于测试波形的频率。对于脉冲波形，示波器的上升时间还必须满足要求。观测波形的时候可能会出现以下几种不正常的情况，结合实际进行相关分析。

1）测量点没有波形。这种情况应重点检查电源、静态工作点、测试电路的连线等。

2）波形失真。波形失真或波形不符合设计要求时，必须根据波形特点采取相应的处理方法。例如，功率放大器出现如图 6—3—2 所示的波形，图 6—3—2a 是正常波形，图 6—3—2b 属于对称性削波失真。通过适当减小输入信号，即可测出其最大不失真输出电压，这就是该放大器的动态范围。该动态范围与原设计值进行比较，若相符，则图 6—3—2b 的波形也属正常，而图 6—3—2c 和图 6—3—2d 两种波形均可能是由于互补输出级中点电位偏离引起的，所以应检查并调整该放大器的中点电位（即对电位器进行调整，若没有电位器，可以改变输入端的偏置电阻），使输出波形对称。如果测量点电位正常，仍出现上述波形，则可能是由于前几级电路中某一级工作点不正常引起的。对此只能逐级测量，直到找到出现故障的那一级放大器为止，再调整其静态工作点，使其恢复正常工作。

图 6—3—2e 所示的波形主要是输出级互补管特性差异过大所致。图 6—3—2f 所示的波形是由于输出互补管静态工作电流太小所致，称为交越失真。一般都有相应的电位器来调整；若没有，则可以通过调整互补管的偏置电阻来解决。必须指出的是，静态偏置电流与中点电位的调整是相互影响的，必须反复调整，使其达到最佳工作状态。

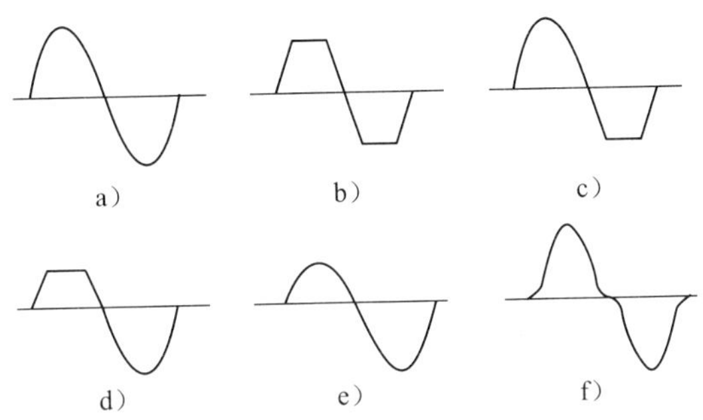

图 6—3—2　正常波形与失真波形

a）正常波形　b）~f）失真波形

对波形的线性、幅度要求较高的电路，一般都设置有专用电位器或一些补偿性元件来调整。对电视机行 / 场锯齿波的调整，一般不需要观察波形，而是根据屏幕上棋盘方格信号来调整。通过调整相应的电位器（如行 / 场线性电位器、幅度电位器），使每个方格大小相等且均匀分布于整个画面即可。

3）波形幅度过大或过小。这种情况主要与电路增益控制元件有关，只需测量有关增益控制元件，即可排除故障。

4）电压波形频率不准确。这种情况与振荡电路的选频元件有关，一般都设有可调电感（如空心电感线圈、中周等）或可调电容来改变其频率，只要做适当调整就能得到准确的频率。

5）波形时有时无，不稳定。这种情况可能是元件或引线接触不良引起的。如果是振荡电路，则电路有可能处于临界状态，对此必须通过调整其静态工作点或一些反馈元件才能排除故障。

6）有杂波混入。首先要排除外来信号的干扰，即要做好各项屏蔽措施。若仍未能排除杂波，则可能是由电路自激引起的。因此，只能通过加大消振电容的方法来排除故障，如加大电路输入、输出端的对地电容，三极管 b、c 极之间的电容，集成电路的消振电容（相位补偿电容）等。

（3）频率特性的测试与调整。频率特性是电子电路中的一项重要技术指标。电视机接收图像质量的好坏主要取决于高频调谐器及中放通道的频率特性。所谓频率特性，是指一个电路对于不同的频率、相同幅度的输入信号（通常是电压）在输出端产生的响应。测试电路频率特性的方法一般有两种，即信号源与电压表测量法和扫频仪测量法。

1）信号源与电压表测量法。具体操作为，在电路输入端加入按一定频率间隔的等幅正弦波，并且每加入一个正弦波就测量一次输出电压。功率放大器常用这种方法测量其频率特性。

2）扫频仪测量法。将扫频仪输入端和输出端分别与被测电路的输出端和输入端连接，在扫频仪的显示屏上就可以看到电路对各点频率的响应幅度曲线。采用扫频仪测试频率特性具有测试简单、迅速、直观、易于调整等特点，常用于各种中频特性调试、带通调试等。收音机的 AM465 kHz 和 FM107 MHz 中频特性常使用扫频仪（或中频特性测试仪）来调试。

动态调试内容还有很多，如电路放大倍数、瞬态响应、相位特性的调试等，且不同电路要求的动态调试项目也不相同，这里不再详述。

4. 整机性能测试与调整

整机调试是指把所有经过动、静态调试的各个部件组装在一起进行的有关测试，其主要目的是使电子产品完全达到原设计的技术指标和要求。由于较多调试内容已在分块调试中完成，整机调试只需要检测整机技术指标是否达到原设计要求即可，若不能达到，则再做适当调整。整机调试流程一般有以下几个步骤。

（1）整机外观的检查。整机外观的检查主要检查整机外观部件是否齐全，外部调节部件和活动部件是否灵活。

（2）整机内部结构的检查。整机内部结构的检查主要检查整机内部连线的分布是否合理、整齐，内部传动部件是否灵活、可靠，各单元电路板或其他部件与机座是否紧固，以及它们之间的连接线、接插件有无漏插、错插、插紧等。

（3）对单元电气性能指标进行复检调试。该步骤主要是针对各单元电路连接后产生的相互影响而设置的，其主要目的是复检各单元电路性能指标是否有改变，若有改变，则应调整有关元器件。

（4）整机技术指标的测试。对已调整好的整机必须进行严格的技术测定，以判断它是否达到原设计的技术要求。如收音机的整机功耗、灵敏度、频率覆盖等技术指标测定。不同类型的整机有各自的技术指标，并规定了相应的测试方法。

（5）整机老化和环境试验。通常，电子产品在装配、调试完后，还要对小部分整机进行老化测试和环境试验，这样可以提早发现电子产品中一些潜在的故障，特别是可以发现带有共性的故障，从而对同类型产品能够及早通过修改电路进行补救，有利于提高电子产品的耐用性和可靠性。

一般的老化测试是指对小部分电子产品进行长时间通电运行，测量其无故障工作时间，并分析总结出现的电气故障的特点，找出共性问题加以解决。

环境试验是指根据电子产品的工作环境确定具体的试验内容，并按照国家规定的方法进行试验。环境试验一般只对小部分产品进行，环境试验的内容和方法如下。

1）对供电电源的适应能力进行试验。若使用交流 220 V 供电的电子产品，一般要求输入交流电压在（220 ± 22）V 和频率在（50 ± 4）Hz 之内，电子产品仍能正常工作。

2）温度试验。温度试验是指把电子产品放入温度试验箱内，进行额定使用的上、下限工作温度的试验。

3）振动和冲击试验。振动和冲击试验是指把电子产品紧固在专门的振动台和冲击台上进行单一频率振动试验、可变频率振动试验和冲击试验。用木锤敲击电子产品也是冲击试验的一种。

三、较复杂电子产品整机的调试内容与调试方案

1. 调试内容及分类

整机调试包含调整和测试两个部分。调整是指对电路参数的调整，即对整机电路中的电位器、微调电容等可调元件进行调整，使之达到预定的各项技术指标。测试是指对整机电路通电后进行电气测量，包括直流性能和交流性能测量。整机调试主要有以下方面的内容。

（1）确定并选择测试用仪器仪表。根据每个调试工序的内容和特性要求，配置合适的仪器仪表，熟悉仪器仪表的正确使用方法。

（2）合理安排调试工艺流程。整个调试工艺流程是循序渐进的过程。为了避免重复调试或调乱可调元件，要求调试人员除了完成本工序调试任务外，不得调试与本工序无关的部分，调试完成后还要做好标记。

（3）对单元电路板或整机进行调整和测试。测试完毕，可以用封蜡、点漆等方法紧固元器件的调整部位。

（4）分析调试中出现的问题，排除故障。在调试项目中遇到故障时，应做好故障记录，并转到维修线上修理，以防止影响生产线的正常运行。对调试数据进行分析处理，得出产品是否合格的结论，并写出调试报告，提出改进意见。

2. 调试方案的制订

调试方案的制订对电子产品调试工作能否顺利开展关系很大，它不仅影响调试质量的好坏，而且影响调试工作效率的提高。因此，事先制订一套完整、合理的调试方案是非常必要的。在实际生产过程中，调试的整个过程都是按照调试工艺文件的要求进行的。

（1）调试工艺文件的基本内容。调试工艺文件是工艺人员为产品生产而制订的一套适合于某一产品调试的具体内容和步骤。它是操作人员调试的技术依据，一般应包括以下几方面的内容。

1）根据国家或企业颁布的标准及产品的等级规格拟定调试项目、步骤与方法。

2）调试所需的工具、仪器仪表的型号及数量。

3）调试所需的图表及有关数据。

4）调试工位及所需人数。

5）调试条件与有关注意事项。

6）调试安全操作规程。

（2）编制调试工艺文件的基本原则。调试工艺文件一般是由企业的工艺技术部门根据产品的设计要求编制的，其编制是否合理，直接影响到产品调试的效率和质量。不同的产品有不同的调试工艺，但其编制原则基本相同，主要从技术要求、生产效率要求、经济要求、质量要求等方面考虑，以确保调试工艺先进合理、切实可行，具体编制原则如下。

1）技术要求。根据产品规格、等级等设计文件确定单元电路、零部件的技术指标，并保证单元电路、零部件的功能符合整机要求。整机调试部分应根据整机性能的设计要求给出整机调试技术指标，从而使调试好的整机性能符合规定要求。

2）生产效率要求。在系统理解和掌握产品性能指标要求及工作原理的基础上，确定调试的具体方法和步骤。调试方法和步骤力求简单、明了，调试内容具体、清晰；考虑调试所用设备的通用性、可靠性、操作复杂性，同时要考虑操作人员的技能水平以及维修方便和使

用安全等，生产调试尽量使用专用设备，以简化操作，提高效率。

3）经济要求。一般来说，能保证产品成本最低的工艺过程便是最经济的，它涉及人员工资、材料消耗等，要从操作人员的水平、设备通用性、维修方便性等方面综合考虑。

4）质量要求。充分考虑调试中产品元器件之间、零部件之间的相互影响，考虑调试工艺的合理性，尽量采用新技术、新工艺，保证调试顺利，减少故障，提高产品的可靠性。

四、调试过程中一般故障的排除方法

在电子产品调试过程中，由于元器件的离散性和工艺性等因素，难免会碰到一些故障，使得被调部件或整机的指标达不到规定值或调整指定元件根本不起作用。为了迅速、准确判断和处理故障，首先要进行细致的观察、分析和检查，确定故障部位后再进行排除。

1. 排除故障的一般程序

电子产品产生故障的原因有很多，应该按照一定的程序，逐步缩小故障范围，根据电路原理进行分段检测，使故障点局限在某一部分电路当中，再进行详细的检测，最后排除故障。

（1）故障观察。仔细观察故障现象，通过观察故障设备的声音、图像，是否有元器件短路、断路，是否有烧灼痕迹等，判断故障的大致情况。

（2）故障分析。根据电路原理分析、判断故障的大致部位，在分析故障时要注意故障现象与故障原因之间的联系，注意不同的元器件损坏可能产生相同的故障现象，要抓住主要矛盾进行分析。如电视机的三无故障（无光栅、无图像、无伴音）一般是电源电路出了问题。

（3）故障检修。分析判断的结果是否准确还需要经仪表和其他手段的检查加以验证。通过检查可以进一步缩小故障范围，最后找出损坏的元件。

2. 排除故障的基本方法

电路部分故障包括工艺性故障和元器件故障。工艺性故障是指漏焊、虚焊、装配错误等。元器件故障主要用仪表检查。

常用的故障查找方法如下。

（1）直观检查法。直观检查法是通过视觉、嗅觉、听觉、触觉查找故障范围和有故障的元器件，这种方法特别适用于检查由于装配等工艺问题而造成的整机故障。应注意的是，在整机交流供电情况下，严禁用手接触电源进线部分的元器件和零部件，以免造成事故。

（2）仪器仪表检查法。借助仪器仪表测量电阻、电流、电压的数值和相关波形来判断故障部位和元器件，如测量静态工作点、幅频曲线等，此法适用于检查软故障。

（3）替换法。在检修中，当出现线圈局部短路、电容器容量不足及晶体管高频放大特性不好等故障时，难以用万用表的电阻挡检查，可以用备用元器件进行替换，注意替换的元器件必须正确装好、焊牢，以免造成人为的故障。

（4）信号注入法。信号注入法是指在电路中加入一些外加信号（如信号发生器产生的信号）后，通过观察判断故障产生原因的方法。有时也用人体感应的杂散信号作为信号源。应注意的是，信号注入的顺序一般是由后级向前级逐一进行。这种方法在检查信号失真或信号通路故障时很有效。

（5）功能比较检查法。这种方法是利用转换整机的各种工作状态，观察实际的功能效果，并对照整机的功能框图来分析故障所在范围。如收录机中，交流供电时工作正常，直流供电时无声，则可以判定故障产生的原因可能是交/直流转换装置的簧片开关接触不良或接线脱落等。

读一读

超外差收音机常见故障的排除

一、无电台信号

该故障又可以分为以下两种情况。

（1）当调整音量电位器时，杂音信号大小不变，这时故障多出现在低放级，可以采用电压检测法或电流检测法测量其直流工作状态，检查可疑的元件，排除故障。

（2）音量开大时，杂音声大；音量关小时，杂音声小。这时故障多出现在检波级之前的级，可以按以下步骤检查。

1）采用干扰法，依次检查检波电路、中放电路、变频电路和输入回路。根据扬声器的声响，可以大致判断故障部位。

故障产生的原因可能是检波二极管失效（短路或开路）、检波滤波短路、中频变压器断路等。

2）对所怀疑的某级电路，用电压检测法或电流检测法测量其直流工作状态，检查可疑的元件，排除故障。

若静态工作电流不正常，故障产生的原因多是晶体管失效，也有可能是偏置电阻开路、短路或变位。若各级直流工作状态均正常，故障产生的原因可能是谐振电容短路、中频变压器线圈短路等。

3）用干扰信号接触输入回路天线连接片，扬声器发出很大的“咔嚓”声，说明信号可以传输过去，应着重检查输入回路和本机振荡电路。故障产生的原因可能是输入线圈断路、双联可变电容器失效、振荡线圈断路或对地短路等。

二、完全无声

采用人体感应法，碰触音量电位器中点和各级低放电路输入端。

（1）若各级均无反应，应首先检查电源电路、输入/输出变压器、扬声器。若故障仍不能确定，再用电压检测法或电流检测法测量各级的直流工作状态，判定故障所在。

故障产生的原因可能是电源开关断路、电源连接线断路，使收音机不工作；输入/输出变压器断路，使信号不通；扬声器音圈断路，使之无输出等。

（2）若某一级有反应，故障范围缩小为音量电位器之后和这一级之前，然后着重检查这一范围的直流工作状态。

故障产生的原因可能是放大管断路、耦合电容开路等。

三、音量小

音量小是指接收到的电台数目和正常时差不多，但音量却小得多。该故障多是由于低放部分不良引起的，要重点检查低放。

先测量电源电压。若电源电压无问题，用电压检测法检查低放部分的直流电压；若各点直流电压正常，说明故障出在与交流通路有关的那些元件，具体可能出现在级间耦合电容失效、发射极旁路电容失效或开路、输入或输出变压器有匝间短路、扬声器故障、晶体管放大能力降低等方面。

四、产生啸叫

收音机产生啸叫故障，一般有两种原因，一种是由于发生了自激振荡，所以这种故障也称为自激；另一种是由于两种信号差拍而产生啸叫。常见的啸叫现象有以下几种。

（1）啸叫与调谐旋钮位置无关，与音量电位器位置变化有关。这种故障多发生在低频放大电路，产生的原因可能是电源滤波电容、退耦电容开路或容量不足。另外，负反馈电路接成了正反馈，也可能产生这种啸叫。

（2）整个调谐过程都有啸叫，尤其在收听电台频率的两侧更为显著，但当正好调在强电台位置时，啸叫消失。这种故障是中频自激的反应，产生的原因可能是中和电容开路或漏电、中放的高频旁路电容短路、检波电路滤波电容开路或失效等。

（3）调谐时，在波段的高端出现啸叫，而低端无啸叫，或啸叫较轻。这是本机振荡过强的反应，产生这种故障的原因可能是上偏置电阻阻值变小而导致集电极电流变大、本机振荡耦合电容变大。

（4）在中波段的低端，有电台信号时产生差拍啸叫。产生这种故障的原因有中频变压器频率调得太高或天线调谐回路严重失谐。这时，当输入电路调至低频时，其谐振频率和中频变压器的谐振频率很接近，由于增益较高，存在杂散正反馈而导致自激振荡。排除的方法是重新校准中频频率及重新统调。

思考与练习

1. 简述整机总装的工艺原则。
2. 整机总装的基本要求是什么？其工艺流程如何？
3. 如何制订电子产品的调试方案？
4. 以收音机为例，简述其静态工作点的调整方法。

实训 10　组装多用充电器

一、实训目的

1. 掌握电子产品整机总装的基本操作技能。
2. 能进行多用充电器的组装。

二、实训所需器材

十字形小旋具 1 把，电烙铁 1 把，偏口钳、尖嘴钳各 1 把，镊子 1 个，剥线钳 1 把，MF–47 型万用表 1 块，多用充电器材料 1 套（表 6—3—1）。

表 6—3—1　　多用充电器材料明细表

序号	代号	名称	规格及型号	数量	备注
1	VD1～VD4、VD11～VD13	二极管	1N4001（1 A/50 V）	7	A板
2	VT5	三极管	8050（NPN）	1	A板
3	VT6、VT7	三极管	9013（NPN）	2	A板
4	VT8、VT9、VT10	三极管	8550（PNP）	3	A板
5	LED1、LED3、LED4、LED5	发光二极管	ϕ3 mm，红色	4	B板
6	LED2	发光二极管	ϕ3 mm，绿色	1	B板
7	C1	电解电容	470 μF/16 V	1	A板
8	C2	电解电容	22 μF/10 V	1	A板
9	C3	电解电容	100 μF/10 V	1	A板
10	R1、R3	电阻	1 kΩ（1/8 W）	2	A板
11	R2	电阻	1 Ω（1/8 W）	1	A板
12	R4	电阻	33 Ω（1/8 W）	1	A板
13	R5	电阻	150 Ω（1/8 W）	1	A板
14	R6	电阻	270 Ω（1/8 W）	1	A板
15	R7	电阻	220 Ω（1/8 W）	1	A板
16	R8、R10、R12	电阻	24 Ω（1/8 W）	3	A板
17	R9、R11、R13	电阻	560 Ω（1/8 W）	3	A板
18	S1	拨动开关	1D3W	1	B板
19	S2	拨动开关	2D2W	1	B板
20	CT2	十字插头线	—	1	B板
21	CT1	电源插头线	2 A/220 V	1	接变压器AC-AC端
22	TC	电源变压器	3 W/7.5 V	1	JK
23	A	印制电路板A	大板	1	JK
24	B	印制电路板B	小板	1	JK
25	JK	机壳、后盖、上盖	套	1	—
26	TH	弹簧	—	5	JK
27	ZJ	正极片	—	5	JK
28	—	自攻螺钉	M2.5	2	固定印制电路板小板B
29	—	自攻螺钉	M3	3	固定机壳后盖
30	PX	排线（15P）	75 mm	1	A板与B板之间的连接线

续表

序号	代号	名称	规格及型号	数量	备注
31	JX接线	J1	160 mm	1	J9（B板上的开关S2旁边的短路线）可以采用硬裸线或元器件引脚
		J2	125 mm	1	
		J3、J4、J5	80 mm	3	
		J6	35 mm	1	
		J7	55 mm	1	
		J8	75 mm	1	
		J9	15 mm	1	
32	—	热缩套管	30 mm	2	用于电源线与变压器引出导线之间连接点处的绝缘

注：备注栏中的“A板”表示该元件安装在印制电路板A板上，“B板”表示该元件安装在印制电路板B板上，“JK”表示该零件安装在机壳中。

三、实训内容

本实训中的多用充电器有 A、B 两块印制电路板，可以将 220 V 市电电压转换成 3 ~ 6 V 直流稳压电源，作为收音机等小型电器的外接电源，并可以对 1 ~ 5 节镍铬或镍氢电池进行恒流充电，是一种用途广泛的实用电器。其组装步骤如下。

1. 对所有元器件进行筛选。
2. 焊接印制电路板 A。
3. 焊接印制电路板 B。
4. 按图逐一进行检查。
5. 装接电池夹，连接电源线，焊接印制电路板 A 板与 B 板及变压器的所有连线，焊接印制电路板 B 板与电池片之间的连线。
6. 检测与调试，先目测，然后再通电检测。
7. 整机装配，完成组装的全过程，得到成品。
8. 撰写实训报告。

注意事项

1. 检测元器件时，使用万用表进行检测的操作方法要正确。
2. 安装元器件时，对于有极性的元器件，要注意其极性不要装反。
3. 在进行排线加工时，剥头时用力不能过大，以防将线芯拔出。排线的长度及剥头长度要严格按照要求加工，否则会增加装配的难度。
4. 装配时注意元器件的安装高度不能过高，否则外壳无法合拢。

实训 11　组装电调谐微型 FM 收音机

一、实训目的

1. 掌握电子产品整机总装的基本操作技能。
2. 能进行电调谐微型 FM 收音机的组装。

二、实训所需器材

十字形小旋具 1 把，电烙铁 1 把，偏口钳、尖嘴钳各 1 把，镊子 1 个，剥线钳 1 把，MF-47 型万用表 1 个，再流焊机 1 台，模板 1 台，电调谐微型 FM 收音机材料 1 套（表 6—3—2）。

表 6—3—2　　电调谐微型 FM 收音机材料明细表

序号	代号	名称	规格及型号	数量	备注
1	R1	电阻	153，2012（2125），RJ1/8 W	1	—
2	R2	电阻	154，2012（2125），RJ1/8 W	1	—
3	R3	电阻	122，2012（2125），RJ1/8 W	1	—
4	R4	电阻	562，2012（2125），RJ1/8 W	1	—
5	R5	电阻	681，2012（2125），RJ1/8 W	1	—
6	R6	电阻	103，2012（2125），RJ1/8 W	1	—
7	C1	电容	222，2012（2125）		—
8	C2、C10、C12、C16、C19	电容	104，2012（2125）	5	—
9	C3、C5	电容	221，2012（2125）	2	—
10	C4	电容	331，2012（2125）	1	—
11	C6、C17	电容	332，2012（2125）	2	—
12	C7	电容	181，2012（2125）	1	—
13	C8	电容	681，2012（2125）	1	—
14	C9	电容	683，2012（2125）	1	—
15	C11	电容	223，2012（2125）	1	—
16	C13	电容	471，2012（2125）	1	—
17	C14	电容	330，2012（2125）	1	—
18	C15	电容	820，2012（2125）	1	—
19	C18	电解电容	100 μF，CT	1	—
20	A	集成电路	SC1088	1	—

续表

序号	代号	名称	规格及型号	数量	备注
21	L1	电感	—	1	磁环
22	L2	电感	—	1	色环
23	L3	电感	70 nH	1	8匝
24	L4	电感	78 nH		5匝
25	VT1	三极管	BB910	1	—
26	VT2	三极管	LED	1	—
27	VT3	三极管	9014，SOT-23	1	—
28	VT4	三极管	9012，SOT-23	1	—
29	—	前盖	塑料件	1	—
30	—	后盖	塑料件	1	—
31	—	电位器钮	—	2	—
32	—	开关钮	—	1	Scan键
33	—	开关钮	—	1	Reset键
34	—	卡子	—	1	—
35	—	电池片	—	3	正、负连接片各1件
36	—	自攻螺钉	—	3	—
37	—	电位器螺钉	—	1	—
38	—	印制电路板	—	1	—
39	—	耳机	32 Ω ×2	1	—
40	RP	带开关的电位器	51 kΩ	1	—
41	S1、S2	轻触开关	—	2	—
42	XS	耳机插座	—	1	—

三、实训内容

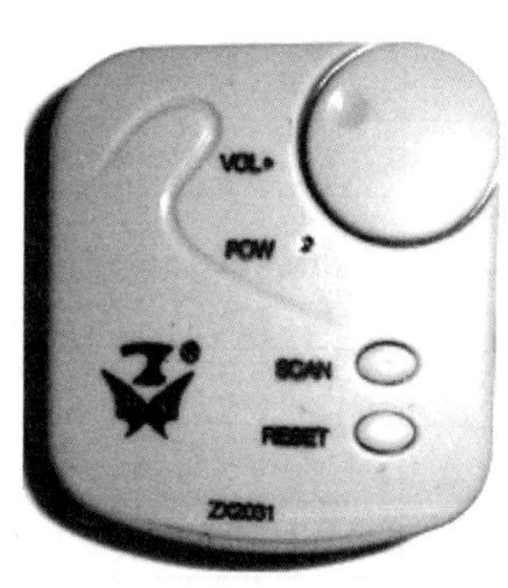

图 6—3—3　外观图

产品外观图如图 6—3—3 所示。本产品采用电调谐单片 FM 收音机集成电路 SC1088，调谐方便、准确，接收频率为 87 ~ 108 MHz，内设静噪电路，以抑制调谐过程中的噪声。其组装步骤如下。

1. 安装前的检查

（1）SMB（表面安装印制电路板）检查。检查图形是否完整，有无短路、断路缺陷；孔位与尺寸是否合理；表面涂覆（阻焊层）是否完整。

（2）外壳及结构件检查。按材料明细表清点元器件品种、规格及数量（表面贴装元件除外）；检查外壳有无缺陷及外观损伤；检查耳机是否完好，工作是否正常。

（3）THT（通孔安装）元件的检查。检查元件质量，判别极性元件的极性。

2. 贴片及焊接

（1）丝印焊膏，并检查印刷情况。

（2）按工序流程贴片，其顺序为C1/R1、C2/R2、C3/VT3、C4/VT4、C5/R3、C6/A（SC1088）、C7、C8/R4、C9、C10、C11、C12、Cl3、C14、C15、C16。

（3）检查贴片数量及位置。

（4）用再流焊机焊接。

（5）检查焊接质量并进行修补。

3. 安装插装元件。

4. 所有元器件焊接完成后先目视检查，然后用万用表通电检测。

（1）元器件检查。检查型号、规格、数量及安装位置、方向是否与图样符合。

（2）焊点检查。检查有无虚、漏、桥接、飞溅等缺陷。

5. 总装。固定SMB，安装外壳，完成组装的全过程，得到成品。

6. 总装完毕，装上电池，插入耳机进行检查，检查电源开关手感是否良好，音量是否正常、可调，收听是否正常。

7. 撰写实训报告。

注意事项

1. SMC（表面安装元件）和SMD（表面安装器件）不能用手拿，用镊子夹持时不可夹引线。表面贴装SC1088时应注意标记方向。

2. 丝印焊膏时，焊膏量不能太多，否则经过再流焊机焊接后容易出现连焊现象。

3. 用再流焊机焊接时的时间长短应正确设置。

4. 焊接耳机插孔时，电烙铁加热焊点的时间要短，以防止烫坏耳机插孔。同时，为了确保焊接后耳机插座完好，可以先将耳机插头插入耳机插座中，然后再焊接。

5. 装配插装元器件时应注意元器件的安装高度不能过高，否则外壳无法合拢。

6. 有极性的元器件在安装时注意其极性不要装反。

7. 装电位器旋钮时，注意旋钮上凹点的位置。

实训12　调试超外差调幅收音机

一、实训目的

1. 了解一般电子产品（部件）的调试步骤与方法。

2. 能熟练调试收音机的中频、频率范围和跟踪等。

二、实训所需器材

高频信号发生器（ZN1060）1台（配环形天线），晶体管毫伏表（DA-16）1台，直流稳压电源1台，超外差调幅收音机1台，无感旋具1把，铜/铁棒、高频蜡若干。

三、实训内容

1. 根据所选机型准备好有关资料（电路原理图、印制电路板图及说明书等技术文件），熟悉所调试机型的原理、被调元件的位置、收音机的技术参数。

2. 熟悉所选仪器的使用方法，选用合适大小的电源电压，调试时按如图 6—3—4 所示的收音机调试接线示意图正确接线。

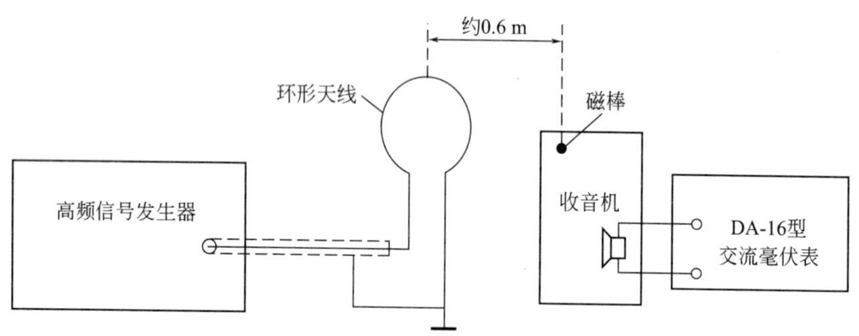

图 6—3—4　收音机调试接线示意图

3. 静态工作点调整与测试。可以采用先测量电压再换算的方法，也可以直接测量电流（大部分收音机有测量电流的开口点），将测量结果与标准对照，有问题要先排除，并做好记录。

4. 中频调试

（1）开启收音机，音量适中，将双联可变电容全部旋进（低端）。

（2）调整高频信号发生器，使之输出一个载频为 465 kHz、调制频率为 1 000 Hz 的调幅信号，电压输出指示为 1 V，*M*% 指示 30%（以下调制信号除频率外，其余参数都一样）。调节输出衰减开关，使收音机能收到输出信号为准（晶体管毫伏表有指示），用无感旋具逐个调整收音机中频变压器的磁芯，使晶体管毫伏表的指示值为最大（调整时应从后往前逐级调整）。调节时应注意音量电位器的位置，要保持晶体管毫伏表所指示的输出信号在 1 V 以下。

5. 调节频率范围。调节高频信号发生器的有关旋钮，使其输出频率为 520 kHz 的调幅信号（比中波频率范围略宽），将收音机的双联可变电容全部旋进，用无感旋具调节中波振荡线圈的磁芯，使晶体管毫伏表的指示值为最大，即调好了低端频率覆盖。然后调节高频信号发生器，使其输出频率为 1 620 kHz 的高频调幅信号，将收音机的双联可变电容全部旋出，用无感旋具调节并联在中波振荡线圈上的半可变电容，使晶体管毫伏表的指示值为最大，即调好了高端频率覆盖。上述调节需反复几次。

6. 调节输入回路（三点跟踪）

（1）调节高频信号发生器，使其输出频率为 600 kHz 的高频调幅信号；调节收音机的双联可变电容，使收音机正好接收到 600 kHz 的信号；调整线圈在磁棒上的位置，使晶体管毫伏表的指示值为最大，即调好了低端跟踪。

（2）调节高频信号发生器，使其输出频率为 1 500 kHz 的高频调幅信号；调节收音机的双联可变电容，使收音机正好接收到 1 500 kHz 的信号；用无感旋具调节并联在输入回路中的半可变电容，使晶体管毫伏表的指示值为最大，即调好了高端跟踪。高低端是关联的，需反复调整几次。

（3）600 kHz、1 500 kHz 调好以后，一般来说中间误差也就不大了，但要在 1 000 kHz 处进行查验。调节高频信号发生器，使其输出 1 000 kHz 的调幅信号；调整收音机接收此信号，看收音机在 1 000 kHz 刻度处的指示值是否为最大，若误差过大需重新调试。

跟踪需反复调节，最后用铜 / 铁棒进行检验。将铜棒靠近收音机的天线，若收音机输出有所增加，称为铜升，说明天线的电感量大，即输入回路的频率比外来信号的频率低，这时向外拉出，直到无铜升为止；将铁棒靠近磁性天线，若输出增加，则情况与上述相反。需反复调整，直到无铜升和铁升为止，然后用高频蜡封好天线线圈及中周等。调试中出现的问题应及时解决，并做好记录。

注意事项

1. 实训过程中要注意按规程操作、使用仪器，防止出现意外事故。
2. 对实训所用的收音机进行调试时应正确操作，防止损坏收音机。

第七章　电子产品的质量管理与检验

§7—1　电子产品的质量管理与认证

1. 了解生产过程的主要阶段。
2. 了解产品质量管理的基本知识及国际质量体系。
3. 了解各国产品认证的类型及中国 3C 认证的内涵。

随着电子工业的发展，电子产品不断更新换代，只有具有优良品质和高可靠性的产品，才能使企业具有生命力，使其不断向前发展。因此，对产品的生产必须推行全面的质量管理。本节主要介绍生产过程的主要阶段、全面质量管理、质量管理标准及各国产品认证。

一、生产过程的主要阶段

电子产品的生产过程并非单纯指产品定型以后的批量制造过程，而是指产品从研制、开发到销售的全部过程。一般来说，这个过程应包括设计、试制、批量生产三个主要阶段。

1. 设计

生产出客户满意的产品是每个企业的目标。产品设计应从市场调研开始，了解市场信息，分析用户心理，掌握用户对产品质量性能的要求。通过调查制订产品的设计方案，对方案进行可行性论证，找出技术关键及技术难点，对原理方案进行试验，在试验基础上进行样机设计。

2. 试制

产品设计完成后，进入产品试制阶段。试制阶段包括样机试制、产品定型设计和小批量试制三方面内容。根据第一阶段的样机设计资料进行样机试制，实现产品预期的性能指标，并进行研制产品的工艺设计。样机试制完成后，根据产品定型设计资料制订产品的小批量生产工艺，进行小批量生产，同时完善全套工艺资料。

3. 批量生产

开发产品的目的是要达到批量生产。生产批量越大，越容易降低成本，经济效益也就越高。在批量生产的过程中，应根据全套工艺技术资料进行生产组织工作，包括原材料的采购、部件的外协加工、工具及设备的准备、生产场地的布置、装配与调试生产的流水线、进行各类人员的技术培训、设置各工序的质量检验、制定包装运输的规则及试验、开展宣传与销售工作、组织售后服务与维修等。

二、全面质量管理

全面质量管理即 TQM（Total Quality Management），是指一个组织以质量为中心，以全员参与为基础，目的在于通过顾客满意和本组织所有成员及社会受益而达到长期成功的管理途径。在全面质量管理中，质量这个概念和全部管理目标的实现有关。经过一个世纪的发展，质量管理共经历了三个阶段，具体见表 7—1—1。

表 7—1—1　　质量管理经历的三个阶段

时间范围	三个阶段	阶段特征
20世纪20—30年代	质量检验阶段	由专职检验部门实施质量检验，利用检验设备和仪表对产品进行百分之百的检验
20世纪40—50年代	统计质量管理阶段	用数理统计方法找出产品质量波动的规律，可以有效预防废品的产生
20世纪60年代—至今	全面质量管理阶段	以质量管理为中心，全员全过程进行管理

为了节约成本，提高产品的可靠性，企业必须在产品设计、生产、经营等方面实行全面的质量管理。

全面质量管理过程的全面性，决定了全面质量管理的内容应当包括设计过程、制造过程、辅助过程和使用过程四个过程的质量管理。

1. 设计过程质量管理的内容

产品设计过程的质量管理是全面质量管理的首要环节。这里的设计过程包括市场调查、产品设计、工艺准备、试制和鉴定等过程（即产品正式投产前的全部技术准备过程）。设计过程质量管理的主要工作内容有通过市场调查研究，根据用户要求、科技情报与企业的经营目标，制定产品的质量目标；组织有销售、使用、科研、设计、工艺、制度和质管等多部门参加的审查和验证，确定合适的设计方案；保证技术文件的质量；做好标准化的审查工作；督促遵守设计与试制的工作程序等。

2. 制造过程质量管理的内容

制造过程是指对产品直接进行加工的过程。它是产品质量形成的基础，是企业质量管理的基本环节。它的基本任务是保证产品的制造质量，建立一个能够稳定生产合格品和优质品的生产系统。制造过程质量管理的主要工作内容有组织质量检验工作；组织和促进文明生产；组织质量分析，掌握质量动态；组织工序的质量控制，建立管理点等。

3. 辅助过程质量管理的内容

辅助过程是指为保证制造过程正常进行而提供各种物资技术条件的过程。它包括物资采购供应、动力生产、设备维修、工具制造、仓库保管、运输服务等。辅助过程质量管理的主要工作内容有做好物资采购供应（包括外协准备）的质量管理，保证采购质量；严格进行入库物资的检查与验收；按质、按量、按期地提供生产所需要的各种物资（包括原材料、辅助材料、燃料等）；组织好设备维修工作，保持设备良好的技术状态；做好工具制造和供应的质量管理工作等。此外，企业物资采购的质量管理也越来越重要。

4. 使用过程质量管理的内容

使用过程是考验产品实际质量的过程，它是企业内部质量管理的延续，也是全面质量管理的出发点和落脚点。这一过程质量管理的基本任务是提高服务质量（包括售前服务和售后服务），保证产品的实际使用效果，不断促使企业研究和改进产品质量。使用过程质量管理的主要工作内容有开展技术服务工作，处理出厂产品质量问题；调查产品使用效果和用户要求。

三、ISO 国际质量管理标准

随着国际贸易经济的增长和全球化的发展，出现了激烈的竞争和相互合作的发展趋势，世界范围的质量管理迫切需要标准化。国际标准化组织（ISO）早在 1987 年就颁布了 ISO 9000 系列标准，该标准具有通用性和指导性。此后，ISO 标准经过世界各国的广泛应用与发展并将其不断完善，相继推出了 1994 版和现在的 2000 版标准，迄今 ISO 9000 系列标准已被全球 100 多个国家和地区采用，全世界共有 50 多万家企业和组织获得了质量管理体系认证证书。

ISO 9000 系列标准明确了质量管理和质量保证体系，适用于生产型和服务型企业。它包括了 3 个体系标准和 8 条指导方针。3 个体系标准分别是 ISO 9001、ISO 9002 和 ISO 9003；8 个指导方针分别是 ISO 9000-1 ~ ISO 9000-4 和 ISO 9004-1 ~ ISO 9004-4。其中首要标准是 ISO 9001，它为设计、制造产品及提供服务的组织明确指出了一套完整质量体系中的 20 条要素。ISO 9002 为只制造产品但不设计产品及提供服务的组织明确指出了 19 条要素。ISO 9003 为只进行检验的组织明确指出了 16 条要素。

ISO 9000 系列标准每 5 ~ 7 年修订一次。ISO 9001 的新修订本包括一个单一质量体系标准，其中指明了 ISO 9001 适用于一切组织。它涉及管理职责，资源管理，工序管理，测量、分析及改进四个部分。资源管理这部分是全新的，其他部分包含了一些新项目。新修订本包含所有旧的要求，并增加了附加管理要求、工序管理要求、工序测量及改进要求。

ISO 9000 系列标准的认证需要由注册团体每 6 个月或 12 个月进行一次监督评估，每 3 年进行一次全面的再评估。

ISO 9000 系列标准 2000 版以后的版本，将 9002 和 9003 融合到 ISO 9001：2000 标准中，所有用于认证的只有 ISO 9001，ISO 9002 和 ISO 9003 已经退出历史舞台。ISO 9004 是业绩改进指南，不用于认证，只用于组织内部综合绩效改进指南。

读一读

国际标准化组织（International Organization for Standardization，ISO）是一个全球性的非政府组织，是国际标准化领域中一个十分重要的组织。ISO 一词来源于希腊语“ISOS”，即平等之意。ISO 成立于 1946 年，官方语言是英语、法语和俄语，参与者包括各会员国的国家标准机构和主要公司。

目前，ISO 负责绝大部分领域（包括军工、石油、船舶等垄断行业）的标准化活动。其最高权力机构是每年一次的“全体大会”，日常办事机构是中央秘书处，秘书处全体职员由秘书长领导，总部设在瑞士日内瓦。ISO 的宗旨是“在世界上促进标准化及其相关活动的发展，以便于商品和服务的国际交换，在智力、科学、技术和经济领域开展合作”。中国于

1978年加入ISO，在2008年10月的第31届国际标准化组织大会上，中国正式成为ISO的常任理事国。

四、国际产品认证

1. UL认证（美国）

UL是“Underwriter Laboratories Inc.”（美国保险商试验所）的简称，UL是一个独立的、非营利的、为公共安全做试验的专业机构。它采用科学的测试方法来研究并确定各种材料、装置、产品、设备、建筑等对生命、财产有无危害和危害的程度；确定、编写、发行相应的标准和有助于减少及防止造成生命、财产受到损失的资料，同时开展实情调研业务。总之，它主要从事产品的安全认证和经营安全证明业务，其最终目的是为市场得到具有一定安全水平的商品，为人身健康和财产安全得到保证做出贡献。

2. FCC认证（美国）

FCC（Federal Communications Commission，美国联邦通信委员会）成立于1934年，是美国政府的一个独立机构，直接对国会负责。

FCC通过控制无线电广播、电视、电信、卫星和电缆来协调国内和国际的通信。FCC管理进口产品和使用无线电频率装置的产品，包括计算机、传真机、电子装置、无线电接收和传输设备、无线电遥控玩具、电话及其他可能伤害人身安全的产品。这些产品如果想出口到美国，必须通过由政府授权的实验室根据FCC技术标准进行的检测和批准。进口商和海关代理人要申报每个无线电频率装置，使之符合FCC标准，即FCC许可证。凡进入美国的电子类产品都需要进行电磁兼容认证（一些有关条款特别规定的产品除外）。

3. CSA认证（加拿大）

CSA是“Canadian Standards Association”（加拿大标准协会）的简称。它成立于1919年，是加拿大首家专为制定工业标准的非营利性机构。在北美市场上销售的电子、电器等产品都需要取得安全方面的认证，CSA能对电子电器、机械、建材等方面所有类型的产品提供安全认证。

4. VDE认证（德国）

VDE是德国国家产品标志，是“Prufstelle Testing and Certification Institute”（德国电气工程师协会）的简称。VDE成立于1920年，是一个被国际认可的电子电器及其零部件安全测试与出证机构，是欧洲最有测试经验的试验认证和检查机构之一其评估的产品非常广泛，包括家用及商业用途的电器、IT设备、工业和医疗科技设备、组装材料及电子元器件、电线电缆等。

VDE标志的主要适用范围为各类电工及电子产品。

5. GS认证（德国）

GS来源于德语“Geprüfte Sicherheit”（安全性已认证），也有“Germany Safety”（德国安全）之意。GS认证是以德国产品安全法（SGS）为依据，按照欧盟统一标准EN或德国工业标准DIN进行检测的一种自愿性认证，是欧洲市场公认的德国安全认证标志。

产品具有GS标志，表示该产品的使用安全性已经通过具有公信力的独立机构的测试。GS标志虽然不是法律强制要求，但它确实能在产品发生故障而造成意外事故时，使制造商受到严格的德国（欧洲）产品安全法的约束。GS标志适用的产品范围十分广泛，主要包括家电产品、信息产品、电动及手动工具、音像制品、灯具、健身器材、玩具等。

6. CE 认证（欧盟）

CE 来源于法语“Communate Europpene”，即欧洲共同体。欧洲共同体后来演变成了欧洲联盟（简称为欧盟）。

CE 标志是一种安全认证标志，被视为制造商打开并进入欧洲市场的“钥匙”。凡是贴有 CE 标志的产品就可以在欧盟各成员国内销售，无须符合每个成员国的要求，从而实现了商品在各成员国范围内的自由流通。

在欧盟市场，CE 标志属于强制性认证标志，无论是欧盟内部企业生产的产品，还是其他国家生产的产品，要想在欧盟市场上自由流通，就必须加贴 CE 标志，以表明产品符合欧盟《技术协调与标准化新方法》指令的基本要求。

只有符合欧盟标准指令的产品才可以贴 CE 标志。一般而言，欧盟标准指令的要求适用于最终产品和其他部件的销售。对于绝大多数电子、电器类产品而言，申请 CE 认证必须符合低电压指令（LVD）和电磁兼容指令（EMC）。

7. EMC 认证（欧盟）

EMC 是“Electro Magnetic Compatibility”（电磁兼容性）的简称，是指设备所产生的电磁能量既不对其他设备产生干扰，又不受其他设备的电磁能量干扰的能力。

EMC 的含义非常广泛，如电磁能量的检测、抗电磁干扰性试验、检测结果的统计处理、电磁能量辐射抑制技术、雷电和地磁等自然电磁现象、电场和磁场对人体的影响、电场强度的国际标准、电磁能量的传输途径等均包含在 EMC 之内。

产品具有 EMC 标志，表示该产品的电磁兼容特性符合欧盟要求。EMC 标志的适用范围为各类电子电器产品。

8. Nordic 认证（北欧四国）

北欧四国是指挪威、瑞典、芬兰和丹麦。该四国的认证机构之间订立了协议，互相认可彼此的测试结果。Nordic 认证范围包括工业设备、机械设备、通信设备、电子电器产品、个人防护用具等。

五、中国 3C 认证

3C 认证是“China Compulsory Certification”（中国强制性产品认证）的简称，是国家对 19 类 132 种涉及健康安全、公共安全的电子电器产品所要求的认证标志。现在将原来的长城 CCEE 认证和 CCIB 认证统一为 3C 认证。

产品目录中包括微型计算机、便携式计算机、与计算机连用的显示设备、与计算机连用的打印设备、多用途打印 / 复印机、学习机、复印机、金融及贸易结算电子产品、服务器等 IT 产品，此外还包括扫描仪、计算机内置电源及电源适配器与充电器。

中国强制性产品认证根据产品类别由不同的认证机构实施，主要机构有中国质量认证中心、中国汽车产品认证中心等。3C 认证对产品的安全性能、电磁兼容性、防电磁辐射等方面都做了详细规定，购买时应认准 3C 标志，以保证产品的品质。

表 7—1—2 列出了部分国家的产品认证标志。

表 7—1—2　　部分国家的产品认证标志

认证标志	认证标志名称	认证标志	认证标志名称
	CE标志 （欧洲各国通用认证标志）		VDE标志 （德国国家产品认证标志）
	CB标志 （全球性相互认证体系）		FCC标志 （美国联邦通信委员会认证标志）
	Nordic标志 （北欧四国安全认证标志）		3C标志 （中国强制性产品认证）
	GOST标志 （俄罗斯产品合格认证标志）		ETL标志 （美国及加拿大安全认证标志）
	S标志 （日本产品安全认证标志）		CSA标志 （加拿大认证标志）

思考与练习

1. 生产过程包括哪几个阶段?
2. 全面质量管理包含哪几个阶段?
3. 中国强制性产品认证的标志是什么? 它有什么含义?

实训 13　识读质量管理标准

一、实训目的

1. 了解国际质量管理标准体系的组成。
2. 了解我国质量管理标准体系的内涵。

二、实训所需器材

ISO 9000—2000 国际质量管理与质量保证相关文件，GB/T 19000—2008 质量管理与质量保证相关文件。

三、实训内容

1. 分组阅读 ISO 9000—2000 和 GB/T 19000—2008 质量管理与质量保证相关文件。
2. 分组讨论质量管理的意义。
3. 撰写实训报告。

注意事项

实训前各位同学需独立完成国内外质量管理与质量保证相关文件的收集。

§7—2 电子产品的检验与包装

1. 了解电子产品的检验标准与要求。
2. 了解电子产品的例行试验。
3. 掌握电子产品的包装标准与要求。

在市场竞争日益激烈的今天，产品质量是企业的灵魂和生命。仅依靠贯彻执行质量标准还不能保证产品的质量，还必须有检验把关。本节主要介绍电子产品的整机检验、例行试验和电子产品的包装。

一、电子产品的整机检验

1. 整机检验的方法

电子产品整机检验的方法有全数检验和抽样检验两种。

（1）全数检验。全数检验是对产品进行百分之百的检验。一般只对可靠性要求特别高的产品试制品及在生产条件、生产工艺改变后生产的部分产品进行全数检验。

（2）抽样检验。抽样检验是从待检产品中抽取若干件产品进行检验，简称为抽检。抽样检验是目前生产中广泛采用的一种检验方法。

2. 整机检验的主要内容

整机检验是整机生产过程中的一项十分重要的基础性工作。其目的是检验产品的性能质量，判断产品是否符合标准，把好质量关，保障消费者的使用安全，维护消费者的利益和企业声誉；检验产品的性能指标是否符合设计要求，为产品的设计、开发及改进反馈基础数据。

整机检验主要包括外观检验、功能检验和主要性能指标的测试三方面的内容。

（1）外观检验。外观检验的项目有产品是否整洁，面板、机壳表面的涂覆层及装饰件、标志、铭牌等是否齐全，有无损伤；产品的各种连接装置是否完好；金属件有无锈斑；结构件有无变形、断裂；表面丝印、字迹是否完整、清晰；量程覆盖是否符合要求；转动机构是否灵活，控制开关是否到位；外形尺寸、安装尺寸、各引出端的位置及各引出线的长度是否符合产品标准等。

（2）功能检验。功能检验是对产品设计所要求的各项功能和整机的使用价值进行检验。如收录机，应检查收音、放音、录音、电平指示等功能。收录机一般通过功能操作及试听方式进行功能检查，试听过程中应注意声道是否平衡、相位是否正确、声音有无失真及有无机械噪声、电气干扰声等，同时各功能控制键、旋钮的操作应正常。

（3）主要性能指标的测试。测试产品的性能指标是整机检验的主要内容之一。用仪器对整机的主要性能指标进行测试，查看产品是否达到了国家或企业的技术标准（现行国家标准规定了各种电子产品的基本参数、测量方法及测试条件）。

整机检验的重要性是显而易见的，所以成立了各级检验机构，有国际级、国家级、省级、市级和工厂级，其职责是禁止不合格产品流入市场。其中检验技术、检验工艺和检验设备是很重要的。早期的检验设备有检流计、电位差计、感应式电能表等。20 世纪 50 年代后，数字式仪表的出现使测量精度大为提高，但检测工作大都为手工操作，可靠性差。随着电子技术和信息处理技术的发展，检验技术已向自动化、智能化方向发展，整机生产厂家引进和设计了许多自动化生产线和自动检测线，对整机生产过程进行监控和对产品的性能进行检测，大大提高了检验速度和精度，减轻了劳动强度，提高了效率和可靠性。

3. 整机检验实例

大、中型家电工厂每天生产的家电产品数以千计，甚至数以万计。为了确保产品的质量，不让不合格的产品出厂，在产品装配完成后，必须对产品逐个进行出厂检测。因此，一般在大、中型家电工厂中，在产品装配线后还配备有专用检测线，有人工手动检测和自动检测两种。用人工手动检测要花费大量人力、物力，而且容易让不合格产品出厂。自动检测是把产品放在专用检测线上输送，并在输送过程中自动完成产品参数的检测，也称为在线自动测试。它在专用检测线上配以各种参数的测试仪，在计算机统一管理下对产品的各项参数进行在线自动测试，提高了检测效率，节省了测试仪器，保证了产品质量，提高了文明生产程度，降低了劳动强度。

在线自动测试的方法是在专用检测线上放置被测家电产品，将家电产品的电源线插入输送板上的插座，插座线接通输送板下的三个电刷，并与三个带电导轨滑动接触，家电产品在检测线输送过程中自动完成各种参数的测试任务。

根据产品的检测需要和整个车间的生产流程，检测线可以做成直线形和水平环形两种形式，如图 7—2—1 所示。

自动检测线的输送方式有步进输送式和连续输送式两种。步进输送式检测线是指每输送前进一个工位时停下来进行检测（例如，一台家电产品停在功率测试位，则用功率测试仪对它进行功率测试；另一台家电产品停在绝缘电阻测试位，则用绝缘电阻测试仪对它进行绝缘电阻测试），家电产品从检测线的上料工位输送到下料工位的过程中完成了全部参数的自动测试。连续输送式检测线是指用不间断的速度输送家电产品，家电产品每到一个测试工位，自动完成这个参数的测试，在整个输送过程中自动完成全部参数的测试。

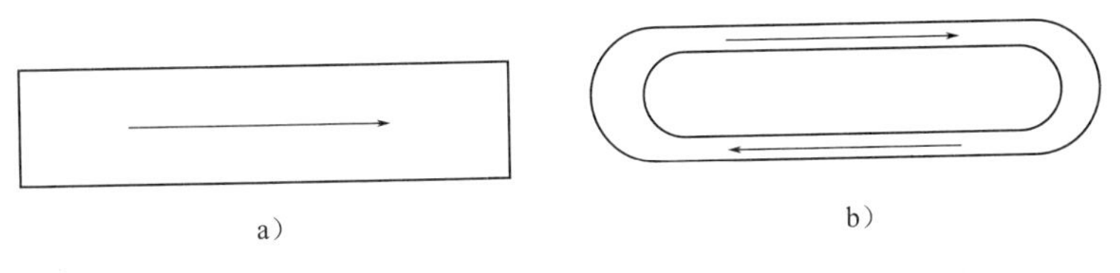

图 7—2—1 检测线形状

a）直线形 b）水平环形

现以电饭锅检验为例介绍具体的检测顺序。电饭锅检测线总体布置如图 7—2—2 所示。

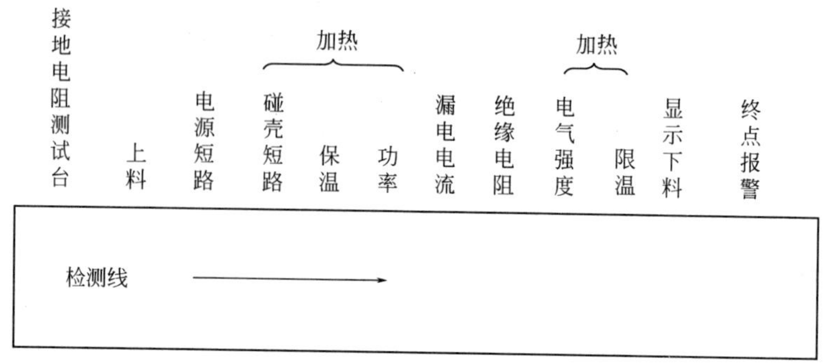

图 7—2—2　电饭锅检测线总体布置

操作时先在接地电阻测试台上测量电饭锅的接地电阻（由于接地电阻在线测试易出错，故把此处的接地电阻测试移至检测线外用测试台手动测试），合格后将电饭锅放上检测线。将电饭锅电源插头插入检测线上的电源插座，不按下煮饭开关，先测电源短路、碰壳短路，有短路则声光报警，检测线停止运行，只有当操作人员拿下短路故障的电饭锅后，检测线才恢复正常运行。电饭锅通电加热，煮饭指示灯点亮，直至温度达到保温温度，保温器断开，煮饭指示灯熄灭，保温指示灯点亮，这段通电时间称为保温通电时间（反映保温温度）。这时操作人员若按下煮饭开关，煮饭指示灯又重新点亮，保温指示灯熄灭。继续通电加热，直至电饭锅充分发热，依次测功率、漏电电流、绝缘电阻和电气强度（加测试所需高电压），然后继续通电加热，直至限温器动作，煮饭开关断开，煮饭指示灯熄灭，保温指示灯点亮。经过几个工位的冷却，电饭锅到显示下料工位，显示器显示该电饭锅的参数。

操作人员按标准分类，合格产品送上输送线进行冷包装，不合格产品进行分类返修。检测线的最末端有终点报警器，若操作人员没有从检测线上拿下电饭锅，则电饭锅到达检测线的末端后会挡住红外探测器，使终点报警器报警并使检测线停止运行。只有操作人员拿下在终点的电饭锅，检测线才能恢复运行。

二、电子产品的例行试验

为了全面了解产品的特殊性能，对于定型产品或将长期生产的产品，需要进行规定的例行试验来验证其性能。例行试验的样品机应在检验合格的整机中随机抽取，这样才能如实反映产品的质量，达到例行试验的目的。在试验中，受试整机如果出现故障，应及时分析处理，一般还应加倍抽样试验，如果仍出现同样故障，则停止试验，待问题解决后再继续试验。

例行试验主要包括整机的老化和环境试验。

1. 整机的老化

为了保证电子产品整机的生产质量，通常在装配、调试和检验完成后，还要进行整机的通电老化。老化是企业的常规工序，每一件产品在出厂前都要经过老化。老化通常是在一般使用条件（如室温）下进行，属于非破坏性试验。

（1）老化条件的确定。电子产品整机的老化全部在接通电源的情况下进行，老化的主要条件是时间和温度。根据不同情况，通常可以在室温下选取 8 h、24 h、48 h、72 h 和 168 h 的连续老化时间，有时采取提高室内温度（密封老化室，让产品自身的工作热量不容易散发，或者增加电热装置）、把产品放入恒温的试验箱中等措施，缩短老化时间。

（2）静态老化和动态老化

1）静态老化。如果只接通电源，没有给产品注入信号，这种状态称为静态老化。

2）动态老化。电子产品整机在接通电源的同时还向产品输入工作信号，这种状态就称为动态老化。

以电视机为例，静态老化时显像管上只有光栅；动态老化时需送入信号，屏幕上显示图像，扬声器发出声音。又如，计算机在静态老化时只接通电源，不运行程序；在动态老化时要持续运行测试程序。显然，动态老化是比静态老化更为有效的老化方法。

2. 环境试验

环境试验是评价、分析环境对产品性能影响的试验，通常是在模拟产品可能遇到的各种自然条件下进行的，是一种检验产品适应环境能力的方法。

电子产品整机（如收音机、录音机、无线电接收机等）的环境试验一般包括气候条件（温度、湿度、气压、烟雾、大气污染、光照射等）、机械条件（振动、碰撞、加速度）、辐射条件（日光辐射、射线辐射、磁场和电场等）、生物条件和人员条件等试验。

想一想

环境试验与老化试验都属于质量试验，它们有何区别？

三、电子产品的包装

包装是产品生产过程中的最后一道工序，它是为在流通过程中保护产品、方便储运和促进销售而采用的一定技术、方法、容器、材料和辅助物等的总称。产品不但应有妥善的外包装，而且还必须有合适的内包装和文字说明，用以宣传产品、介绍产品和指导消费者安全、合理地使用产品。因此，包装除了起保护产品安全、方便运输的作用外，还应有美化商品、吸引顾客、促进销售的作用。

1. 电子产品包装的种类和作用

电子产品的包装一般分为运输包装、销售包装和中包装三种类型。

（1）运输包装。运输包装即产品的外包装（图 7—2—3）。它的主要作用是保护产品以承受流通过程中各种机械因素和气候因素的影响，确保产品数量和质量完整、无损地送到消费者手中。

（2）销售包装。销售包装即产品的内包装，其作用不仅是保护产品，便于消费者使用和携带，而且还有美化商品和进行广告宣传的作用。

（3）中包装。中包装起到计量、分隔和保护产品的作用，是运输包装的组成部分。但也有随同产品一起上架的，这类中包装则应视为销售包装。

2. 包装材料和要求

（1）包装材料。常用的包装材料有木箱、纸箱、缓冲材料、防尘和防湿材料等，应根据包装要求和产品特点，选择合适的包装材料。

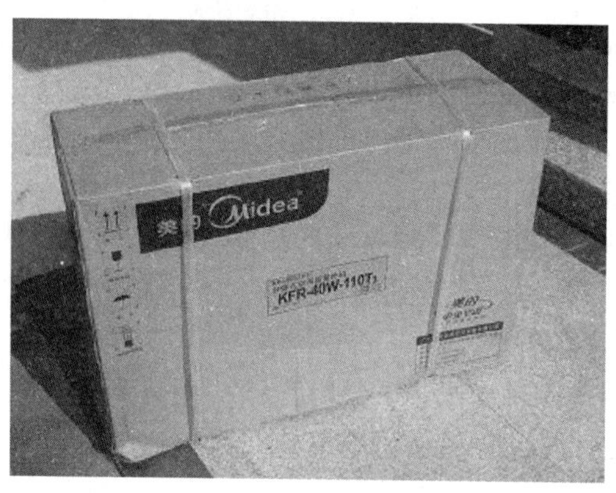

图 7—2—3　运输包装

1）木箱。木箱的材料主要有木材、胶合板、纤维板、刨花板等，用材要符合质量标准，如含水率不能大于 20%。常用的箱型有中小型木箱、大型木箱和花格木箱。用作防雨、防潮包装的木箱应保证接缝严密。此外，木箱应采用氧化钢带或包角等提高结构强度。

2）纸箱。纸箱的材料有单芯、双芯瓦楞纸板和硬纸板，纸箱的含水率不能大于 12%。纸箱一般有对口盖式、大包盖式和天地盖式等形式。

3）缓冲材料。缓冲材料有海绵、聚苯乙烯发泡塑料等，缓冲材料（衬垫材料）的选择应以最经济并能对电子产品提供起码的保护能力为原则。

4）防尘、防湿材料。防尘、防湿材料可以选用物理和化学性能稳定、机械强度大、透湿率小的材料，如有机塑料薄膜、有机塑料袋等密封式或外密封包装。为了使包装内的空气干燥，可以使用硅胶等进行吸湿处理。

想一想

日常所见的家电产品包装材料中，有哪些材料是环保材料？

（2）包装的要求

1）产品外包装的强度必须与内部产品相适应，能承受合理的挤压和撞击。但也不能无限制地加强包装牢固度，而增加包装费用。

2）产品包装体积应从产品特点、产品质量和销售的角度出发，进行合理设计。同时应尽可能集合包装，以便于集装箱运输，降低运输费用。

3）产品包装应具有防振动、防撞击、防潮、防锈、防霉变等功能。

4）包装箱内应有成套装箱文件，包括装箱明细表、装箱单、备件及附件清单、产品说明书等。

5）包装箱箱面应具有产品名称、型号、规格和数量标志，出厂编号标志，箱体外形尺寸、净重、毛重标志，商标、生产厂名，储运图示标志。应正确使用国家标准中《包装储运图示标志》和《危险货物包装标志》的有关标志符号图案。

3. 整机包装工艺与注意事项

（1）整机包装工艺。目前，整机包装主要有半自动流水线作业方式和全自动流水线作业方式。整机包装工艺流程如图 7—2—4 所示（以彩色电视机包装的流水线作业为例）。

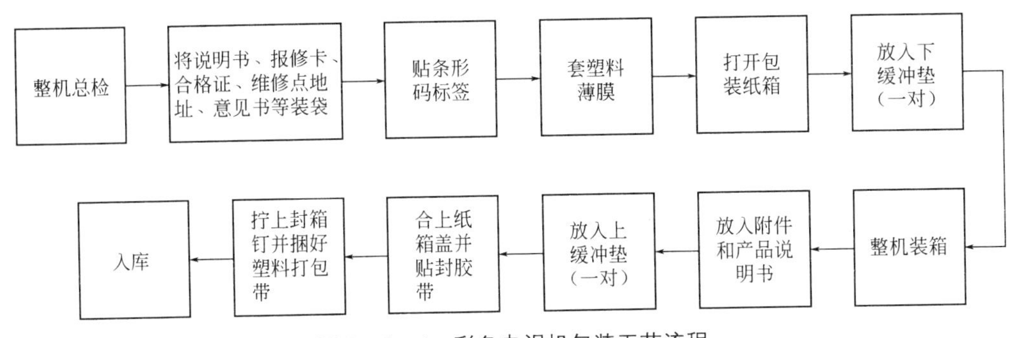

图 7—2—4　彩色电视机包装工艺流程

（2）注意事项

1）包装前一般要进行清洁处理，如用过滤的压缩空气除去整机表面的灰尘、杂物，有时还要进行干燥预处理。

2）对暴露在外的金属件要涂防锈油或进行包裹，如空调室外机的连接阀要涂润滑油并加盖塑料防护帽。

3）包装时对产品要轻拿、轻放，避免敲打、锤击，不允许对产品造成损伤。如发现产品装入包装箱时有过紧或装不进等现象，不得强行装入或私自改变装箱位置。

4）按包装清单清点应装入的附件、备件、使用说明书等，避免遗漏或失误。但也应注意不能将不应该装入的东西装入，尤其不得在产品内部遗留金属丝、垫圈、螺钉及工具等杂物。

思考与练习

1. 整机检验的目的是什么？其主要工作内容有哪些？
2. 电子产品老化试验的要求是什么？
3. 包装具有哪些作用？一般有哪些种类？

实训 14　修复电子产品塑料外壳的刮伤

一、实训目的

1. 熟悉电子产品外观检验与修复的方法。
2. 能进行电子产品塑料外壳刮伤的修复。

二、实训所需器材

小型的家用电器外壳若干，抛光机 1 台，空气喷涂枪 1 只，补漆笔 1 只，牙膏、餐巾纸、棉布、砂蜡若干。

三、实训内容

1. 给各类小型家用电器外壳编号。

2. 根据电子产品外壳刮伤的具体情况，初步判断其属于哪种刮伤。
3. 小组讨论应采用哪种方法进行修复。
4. 分组进行实际操作，将修复情况做好记录。
5. 撰写实训报告。

注意事项

修复过程中要注意相关工具的使用安全，避免外壳在修复过程中受到二次损伤。